中国电力建设集团有限公司
中国水力发电工程学会施工专业委员会　主编
全国水利水电施工技术信息网

中国水利水电出版社
www.waterpub.com.cn
· 北京 ·

图书在版编目（CIP）数据

水利水电施工. 2023年. 第4册 / 中国电力建设集团有限公司，中国水力发电工程学会施工专业委员会，全国水利水电施工技术信息网主编. -- 北京 : 中国水利水电出版社，2023.11
ISBN 978-7-5226-1932-3

Ⅰ. ①水… Ⅱ. ①中… ②中… ③全… Ⅲ. ①水利水电工程－工程施工－文集 Ⅳ. ①TV5-53

中国国家版本馆CIP数据核字(2023)第223036号

书　　名	**水利水电施工　2023 年第 4 册** SHUILI SHUIDIAN SHIGONG　2023 NIAN DI 4 CE
作　　者	中国电力建设集团有限公司 中国水力发电工程学会施工专业委员会　主编 全国水利水电施工技术信息网
出版发行	中国水利水电出版社 （北京市海淀区玉渊潭南路 1 号 D 座　100038） 网址：www.waterpub.com.cn E-mail: sales@mwr.gov.cn 电话：(010) 68545888（营销中心）
经　　售	北京科水图书销售有限公司 电话：(010) 68545874、63202643 全国各地新华书店和相关出版物销售网点
排　　版	中国水利水电出版社微机排版中心
印　　刷	北京印匠彩色印刷有限公司
规　　格	210mm × 285mm　16 开本　9.25 印张　372 千字　4 插页
版　　次	2023 年 11 月第 1 版　2023 年 11 月第 1 次印刷
定　　价	36.00 元

赞比亚伊泰兹水电站工程，由中国水利水电第十一工程局有限公司（以下简称“水电十一局”）承建

洪都拉斯帕图卡 III 水电站工程，由水电十一局承建

赞比亚下凯富峡水电站工程，由水电十一局承建

玻利维亚圣何塞水电站项目，由水电十一局承建

哥斯达黎加楚卡斯水电站工程，由水电十一局承建

委内瑞拉新卡夫雷拉电厂工程，由水电十一局承建

安哥拉琼贝达拉水电站输电线路工程，由水电十一局承建

巴基斯坦 M5 高速公路工程，由水电十一局承建

津巴布韦卡里巴南岸扩机工程，由水电十一局承建

津巴布韦 25MW 太阳能光伏电厂工程，由水电十一局承建

纳米比亚湖山铀矿项目，由水电十一局承建

塞内加尔 LL42 公路工程，由水电十一局承建

博茨瓦纳迪克戈洪大坝工程，由水电十一局承建

尼泊尔巴格曼迪工程，由水电十一局承建

蒙古泰西尔水电站工程，由水电十一局承建

尼泊尔上马相迪 A 水电站工程，由水电十一局承建

湖北汉江王甫洲泄水闸工程

淮河临淮岗洪水控制工程

郑州贾鲁河治理工程

上海太浦河泵站工程

江苏淮河入海水道淮安枢纽工程

深圳茅洲河水环境综合整治工程

河南三门峡青龙涧河治理工程

黑龙江省黑龙江干流堤防工程第二十标段工程

河南南阳市梅溪河、三里河综合整治工程

南水北调中线陶岔渠首枢纽主体工程

南水北调中线焦作 1 段 2 标

南水北调中线滹沱河倒虹吸工程

引黄入冀补淀工程（河南段）施工第二标段工程

南水北调中线穿黄 1 标

本书封面、封底、插页照片均由中国水利水电第十一工程局有限公司提供

《水利水电施工》编审委员会

前　言

《水利水电施工》是全国水利水电施工行业内反映水利水电工程施工前沿技术、创新科技成果、科技情报资讯和工程建设管理经验的综合性技术丛书。本丛书以总结水利水电工程前沿施工技术、推广应用创新科技成果、促进科技情报交流、推动中国水电施工技术和品牌走向世界为宗旨。《水利水电施工》自2008年在北京公开出版发行以来，至2022年年底，已累计编撰发行90分册，深受行业内广大工程技术人员的欢迎和有关部门的认可。

为进一步提高《水利水电施工》丛书的质量，增强丛书内容的学术性、可读性、价值性，自2017年起，对丛书的版式由原杂志型调整为丛书型。调整后的丛书版式继承和保留了国际流行大16开版本、每分册设计精美彩页6～12页、内文黑白印刷的原貌。

本书为调整后的《水利水电施工》2023年第4册。全书共分7个部分，分别为：地下工程、混凝土工程、地基与基础工程、试验与研究、火电与新能源工程、交通与市政工程、企业经营与项目管理，共包含各类技术文章和管理文章32篇。

本书可供从事水利水电施工、设计以及有关建筑行业、金属结构制造、路桥市政建设以及轨道交通施工行业的相关技术人员和企业管理人员学习借鉴和参考。

编者

2023年6月

目　录

火电与新能源工程

交通与市政工程

企业经营与项目管理

Contents

Test and Research

Thermal Power and New Energy Engineering

Roads, Bridges and Municipal Projects

Enterprise Operation and Project Management

审稿人：张正富

抽水蓄能电站大坡度引水斜井TBM物料运输系统选型研究

李　雷　李　海/中国水利水电第六工程局有限公司

【摘　要】 在抽水蓄能电站大坡度引水斜井TBM施工中，物料运输系统承担着施工过程中人员、物料等的运输任务，是斜井TBM施工的关键设备。本文通过对洛宁抽水蓄能电站引水斜井TBM物料运输设备参数、性能的选型对比研究，择优选取了绞车物料运输系统方案。

【关键词】 大坡度斜井　TBM物料运输选型

1　引言

洛宁抽水蓄能电站引水斜井采用定制斜井TBM施工，开挖直径7230mm，整机长度120m，施工坡度约39°，是该坡度工况下世界最大直径TBM。其物料运输系统承担着施工过程中人员、混凝土料、耗材（刀具锚杆拱架等）等的运输任务，是斜井TBM施工的关键设备，具有使用频率高、安全风险大的特点。因而TBM物料运输系统选型主要从设备的安全性、复用性、制造供货工期、价格等方面进行综合考量，择优选用。

2　前期矿用运输设备调研情况

2.1　无极绳卡轨车

无极绳卡轨车（见图1）是一种安全、高效的辅助运输设备，可实现人员、物料、设备的运输，在煤矿辅助运输系统中得到广泛的应用。选型过程中主要调研的厂家有石家庄煤机、太原煤科院、江苏科试集团。无极绳卡轨车应用在不大于30°斜井施工领域，受无极绳卡轨车需要经常“搬站”和运输距离短的限制，应用有限。

2.2　柴油机齿轨卡轨车

柴油机齿轨卡轨车（见图2）适用于在井下巷道内运输设备及部件、物料和人员，最大适用坡度为30°，适用于轨距为750mm或900mm的普通轨道。为满足坡道使用，需在坡道路段的轨道内侧安装齿条。调研的厂家有山东新沙（国外产品代理）、天津贝克（Becker）等。

2.3　国外技术咨询方案

通过技术咨询合同的方式向瑞士Rowa公司咨询斜井TBM技术方案。Rowa公司是世界知名的TBM后配套设计公司，承担过Wirth公司上百套TBM后配套设计。针对洛宁斜井TBM项目，Rowa明确提出了绞车式物料运输车方案（见图3），并提供了运输过程中速度、加速度、受力的指标设计参考。

3　技术方案比选

2021年9月开始，通过与专业的物料运输设计企业沟通，水电六局与中铁装备联合开发了适应于39°坡度的绞车式和齿轨式两种物料运输系统。

3.1　绞车式物料运输系统

绞车式物料运输系统配置内置永磁电机。与传统提升机相比，永磁电机内装式提升机在传统矿用提升机多项技术方面实现重大突破，具有结构简单、成本低、占地面积小等优点，可以完全替代同类进口设备，减轻煤矿、金属矿、非金属矿地面或井下提升作业的难度。主

图1　无极绳卡轨车

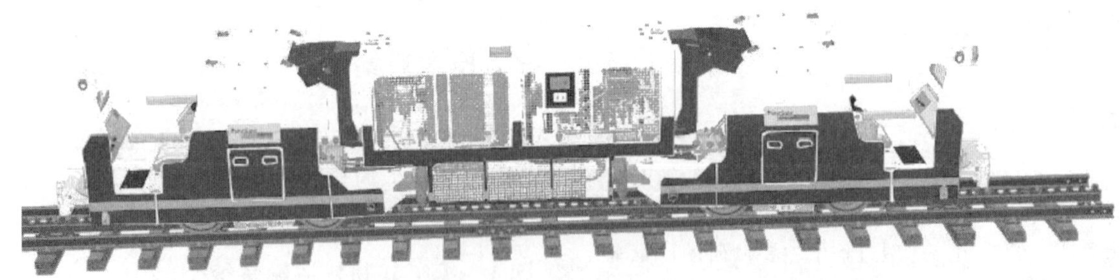

图2　柴油机齿轨卡轨车

要性能指标方面，与传统提升机电机相比，永磁电机内装式提升机主机重量减轻45%，占地面积减少50%，效率提高30%；调速精度提高100倍；此外还具有噪声大幅降低、杜绝飞车事故、降低日常维护量等优点。永磁电机内装式提升机的成功研制彻底颠覆了传统提升机的结构，它采用外转子永磁同步机，永久磁铁装于卷筒内壁，作为永磁电机外转子，工作绕组线圈固定于主轴上作为电机内定子，其技术特征为多级数、低频率、低

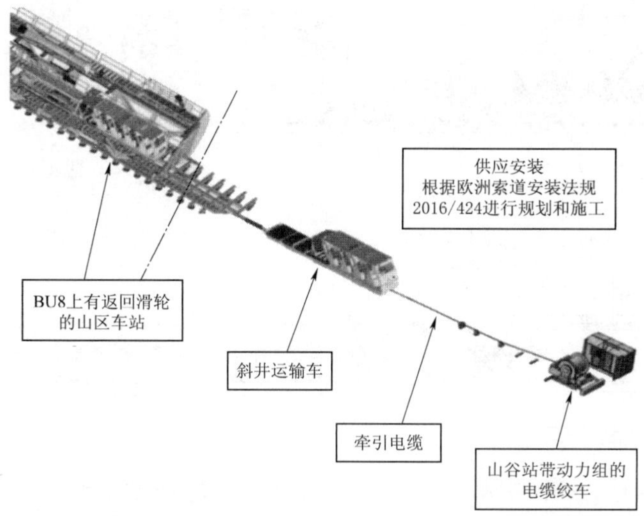

图 3　瑞士 Rowa 公司提供的绞车式物料运输车

转速、大扭矩，采用低频变频器进行调速。与传统提升机相比，永磁电机内装式提升机突破了多项关键技术，产品技术国际领先，具有传统提升机无法比拟的优势；主要用于煤矿、金属矿、非金属矿的竖井提升物料或者人员等，主要用于深井提升，是传统多绳摩擦式矿井提升机的升级换代产品。

绞车和智能恒减速闸控系统，可为提升机正常运行提供开闸、合闸、工作制动、故障状态下的安全制动等工况。

综合上述条件，提出了洛宁抽水蓄能电站引水斜井拟采用的绞车式物料运输系统（见图 4）。

（1）钢丝绳直径 38mm，6×19S＋FC－1770，运物时安全系数大于 7 倍。

（2）最大提升速度：提升大件物料不大于 2m/s，其余不大于 3m/s。

（3）组成：人车 1 节，物料车 1 节，长度约 5m，单独运输。

（4）重量：人车时，总重 4t；物料车时，总重 15t。

（5）制动：人车（煤矿标准产品）设置手动、自动两种制动方式；物料车设置副绳，采用“抱绳刹车”制动装置。

（6）施工管理：遵循《煤矿安全规程》，可借鉴竖井提升的经验，施工管理成熟。

3.2　齿轨式物料运输系统

齿轨式物料运输系统（见图 5）采用齿轮-齿条啮合传动的方案，以柴油机作为动力设备，受力结构直观，行走驱动力和安全制动力依靠啮合力保证。

该系统具有下列优点：

（1）双齿条结构设计。

（2）分散布置的双驱动单元，每个驱动单元采用 4 个带制动的减速马达。

（3）柴油机倾斜 20°布置，可同时适应平段和上坡段。

但该系统弱势也很明显，主要包括：

（1）大于 30°坡度的为国内首次设计使用，不确定因素高。

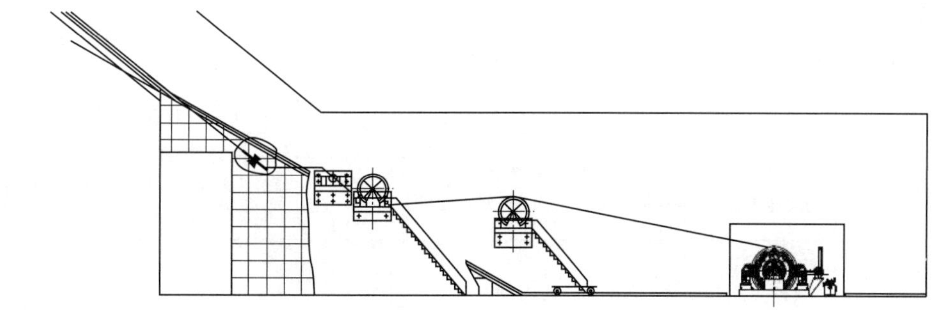

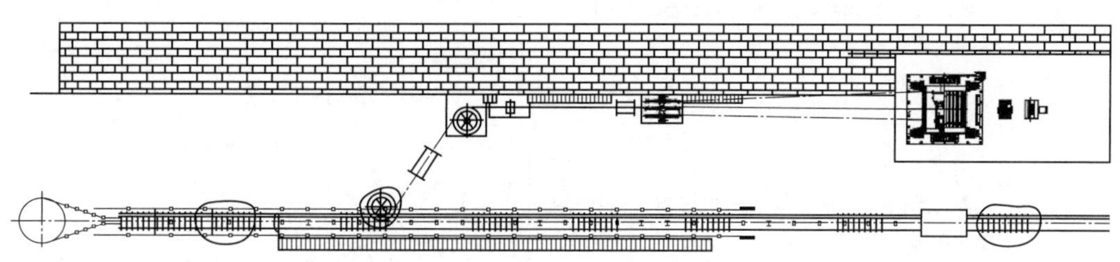

图 4　洛宁抽水蓄能电站引水斜井拟采用的绞车式物料运输系统

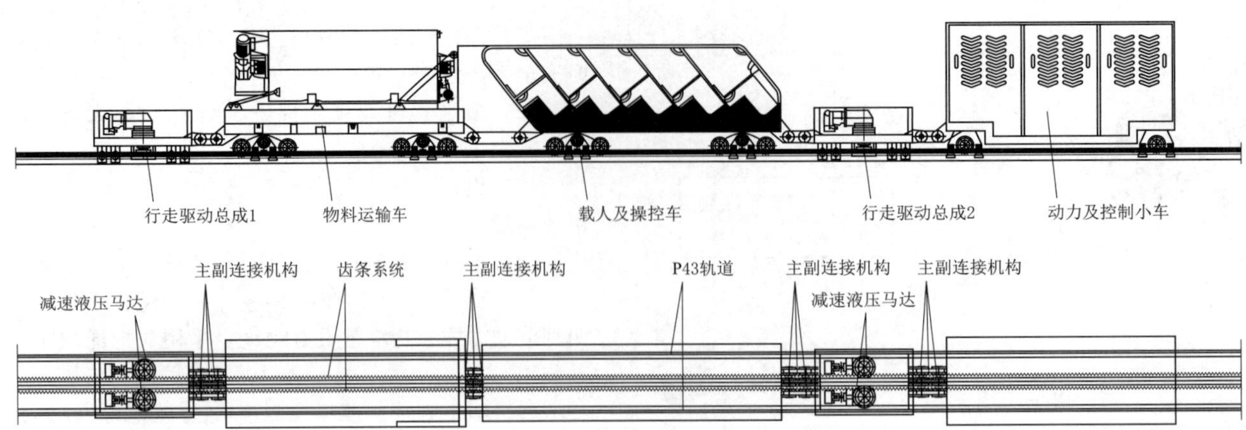

图 5　齿轨式物料运输系统

（2）无相关标准规范可遵循。

（3）编组长度长，运输期间无法拆分，包括人车（1 节）、物料车（1 节）、驱动车（2 节）、动力车（1 节），长度约 26.6m。

（4）无用功多，空车重量约 26t，载物重量 10t。

（5）铺轨要求高，需延伸 2 道 43 轨和 1 道齿轨（对轨排安装精度要求高）。

3.3　两种方案具体对比

绞车式与齿轨式物料运输系统方案对比见表 1。

表 1　　绞车式与齿轨式物料运输系统对比

对比项目		技术方案对比		
		方案一：齿轨式运输车（柴油动力）	方案二：绞车式运输车	优缺点对比
设备基本参数	结构形式	（1）双齿条结构设计； （2）分散布置的双驱动单元，每个驱动单元采用 4 个带制动的减速马达； （3）柴油机倾斜 20°布置，可同时适应平段和上坡段	（1）钢丝绳直径 38mm，6×19S+FC－1770； （2）卷筒直径 3m，宽度 3m； （3）回绳轮直径 3m，天轮、游轮等直径，约 2.3m； （4）可同时适应平段和上坡段	—
	设备总功率	500kW	400kW	方案二略优
	编组组成及长度	组成：人车（1 节）、物料车（1 节）、驱动车（2 节）、动力车（1 节）长度：约 26.6m	组成：人车（1 节）、物料车（1 节）长度：人车约 4m，物料车约 5m 单独运输	方案二较优
	编组重量	空车重量约 26t，满载时 36t	（1）人车时，总重 4t； （2）物料车时，总重 15t	方案二更优
	操作方式	运输车辆上设置两个司机位，人车处 1 个，动力车处 1 个（不能完全实现人/物分离运输）	操作室布置在始发洞内： （1）人车时，设置 1 司机位（手动刹车）； （2）物车时，无司机位	方案二更优
	轨道延伸	（1）2 道 43 轨； （2）1 道齿轨（工厂制造标准齿轨）	2 道 43 轨	方案二较优
安全性能	制动性能	（1）液压平衡阀（断油）； （2）每个驱动单元采用 4 套带制动的减速马达和 4 套带制动的减速机； （3）齿轮、齿条制动	（1）人车（煤矿标准产品）设置手动、自动两种制动方式； （2）物料车的设置副绳，采用"抱绳刹车"制动装置； （3）智能恒减速闸控系统	二者相当
	对 TBM 设备影响	需占用四节拖车中间通道，不对 TBM 附加额外作用力	（1）1 号拖车（需改造）设置回绳轮，运输物料的重量作用在 TBM 设备上，增大了 TBM 的负荷（约 40t）； （2）1 号、2 号拖车需设计合适位置布置若干个托辊、地辊	方案一优，方案二中 ABS 设计余量足够
	设备设计规范	可参考设计规范较少	有相关规范作为设计依据	方案二较优

续表

对比项目	技术方案对比		
	方案一：齿轨式运输车（柴油动力）	方案二：绞车式运输车	优缺点对比
复用性	零部件复用性低	绞车产品可单独使用在其他项目	方案二较优
制造供货工期	7 个月，受制于进口液压件	5 个月	方案二较优
价格	约 750 万元	约 800 万元	基本持平
隧洞内空气质量	建议加大通风筒直径至 1600mm	现有直径 1400mm 通风筒满足	方案二较优

3.4 对比结论

通过对比相关安全标准，从物料运输系统的可靠性、施工管理便捷性等方面考虑，推荐使用绞车式物料运输系统。

4 结语

洛宁抽水蓄能电站斜井 TBM 物料运输系统从 2021 年初开始调研选型，联合专业单位开展详细设计，历时约 1 年，通过方案比选、会议评审的方式，确定了绞车物料运输系统作为斜井 TBM 物料运输的最优方案。相比于齿轨式物料运输系统，绞车物料运输系统具有节能、编组占用空间小且重量轻、操作方式更为安全可靠、轨道延伸方便、复用性好、制造供货工期短等优点，可以为以后抽水蓄能电站斜井 TBM 物料运输系统选型提供借鉴和参考。

V类围岩条件下斜井与平洞Y字形交叉段开挖支护技术

朱家快　邱　芸　肖安平/中国水利水电第九工程局有限公司

【摘　要】 主支交叉段开挖支护是引水隧洞工程施工的关键，尤其在极端不良地质条件下，交叉段受力分布复杂，围岩极不稳定，是初期开挖支护抵抗受力变形的薄弱洞段。本文依托典型工程案例研究，在确保施工安全和初期支护结构受力符合要求的前提下，支洞与主洞交叉段采用Y形相接方式，解决了交叉段存渣问题，保证了施工进度，节约了施工成本。

【关键词】 高陡坡斜井　深埋隧洞　极端不良地质条件　Y形主支洞交叉段

1　引言

在引水隧洞施工中，支洞与主洞交叉段通常采用T形相接方式，即垂直相接，以减少应力集中。此类相接方式交叉段围岩受力相对简单，能最大程度地确保交叉段围岩稳定性，尤其在交叉段地质条件较差时，采用T形相接方式无疑是确保围岩稳定、施工安全的首选。本文依托实际工程案例，为提高高陡坡长斜井深埋隧洞出渣效率，加快施工进度，且在主支交叉段属于极端不良地质条件下，支洞与主洞交叉段仍挑战性地采用Y形相接方式，通过深度开展关键技术研究，攻克了交叉段“三角体”的稳定性难题。

2　工程概况

2.1　设计与施工简述

山西中部引黄工程07标属于引水隧洞工程，主洞总长15.81km，坡比1/3000，设计流量为21.17m³/s，城门洞形断面，衬砌后净宽4.0m，净高5.0m，直墙段高3.0m，设计水深3.48m，V类围岩开挖断面为27.11m²；支洞V类围岩开挖断面为17.25m²，属于小断面隧洞。

其中16号支洞坡比为33%，支洞总长901.64m，由于隧洞坡度较陡，采用有轨运输。支洞控制主洞段总长3922.02m，其中上游1906.48m，下游2015.54m。

2.2　主支交叉段地质情况

该洞段处于奥陶系中统上马家沟组下段，埋深约270m，围岩为强风化泥灰岩，区域构造发育衍生洞内次级结构面；节理、裂隙发育，结构面张开，隧洞围岩切割破碎，完整性差，围岩风化程度高，硬度极低，属极软岩，且掌子面渗水。围岩遇水软化，极不稳定，变形破坏严重。围岩类别为V类。

2.3　主支交叉段采用Y形相接的原因

由于支洞坡度较陡，坡比为33%，支洞采用有轨矿车运输，矿车容积6m³。需在支洞末端的平洞扩挖段设置下拉槽，用于矿车停靠装运洞渣、材料等。在洞渣堆放在装车地点15m范围内的情况下，轨道矿车平均运输1车（6m³）洞渣大约需要18min，支洞轨道矿车出渣效率严重影响主洞上、下游掌子面出渣工序。如何设置存渣洞作为临时堆渣场地，确保掌子面开挖爆破后洞渣能及时清运干净，让后续工序不受出渣影响，是确保施工进度的关键。

如果支洞和主洞交叉段采用T形相接，那么可以最大限度地减少围岩应力集中，但由于该段围岩属于极软岩，且渗水，围岩遇水易软化、极不稳定，为确保施工安全，不能在受力薄弱的交叉段位置扩挖存渣洞，存渣洞只能设置在主洞围岩条件允许的位置。根据地质情况，主洞上、下游150m范围洞段均不能设置存渣洞。若交叉段没有临时存渣的地方，支洞出渣效率将受到严重影响，无法满足工期要求，所以采用常规的主支洞T形相接不可行。

若从支洞尾端“平洞扩挖段”（桩号0+826.527）开始设置左、右分岔支洞，即支洞与主洞Y形相接，预留“三角体”，支撑拱顶岩体（见图1），传递荷载，左、右分岔支洞断面尺寸与主洞Ⅴ类围岩断面一致。由于支洞末端有左、右两条支洞通往主洞，可以利用其中左侧支洞作为临时存渣场，以满足出渣进度要求。但由于主支交叉段围岩条件较差，为极端不良地质，如何确保预留“三角体”的围岩稳定不变形，能承受拱顶荷载，是该方案成功与否的关键。

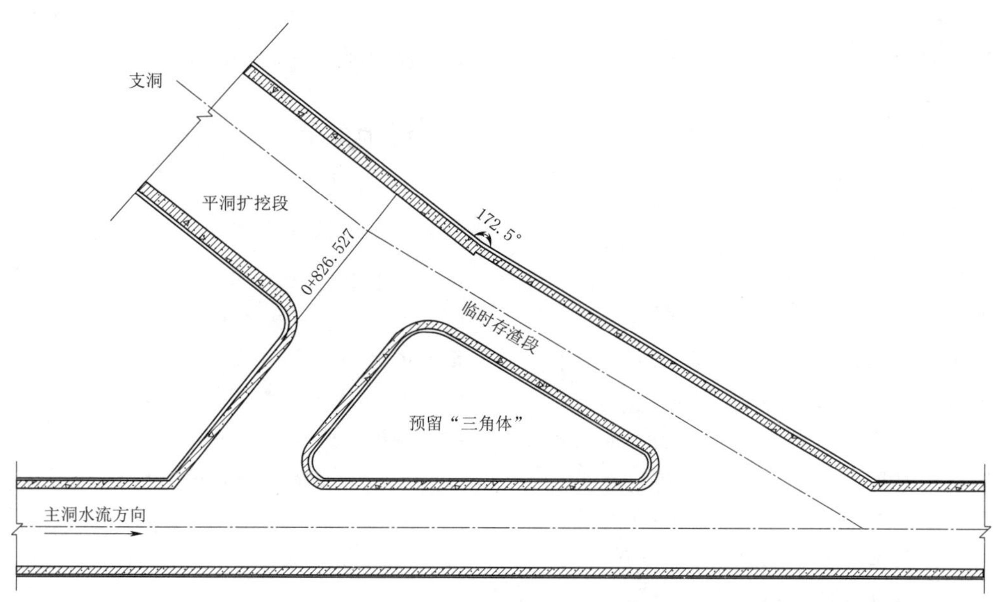

图1　Y形主支交叉段

3　主支交叉段开挖支护技术

3.1　开挖方式

Y形主支交叉段采用普通爆破开挖方式，每轮开挖循环进尺0.75～1.0m，及时进行初期支护，遵循“短进尺、强支护、弱爆破、勤观测”的原则。其中支洞尾端的平洞扩挖段，开挖断面尺寸为底宽9.00m、拱顶高7.91m，城门洞形断面，采用分层爆破开挖方式，先开挖上层（高度3.1m），再开挖下层（高度4.81m），上、下两层掌子面相距3～5m；其余洞段均采用全断面爆破开挖。支洞尾端平洞扩挖段开挖完成后，先开挖左侧分岔支洞，再开挖右侧分岔支洞，不得左、右侧分岔支洞同时开挖。支洞开挖结束，由右侧分岔支洞掌子面位置开挖至主洞段，之后再从主洞沿上、下游两边分别开挖。

3.2　爆破参数

为确保爆破开挖后掌子面及周围的围岩能保持临时稳定，同时在安全的前提下进行支护，最大限度地减少对围岩的扰动，经试验研究，Y形主支交叉段爆破参数见表1，爆破布孔见图2。

表1　　Y形主支交叉段爆破参数表

序号	孔名	孔径/mm	孔深/cm	孔距/cm	装药量/(g/m)	单孔药量/g	孔数/个	总装药量/kg	备注
1	楔形掏槽孔	42	106	60	1300	1378	8	11.02	角度25°
2	崩落孔Ⅰ	42	100	80	600	600	3	1.8	
3	崩落孔Ⅱ	42	100	70	600	600	21	12.6	
4	周边孔	42	100	60	400	400	33	13.2	
合　计							65	38.62	

3.3　主支交叉段初期支护参数

根据地质情况，主支交叉段整体支护参数：开挖前，为防止拱顶垮塌，隧洞起拱以上部位采用超前锚杆施工，超前锚杆为ϕ20@400，长度3.0m/根，掌子面外露0.5m，锚杆方向与洞轴线呈3°交角，偏向洞外；拱顶采用系统锚杆，梅花型布置，钢筋ϕ25，长度2.0m/根；钢拱架顶拱90°范围内不得设接口；钢拱架柱脚垫板与基础之间加设平面尺寸为300mm×300mm的C25混凝土垫墩，高度不小于200mm；喷射混凝土强度C20；除预留三角体外，沿整个断面布设小导管注浆加固围岩，间排距400mm×400mm梅花型布设，小导管采用ϕ42热轧钢管，壁厚3mm，长度4.5m/根，外露0.1m；注浆采用水泥浆液，施工配合比为水灰比

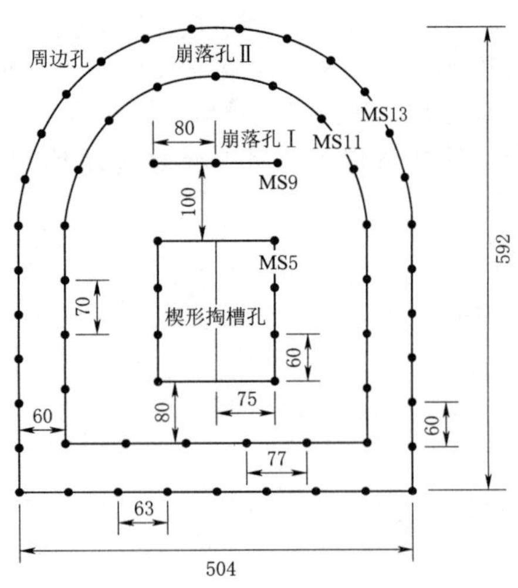

图2 Y形主支交叉段爆破布孔图（单位：mm）

1∶1（重量比），注浆压力不大于0.2MPa；预留三角体部位小导管长度以不穿透三角体为原则，长度1.0～4.5m/根，外露0.1m，注浆参数与上述一致；底板浇筑C25混凝土垫层，厚度400mm，以防止施工车辆长期通行导致钢拱架柱脚收敛变形；所有锚杆均采用水泥砂浆锚杆；开挖后在岩面渗水位置预埋PVC排水管，排水管直径为20mm（可根据渗水量大小调整直径），并在岩面一端加设反滤网，侧墙排水管出水端应向下倾斜与水平面成10°。

除上述支护参数外，还应满足以下要求：

（1）支洞末端平洞扩挖段。钢拱架支护采用18a工字钢，间排距0.5m；相连钢拱架之间采用纵向联系筋连接，钢筋ϕ20，间距1.0m，沿钢拱架均匀布设，并与钢拱架焊接牢固；每边侧墙及拱顶段布设8根（侧墙4根，拱顶段4根）ϕ25水泥砂浆锁脚锚杆固定钢拱架，每根长度2.5m；ϕ8钢筋挂网150mm×150mm；喷射混凝土强度C20，厚度200mm。

（2）主支交叉段左、右分岔支洞及对应主洞段。钢拱架支护采用18a工字钢，间排距0.5～0.8m；钢拱架纵向连接筋相关参数与支洞末端平洞扩挖段一致；每边侧墙布设4根ϕ25锁脚锚杆固定钢拱架，每根长度2.5m；ϕ8钢筋挂网150mm×150mm；喷射混凝土强度C20，厚度180mm。

3.4 安全保证措施

（1）配置2名专职安全员，每天进行安全巡视，实时对洞内空气质量进行检测，发现安全隐患及时采取措施，必要时紧急撤离洞内人员。

（2）爆破开挖前，做好地质超前预报工作。

（3）开挖支护后，在主支交叉段两边侧墙及拱顶布设变形观测点，沿隧洞每2.5m布设1组，每天及时进行测量监测。

（4）为防止施工中突然停电，施工人员配置12～24V手提作业灯以作应急照明之用。

（5）洞内与洞外采用固定电话、对讲机进行联络。洞内固定电话离掌子面约30m，洞外固定电话安装在洞口旁边的值班室。另外，值班室配备一台卫星电话，以确保施工现场断电时与外界联络畅通。

（6）开挖爆破过程中，严格落实各项安全管理规定，及时消除安全隐患。

4 实施效果

4.1 工期及施工效率

主支交叉段的“三角体”总长约58m，根据施工进度计划，该部分施工工期为35d，开挖及初期支护平均每天进尺为2.0m；实际工期为29.2d，比原计划工期提前5.8d，开挖及初期支护平均每天进尺为2.5m（见表2），满足工期要求。

表2 “三角体”施工进度计划与实际施工情况

序号	部　位	长度/m	计划进度/(m/d)	计划工期/d	实际进度/(m/d)	实际工期/d
1	左岔洞	20	2.0	10	2.5	8
2	右岔洞	8	2.0	4	2.5	3.2
3	“三角体”主洞部分	30	2.0	15	2.5	12
4	混凝土垫层	58	19.3	3	19.3	3
5	交叉段小导管注浆			3		3
	合　计			35		29.2

4.2 变形监测

初期支护完成后，每间隔2.5m在拱顶及两边侧墙各布设一个变形监测点，每天进行监测，直到每个监测点连续7d不再发生变形，才逐渐降低监测频率。主支交叉段开挖支护过程及后期主洞整个施工过程中，经实时监测，监测点位移量均在规范允许范围内。交叉段拱顶最大变形监测情况见图3，侧墙最大变形监测情况见图4。

4.3 质量指标要求及效果

（1）施工过程中，由于掌子面围岩局部会发生变化，所以爆破参数应结合掌子面围岩情况实时进行微调，以达到最佳爆破效果。过程中应严格控制周边孔间距和装药量。

（2）根据试验确定小导管注浆参数，确保注浆配合比和注浆量满足设计和规范要求。

（3）交叉段底板浇筑混凝土垫层时，由于隧洞底板

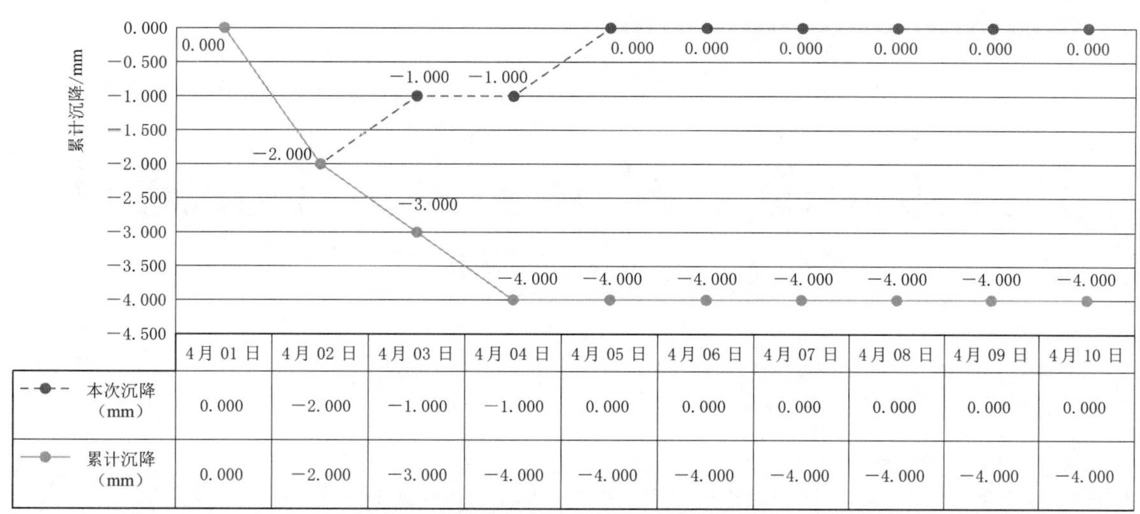

图3　交叉段拱顶最大变形折线图

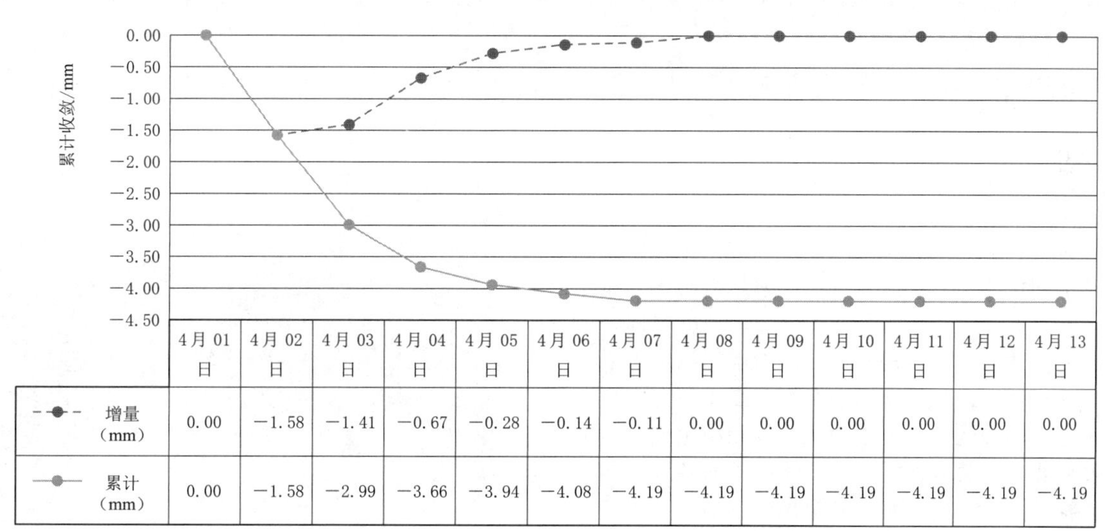

图4　交叉段侧墙最大变形折线图

泥灰岩遇水极易软化，禁止一次性大面积清理底板软基，防止钢拱架收敛发生严重变形。每次清理底板长度不超过5m，且应及时采用工字钢地梁进行横向支撑。严格控制混凝土垫层高程，防止侵占二期衬砌混凝土结构位置。

（4）初期支护过程中，钢拱架安装完毕后及时喷浆支护，严禁初期支护结构与岩面之间存在空腔或不密实。

（5）经各参建方联合质量验收，该主支交叉段单元工程全部合格，且重要隐蔽单元工程达优良等级。

5　结语

为解决主支交叉段无存渣场问题，在极端不良地质条件下，创造性地采用Y形主支交叉段开挖方式，预留中心岛“三角体”支撑隧洞顶部围岩。如何确保“三角体”稳定不变形，是本文研究的核心内容。通过该地质条件下的开挖爆破参数研究，科学开挖，减少围岩扰动，同时深入研究、合理采用各项支护参数，最终成功解决了“三角体”初期支护体稳定性问题。

南昌儒乐湖工程金水大道下穿通道施工质量控制技术

徐智伟/中国水利水电第十六工程局有限公司

【摘　要】 南昌市儒乐湖及周边生态治理项目金水大道下穿通道紧临赣江，地下水渗透压力大，对施工过程影响较大，沿江下穿通道深基坑采用了三轴桩防渗墙进行围护开挖，并针对长距离下穿隧道大跨度、大厚度的高标号大体积混凝土结构，采取设立膨胀加强带、掺混凝土膨胀剂、控制浇筑温度、覆盖薄膜保温保湿等系列温控防裂措施。

【关键词】 下穿隧道　沿江　深基坑　大体积混凝土　防裂

1　引言

随着城市的快速发展，地面空间压力越来越大，城市地下空间开发力度将逐步增大，充分利用地下空间是大交通时代的必然。地下工程施工常面临水文与地下水方面的工程问题，因此施工过程中要配备必要的施工质量控制技术，进而确保建筑工程的安全性和稳定性。对于技术人员而言，也要根据施工实际情况采取各种施工技术，进而提升建筑施工的质量及效率，以确保施工可以顺利进行。因此研究下穿通道施工质量控制技术是十分必要的。

儒乐湖及周边生态治理项目包含儒乐湖及周边水域治理、金水大道工程及水闸工程。该项目为勘察、设计、施工一体化，总投资额15.6亿元，建设工期为730日历天，工程涉及专业有市政道路、下穿隧道、景观工程、水利工程。金水大道工程全长5.5km，宽50m，见图1。

图1　儒乐湖工程金水大道航拍图

下穿隧道段总长约2100m，跨度35m，混凝土厚度为1.0～1.4m，主体结构采用双向六车道、双向八车道、四车道与三车道相结合三种断面。标准段为双向六车道，采用单箱三室结构形式，中间箱室为隧道运营管线通道兼检修通道，两侧箱室为机动车专用隧道。下穿段隧道沿纵向分三段，由南往北依次为南敞开段、暗埋段和北敞开段，其中暗埋段长1730m，南、北敞开段长度分别为190m和183m。暗埋段闭合框架结构纵向每50～60m设置一道变形缝，底板、顶板和侧墙的厚度均主要分为1.0m、1.2m两种，顶板的顶面左右侧均为向下倒坡结构；主体结构尺寸主要有12.1m×5.7m×1.0m和16.5m×5.7m×1.2m两种，结构混凝土强度等级采用C35，混凝土抗渗等级为P8。

下穿隧道施工内容包括土方开挖、三轴搅拌桩止水帷幕、单轴搅拌桩软基处理，级配碎石换填、基础防水卷材铺装、隧道主体钢筋混凝土、抗拔桩、路基及路面工程。下穿通道的地质多为透水性砂土，场地内岩层土层自上而下分别为耕土、砂质黏土、细砂、淤泥粉质黏土中砂、粗砂、强风化泥质粉岩层、中风化泥质粉砂岩、中风化细沙岩，属冲积相沉积的中软场地土类型，软土主要为淤泥质粉质黏土。孔隙水与赣江及邻近抚河地表水体呈互为补排关系，连通性好，地下水水位与赣江水位基本一致。因下穿通道临赣江较近，一般距离约150m，最近距离约60m，且赣江常年平均水位14.5m，而隧道层路面高程平均13.5m，下穿隧道地下水水位高，渗透压力大，施工过程受地下水影响大。

2 工程特点及难点

（1）儒乐湖及周边生态治理项目工程体量大、工期紧，制约下穿通道工期的工作包括深基坑开挖的防渗处理及下穿通道结构钢筋混凝土施工，需边设计边施工，协调事项多、工艺复杂。为更好地完成业主的要求，必须对总进度计划根据征迁情况每几个月进行动态优化、调整，才能保证完成任务。

（2）下穿通道的质量工作难点是下穿通道跨度大，混凝土厚度大，且距赣江较近，容易产生不均匀沉降、裂缝、质量缺陷而影响下穿通道使用功能。质量控制最为关键的两个环节是深基坑开挖的渗水处理和大体积混凝土的温控防裂工作。

3 施工质量控制技术

3.1 采用三轴桩防渗进行围护开挖

3.1.1 施工工艺

针对距赣江较近且开挖基础深，造成地下水渗漏严重、无法进行正常开挖的情况，研究分析了三轴搅拌桩施工防渗、防渗墙止水帷幕防渗及SM工法防渗等防渗施工工艺。经各方结合现场条件及工期要求论证，考虑到虽然防渗墙工艺效果更稳妥但工期长，最终决定采用三轴搅拌桩的工艺，即在基坑两侧布设三轴搅拌桩止水帷幕以阻断赣江水及地表水渗漏的方案。

3.1.2 确保三轴搅拌桩施工工艺质量和效果

（1）围护施工采用深层搅拌桩形成闭合止水帷幕。三轴搅拌桩施工前，认真摸清地下障碍物、周边管线位置及周边建（构）筑物的确切分布范围及深度。对于较大的地下障碍物，探测障碍物的大小、埋深、性质状态等，及时挖出清理。

（2）根据地勘报告，结合现场实际情况，在汛期施工时分段形成平面闭合止水帷幕。两侧坡面采用井点降水，强排处理坑内地下水，降低三轴搅拌桩围护施工难度。

（3）三轴搅拌桩止水帷幕，设计参数为ϕ850@600三轴水泥土搅拌桩，按连续套接一孔法施工，桩心距600mm，采用P.O42.5级普通硅酸盐水泥，水灰比1.5～1.7，水泥掺量为25%，桩底进入强风化泥质粉砂岩0.5m，设计平均桩长18m。

（4）在三轴搅拌桩施工过程中，水泥浆液的配制直接影响桩身质量，合理掌握浆液水灰比十分重要。在每天安排收集相关数据进行生产过程监管的同时，采用产值、工期、实物工作量同步综合考察的方法，辅助做好隐蔽工程施工质量监管，取得较好的效果。

（5）三轴搅拌桩完工后，经取芯试验、压水试验，渗透系数均小于设计值，试验成果见表1。

表1 28天后桩身检测渗透系数成果

编号	取样部位	渗透系数/(cm/s)	设计值/(cm/s)
1	左幅K2+100	7.15×10^{-8}	$k=1\times10^{-7}$
2	右幅K2+350	7.55×10^{-8}	$k=1\times10^{-7}$
3	左幅K2+600	8.25×10^{-8}	$k=1\times10^{-7}$
4	右幅K2+950	9.15×10^{-8}	$k=1\times10^{-7}$
5	左幅K3+050	7.63×10^{-8}	$k=1\times10^{-7}$
6	右幅K3+350	8.45×10^{-8}	$k=1\times10^{-7}$

3.1.3 三轴搅拌桩施工

三轴搅拌桩于2017年11月进场施工，2018年3月施工顺利完成，为接下来的基坑土方开挖及后续工序的施工提供了良好的保障。

3.2 对大体积混凝土施工采用合理分仓、温控防裂措施

（1）深基坑土方开挖采用明挖、分层开挖的方式，基坑两侧采用降水井降水并及时抽排，保证基坑内干燥，为基坑钢筋绑扎及模板支护的合理分仓创造条件。

（2）认真制定浇筑分块分仓方案，对仓块长度进行合理控制，长大体积的混凝土浇筑采用后浇带工艺，从源头上进行防裂控制。隧道闭合框架横向变形缝一般按每60m设一道变形缝，U形槽变形缝每隔25～30m设一道变形缝。在每仓混凝土中间设置后浇带。主通道共分为34仓混凝土。

（3）箱涵结构、U形槽的每节段中间设长2m的膨胀加强带，分为底板连续式膨胀加强带和顶板、侧墙后浇式膨胀加强带（见图2、图3）。其中，底板连续式膨胀加强带与带外混凝土连续浇筑。

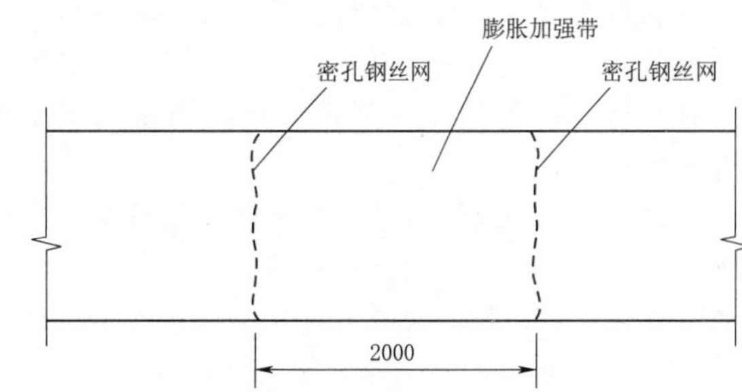

图2 底板连续式膨胀加强带（单位：mm）

（4）顶板、侧墙后浇加强带在带外混凝土浇筑养护14d后，在带两侧设钢板止水带和抹一道遇水膨胀止水胶。安装止水胶时，事先将缝表面的浮渣和积水清理干净，止水胶采用专用注胶器挤出。挤出成型后，固化期一般为24h表面干燥，需进行临时保护，避免提前遇水膨胀或施工破坏。止水胶表干后，再施工膨胀加强带。

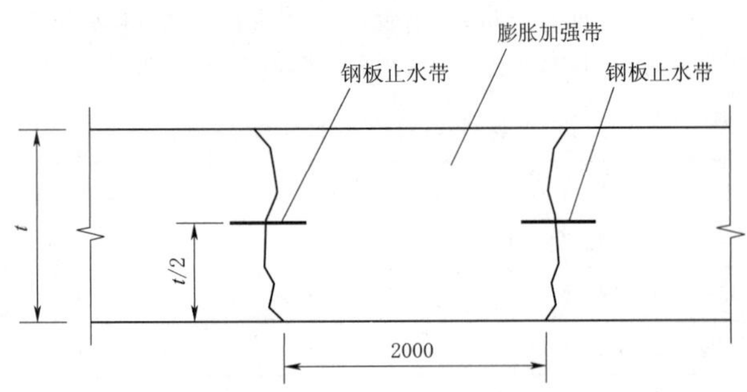

图 3　顶板、侧墙后浇式膨胀加强带（单位：mm）

（5）膨胀加强带及后浇加强带两侧，设置双层加强钢筋，钢筋长度 6m，直径、间距与相邻非加强带结构配筋相同，与非加强带钢筋交错布置（见图 4）。

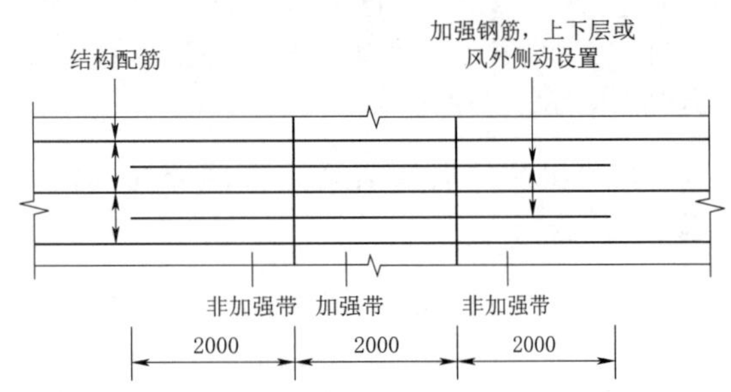

图 4　膨胀加强带加强钢筋布置（单位：mm）

（6）膨胀加强带和后浇加强带均采用 C40 补偿收缩混凝土，掺入 40～60kg/m^3 的混凝土膨胀剂；同时，带外补偿收缩混凝土膨胀剂用量为 30～50kg/m^3。具体掺量根据现场原材料变化通过配合比试验确定。

（7）对下穿通道的外侧墙，混凝土模板不允许使用对拉螺栓。对内侧墙混凝土模板，可采用工具式螺栓或螺栓加堵头，螺栓上加焊方形止水环，拆模后将留下的凹槽用密封材料封堵密实，并用聚合物水泥砂浆抹平。

（8）混凝土采用天泵泵送商品混凝土入仓，为防止混凝土拌和料在运输中出现离析，采用搅拌车进行二次搅拌。对商品混凝土的坍落度进行合理控制，减少干缩，当长时间间歇导致坍落度损失不能满足施工要求时，按废料处理。

（9）浇筑施工过程中，对混凝土入仓温度、原材料、膨胀剂、施工工艺等进行合理控制，避免工艺环境出现较大偏差。严格控制混凝土入仓温度，入仓温度不超过 28℃。同时以温差控制，混凝土的表面温度与大气温度差值不得大于 20℃，混凝土内外温差控制在 25℃，以及混凝土内温降控制在 3℃/d。在混凝土内部中心与混凝土表面布置测温计，为控制混凝土内外温差在 25℃以内提供数据参考，有利于提前采取防止收缩裂缝的措施办法。

（10）综合采取以下措施控制混凝土浇筑温度：

1）通过搭建防晒棚对骨料进行降温。

2）通过骨料料堆表面洒水，降低骨料温度。

3）通过加冷水，降低拌和用水温度，减低混凝土温度。

4）汽车遮盖，减少混凝土运输过程中温度回升，降低混凝土入仓温度。

5）加快混凝土入仓速度，减少日晒温升。

6）选择温度低的时段浇筑混凝土，避免强阳光下浇灌混凝土和浇灌后曝晒，避免大风天气浇灌混凝土，避免白天高温下浇灌混凝土。

7）仓面喷淋或遮盖降温。

（11）浇筑振捣过程做到混凝土表面密实、无气泡。对变形缝处止水带、钢筋等较密集处，混凝土浇筑时做到振捣密实，防止不密实渗水。

（12）浇筑振捣刮平后，及时覆盖塑料薄膜保温、养护保湿，也可采用覆盖塑料薄膜、草包或麻袋等浇水养护。需进行抹面的，在初凝前再组织掀开土工布，进行抹面施工后，立即回盖，继续养护保湿。在终凝前多次收水抹光，避免干湿交替。表面混凝土终凝或能上人后，覆盖土工织物洒水或蓄水养护。对侧墙混凝土，尽可能延长拆模时间。冬季保湿保温养护时，对两侧风口采取防“穿堂风”的措施，使混凝土在养护期间不发白。

3.3　做好裂缝处理等消缺工作

（1）下穿通道施工拆模后定期进行裂缝普查，经检查仍存在一些裂缝，主要为表面干缩裂缝，少量为深层裂缝。

（2）对干缩裂缝，宽度一般多为 0.1～0.2mm，经检查裂缝深度一般尚未达到保护层深度，并且裂缝已经处于静止状态，一般采用水泥基渗透结晶防水涂料进行表面封闭法处理，通过密封裂缝来防止水汽、化学物质和二氧化碳的侵入。

（3）对于墙体上要求密封防水的深层裂缝，视裂缝贯穿情况，综合采用了外表面铺贴防水卷材、钻孔采用水泥结晶材料化学灌浆、内侧墙板涂刷防水涂料两道等办法处理。

4　工程实施效果

在混凝土施工结束后，对混凝土裂缝进行深度普查，总共发现 18 条表面裂缝，属于浅层裂缝，采用化学灌浆后裂缝表面无渗水，达到了将表面裂缝内部封堵的效果。由于下穿隧道渐变段结构较多，所以本工程主要采用钢模和木模板，顶板采用承插型盘扣式钢管支架支撑体系立模方案，模板拆除后，混凝土表面无气孔、左右错缝和高低不平等现象，混凝土表面光洁，浇筑质量良好。

金水大道下穿通道共浇筑混凝土约 25 万 m^3，在 2019 年 11 月主体工程全线贯通，2022 年洞内装饰装修及机电安装完成。施工过程严格执行施工规范要求，未发生质量安全事故。工程质量达到规范的标准并顺利通过验收，验收运行一年后效果良好。为经开区在南昌市工程行业评比活动再创佳绩，受到业主的高度赞扬。

5 结语

金水大道下穿通道工程体量大、工期紧，且为设计施工总承包工程，协调事项多，在长距离、大跨度的沿江下穿通道深基坑施工中采用三轴桩围护，顺利进行了开挖，并采取了合理规划分块分仓、设立底板连续式膨胀加强带和顶板与侧墙后浇式膨胀加强带、掺混凝土膨胀剂、控制混凝土浇筑温度、覆盖薄膜保温保湿等系列温控防裂措施，较好地实现大跨度、大厚度混凝土结构的裂缝预防。上述施工质量控制技术可供类似工程参考。

审稿人：胡建伟

翻转模板在双曲拱坝施工中的研究及应用

李华兵　安芳科/中国水利水电第三工程局有限公司

【摘　要】传统碾压混凝土大坝施工中所使用的翻转模板多为仅在竖直方向上调节弧度的模板，由于单块模板不具备水平方向上通过自身调节弧度的功能，因此大体积碾压混凝土结构施工体型水平方向弧度控制难度较大，存在局限性。本文通过阐述一种新型面板双向可调、上下套模板、可相对移动、能够连续上升的收缝式翻转模板，使碾压混凝土双曲拱坝在快速、连续施工的同时，也满足体型在水平方向上有弧度要求的施工，更有利于曲面体型控制。

【关键词】翻转模板　双曲拱坝　研究及应用

1　引言

在碾压混凝土双曲拱坝施工中，采用传统的翻转模板，水平方向上相邻两块模板搭接处存在明显折角（见图1），不利于碾压混凝土双曲拱坝水平方向上的施工体型控制，施工后混凝土外观存在不平顺、影响美观等问题。若要解决该问题，则需在相邻模板搭接处采用木板进行镶嵌处理或待混凝土施工完成后采用角磨机对棱角部位进行磨光处理。这种施工方式一方面加大了体型控制难度，另一方面增加了工程量，使成本投入增大，不利于项目经营管控。因此，为达到高效、优质筑坝的效果，需对翻转模板进行改造，使其在满足快速上升要求的同时也满足竖向和水平方向体型弧度的要求。

2　技术方案选择

为克服传统模板中的不足，通过多方案对比以及“三维模拟”，结合象鼻岭水电站双曲拱坝的体型结构特征，最终将模板设计成“面板双向可调、上下套模板、

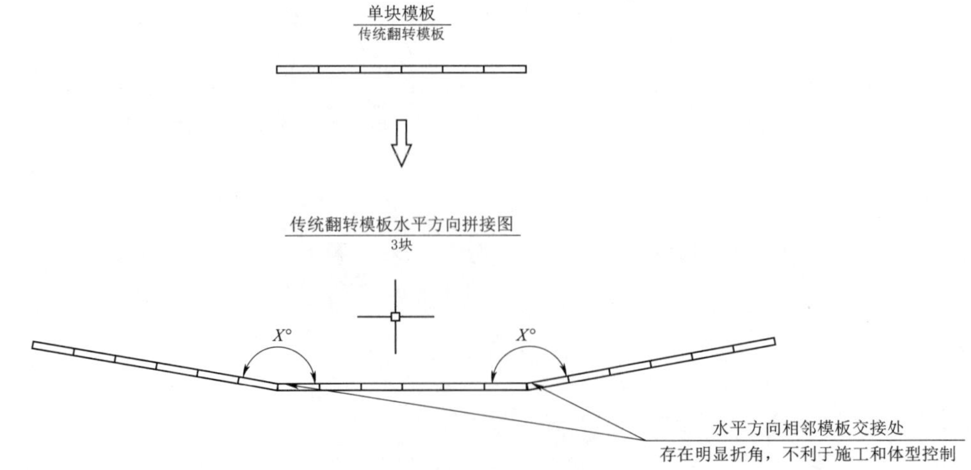

图1　传统翻转模板使用时缺陷示意图

可相对移动、能够连续上升的收缝式双向翻转模板”，该模板结构简单，制作安装方便，能够在使用中通过自身自带装置的调节，满足水平方向上带弧度要求的大体积碾压混凝土施工需求。主要调整方案如下：

（1）将传统翻转模板整个主板面均由普通刚性面材组成的形式，调整为主面板由普通刚性面材与柔性面材镶嵌组合的形式（见图 2、图 3）。

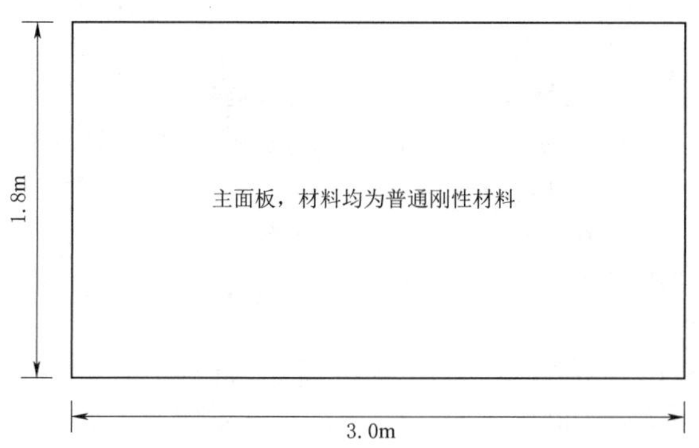

图 2　传统翻转模板正面立视图

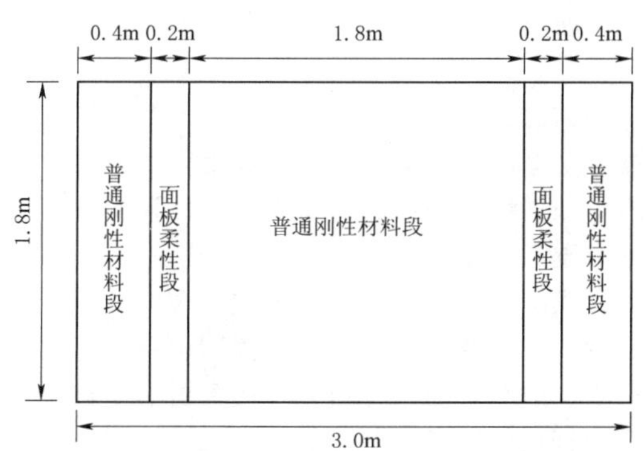

图 3　实用新型翻转模板正面立视图

（2）将传统翻转模板主板面背部为整个面上都均布加强筋板的形式，调整为主板面柔性面材背部不设加强筋板，但其余部分仍按传统形式设置加强筋板的形式（见图 4、图 5）。

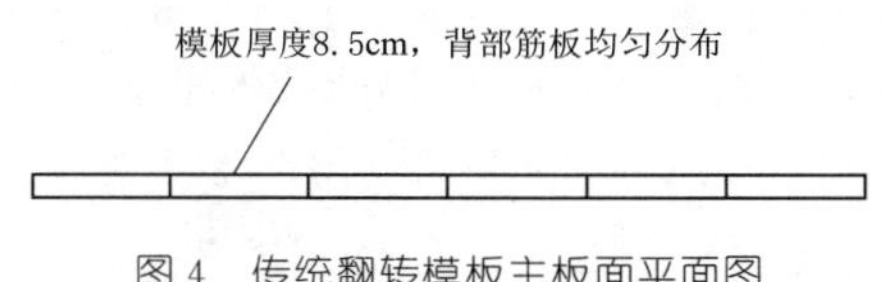

图 4　传统翻转模板主板面平面图

（3）将已改造完成的实用新型翻转模板主面板背部安装上操作平台等附属系统，再将水平调节系统（水平调节系统一端连接于新型面板背部水平方向两侧的“普通刚性材料段”边缘位置，另一端连接在紧贴于模板背部的“主梁桁架”上）安装于模板背部附属系统与主板面背部之间，一块模板配套四套水平调节系统（见图 6、图 7）。

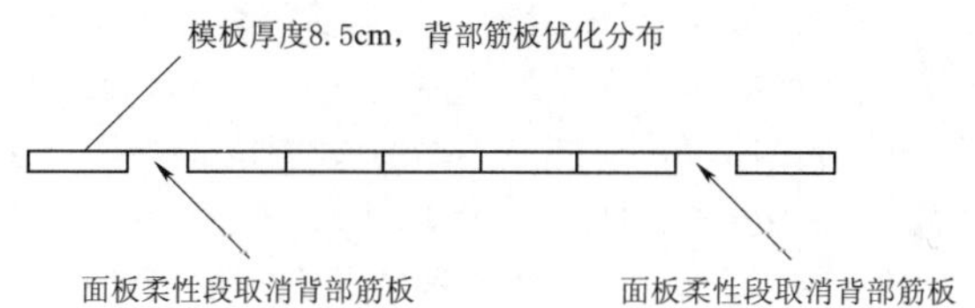

图 5　实用新型翻转模板主板面平面图

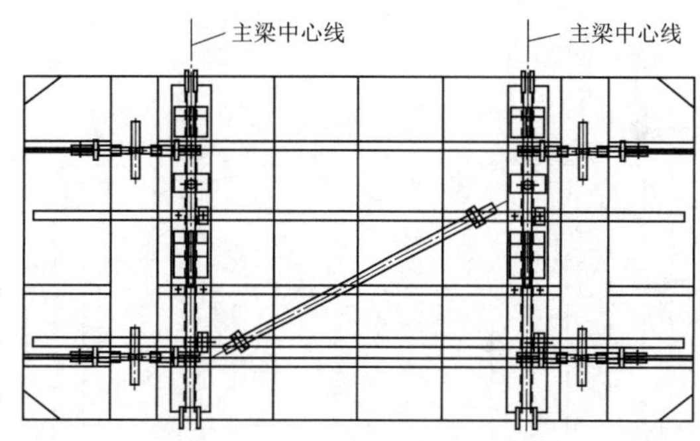

图 6　水平调节系统安装立面图

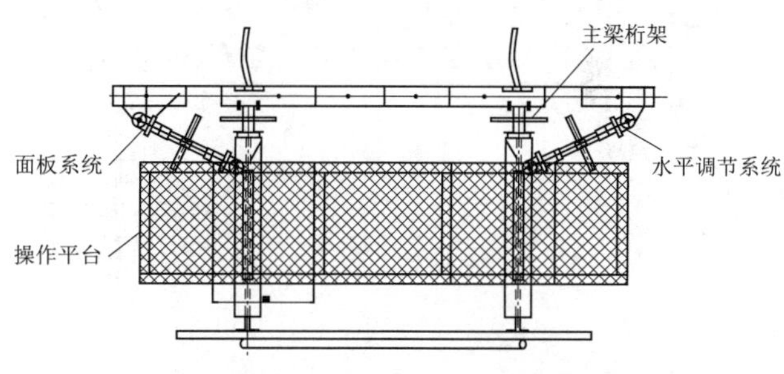

图 7　水平调节系统安装平面图

（4）水平调节系统为简单的螺旋型结构，主要由中间可旋转主杆（两端带旋转丝扣）和两端连接套筒（套筒内壁带丝扣与可旋转主杆两端丝扣配套）组成。其工作原理为当中间可旋转主杆顺时针旋转时，可旋转主杆两端深入套筒，整个杆件变短，起紧拉作用；逆时针旋转时，可旋转主杆两端逐渐退出套筒，整个杆件变长，起紧撑作用。紧拉与紧撑使得主板面柔性板材段弯曲变形从而达到调节形成弧度的目的。

3　工艺原理及操作要点

3.1　工艺原理

单块翻转模板主要由面板系统、支撑系统、锚固系统、工作平台以及其他辅助系统组成。面板系统为翻转模面板，结构尺寸 3.0m×1.8m；支撑系统为两榀桁架，两榀桁架外弦杆间用 2 根 ϕ48×3.5 钢管通过扣件相连，形成空间整体结构；锚固系统主要由弯钩锚筋和锚锥组成；拉模杆由 45 号钢加工而成，长 36.4cm，其与锚筋连接的一段为长 8cm 的锥形螺纹套筒，另一端为M30螺杆。施工时锚筋预埋在混凝土中，拉模杆与锚筋旋紧后在锥形套筒表面套上塑料套以便于拆除、周转使用，拉模杆另一端通过螺帽和钢垫片将模板固定。每块模板在距上口53.5cm处布置一排2根锚筋，锚筋2根一组垂直面板对称安装在每榀桁架内弦杆中间（见图8）。

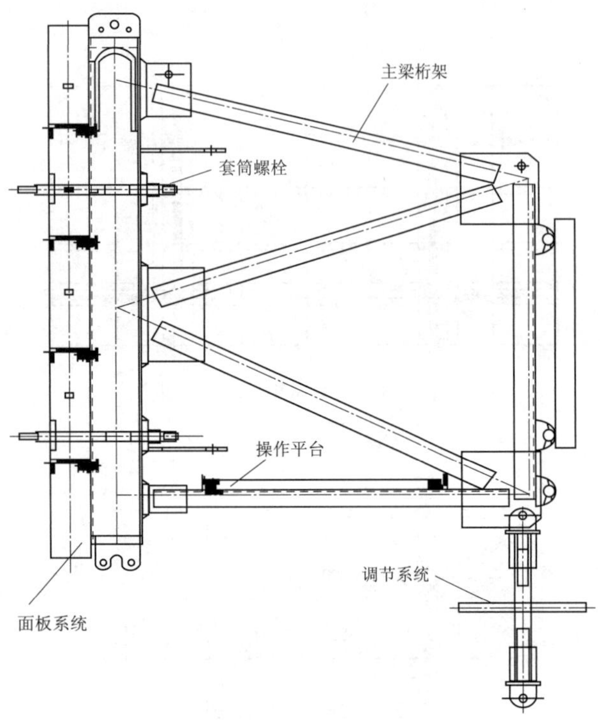

图8 单套模板组装图

翻转模板垂直上每三块为一个单元，上、下层模板面板之间通过螺栓连接，左右之间使用U型卡连接；上、下桁架之间通过插销和调节螺杆连接，桁架与面板用连接螺栓固定。在转折处可通过调节螺杆而实现变坡，不影响仓内混凝土连续浇筑。模板还可通过调节左右调节螺杆实现弧形面浇筑。

翻转模板在工作状态时为悬臂结构，开始浇筑碾压混凝土后，混凝土侧压力通过面板系统传递给支撑系统的桁架部分，再通过支撑系统的竖向调节杆传力给其下一层模板的支撑系统，最后传力给锚固系统。作用在模板上的所有载荷最终转换为集中力，由最下层模板的锚筋共同承担。模板拆除顺序由下至上依次进行，最下层模板拆除前，先将中层模板锚锥紧固，再拆除最下层模板并安装到最上层，依次进行，实现模板交替上升。

单块模板通过操作水平调节系统使新型翻转模板主板面柔性板材段产生向内或向外小幅度弯曲，从而使单块模板在水平方向上具有一定弧度，多块带弧度的模板水平相连后，从总体上满足了双曲拱坝水平方向上的体型（弧度）要求。

3.2 操作要点

3.2.1 模板组装

放置面板→装配桁架→脚手架钢管加固定位→安装工作平台→装配锚筋梁→装配调节杆→模板组装质量检查→模板编号待用。

组装方法如下：

（1）首先将钢面板背面朝上放在方木上，并注意有预埋孔的一面朝上，钢肋的方向向下。

（2）按设计定位尺寸把两榀桁架放在面板背面，用M16螺栓将其固定在面板上，同时用脚手架钢管将桁架两端加固，再将面板与桁架连接的M16螺栓拧紧。

（3）装配工作平台。部分工作平台上开有交通洞，方便施工人员上下移动，拼装时把开口的一段置于左侧。

（4）调节杆在直面（圆弧面、斜面）与变坡处装配孔位不同，需根据施工现场具体情况采用专用调节杆连接。

3.2.2 模板安装

（1）将组装成套的模板运至安装处，运输和现场堆放时面板向下，用方木垫平，最多只能叠放一块，以边运边安装为宜。

（2）从仓位的一端或仓位转角处开始，根据模板配板图将组装好的模板依次在仓位面上定位。第一块模板安装时，须使用水平仪和铅垂线，以保证模板安装时模板水平和垂直。

（3）模板安装采用8t吊车配合，吊装钢丝绳只准拴在桁架两侧的吊耳上，吊起后指挥到位将模板架立在其实仓模板上边线，桁架与桁架对接到位装上连接销，装好调节螺杆后便可松开吊钩。

（4）起始浇筑部位只先安装最下层模板，中间层和最上层模板在碾压混凝土浇筑过程中安装。中间层和最上层模板安装在混凝土浇筑到距离其下层模板上边线600mm即可开始，安装方法相同。

3.2.3 模板校正加固

（1）模板定位后，根据测量放样点拉线检查横向平整度，吊垂球检查竖向平整度，用垂直调节丝杆调节模板倾斜度，用水平调节丝杆调节面板弯曲度，将模板调整至指定要求，然后在面板之间用U型卡连接。

（2）在面板空隙之间插入补缝板，用螺栓将其固定。

（3）模板第一次安装时，面板要比混凝土面设计线前倾10mm，以后各次安装模板时，将面板前倾6mm。

（4）仓位模板验收合格后，开始碾压混凝土浇筑，当混凝土浇筑至预埋螺栓孔附近应及时安装好拉模杆及锚筋。

（5）模板每翻高一层，测量放样一次。根据放样点检查模板变形情况，依据放样点拉线利用调节螺杆校正模板。

3.2.4 模板拆除

当碾压混凝土浇筑至距离上层模板上边线 600mm 时，便可拆卸、提升第一层模板并安装在第三层模板位置，拆除时由一侧向另一侧逐块进行，具体流程如下：

(1) 用工具紧固中层模板的套筒螺栓。

(2) 松开下层待拆除模板之间的 U 型卡连接。

(3) 取下上、下面板间的连接螺栓。

(4) 松开套筒螺栓上的 M30 加厚螺母。

(5) 用扳手卸下套筒螺栓。

(6) 紧缩调节螺杆使模板脱开混凝土面。

(7) 拆除模板背架连接处的 $\phi 16$ 插销，作业人员退至旁侧模板安全处。

(8) 指挥吊车吊钩下落 50cm、再外伸 1.5m 左右后将模板慢慢提升至安装高度。

(9) 将拆除下的模板上残留的灰浆及时铲除干净后，将拆除下来的模板安装到上层模板上。

(10) 拆除下一块翻转模板。

4 结语

象鼻岭水电站枢纽大坝工程是目前已建成的世界上第二高的碾压混凝土双曲拱坝。在施工过程中，对收缝式双向可调翻转模板的研究和探索取得了成功，实现了大坝连续、快速、优质施工，施工过程模板控制稳定，混凝土质量良好，上下游坝面平整且美观。实践证明，象鼻岭碾压混凝土双曲拱坝在传统翻转模板上进行模板主面板改造并增加了水平调节系统等组件，使得新型翻转模板可通过旋转水平调节系统使模板面在水平方向上呈弧形，满足施工对象体型在水平方向上有弧度要求的施工需求，更有利于曲面体型控制，拥有广泛的应用前景。

中低坝中自密实堆石混凝土筑坝技术

张彦军/中国水利水电第十二工程局有限公司

【摘　要】近年来自密实堆石混凝土筑坝技术在中、低坝中取得了良好的应用效果，但关键技术仍需优化。本文对堆石施工的运输、洗石到入仓码石进行研究，对高自密实混凝土浇筑工艺从原材料、中间产品、拌和运输到入仓浇筑以及模板的选择进行了优化，优化后的施工技术适应性强、工艺简单、节约成本、工期短，有良好的施工效率和经济效益。

【关键词】自密实堆石混凝土　堆石施工　悬臂模板翻模施工

1　概述

江西省抚州市东乡区井山水库位于抚河流域东乡河南港支流的黎圩水上游，工程等别为Ⅲ等，大坝为3级建筑物，总集雨面积26.7km^2，水库总库容2021万m^3。其中大坝为自密实堆石混凝土重力坝，坝顶总长305m，最大坝高29.0m，坝顶宽度6m，坝体最大底宽26.1m。

堆石混凝土筑坝技术是指将大粒径的块石直接堆放入仓，然后从堆石体的表面浇筑无须任何振捣的专用自密实混凝土，并利用专用自密实混凝土高流动性、高穿透性的特点，依靠自重完全填充堆石的空隙，形成完整、密实、水化热低、满足强度要求的大体积混凝土。堆石混凝土中的堆石体积占比55%，高自密实混凝土体积占比45%。施工工艺优化要点如下：

（1）采用一种大块石自动化冲洗系统的实用新型专利设备，大块石运输至施工现场后直接在自卸车上进行冲洗，减少了块石转运次数和块石损耗，避免了块石二次污染，省去了在施工现场布置洗石场，节省了施工成本，加快了施工进度。

（2）自卸车直接入仓后将大块石倾倒在特制的卸料装置内，挖掘机从卸料装置内取料码石，保护了下层堆石混凝土浇筑面，降低了小粒径块石和石渣的清理难度，节省了施工成本，加快了施工进度。

（3）严格控制好混凝土原材料的各项性能指标是确保自密实堆石混凝土浇筑质量的关键。坝体分层浇筑时将仓面浇筑成有利于排水的渠道和集水坑，为下一层混凝土浇筑仓面的清理和雨水排除提供便利，加快了施工进度，确保了混凝土浇筑质量。

（4）分层浇筑时采用悬臂模板翻模施工，堆石混凝土每层逐仓浇筑，为新浇混凝土养护提供了充足时间，同时也为下一层仓面堆石入仓提供了施工通道，加快了施工进度，确保了工程质量。

2　施工工艺

工艺流程：施工准备（施工人员、材料、设备到场）→基面验收→垫层浇筑→测量放样→悬臂模板翻模施工→入仓码石→自密实混凝土浇筑→拆模、养护→下一个循环（见图1）。

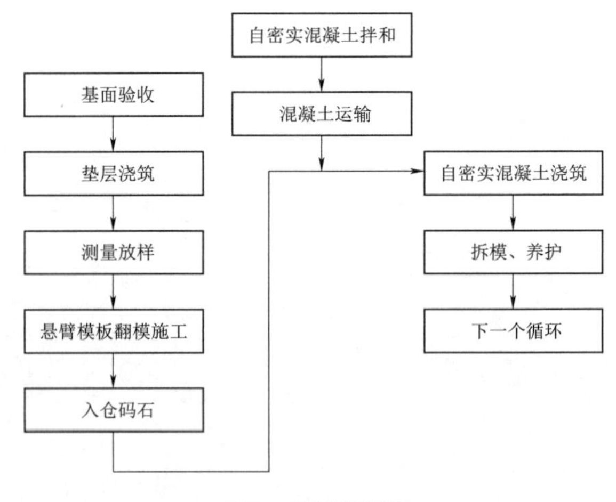

图1　工艺流程图

3　施工方法

3.1　堆石施工

（1）堆石施工的质量控制。堆石施工中堆石料的材质、粒径、含泥量等应符合设计规范要求，杜绝不合格材料进场。现场进行堆石施工时，大块石的洗石、入仓方式是堆石施工质量控制的关键技术。

（2）一种大块石自动化冲洗系统设备的应用。堆石混凝土筑坝技术中的堆石率须控制在55%～58%之间［堆石率=块石体积/（高自密实性能混凝土体积+块石体积）］，堆石含泥量不应大于0.2%。堆石施工中的洗石环节采用特制的洗石设备，大块石从取料场装满自卸车后运至施工现场，装满大块石的运输车直接开进特制的洗石设备内进行洗石，洗石作业完成后自卸车直接开进浇筑仓面进行堆放，人工配合挖掘机进行码石。

1）洗石系统主要包括洗石设备的制作安装和废水处理系统两部分。

a. 施工布置。洗石设备选址选在工程进场道路的旁边，尽量离水源和电源较近的路段布置，占用场地约380m^2。

b. 取水和废水循环利用系统。离路5m外开挖蓄水池和三级沉淀池，蓄水池和沉淀池用12墙砌，尺寸为6.0m（长）×6.0m（宽）×3.0m（深），“田”字形布置，洗石设备的供水由ISW150-160-22型卧式管道泵从蓄水池抽取，蓄水池的水由QW50-20-40-7.5型水泵从附近河流抽取，洗石废水经三级沉淀池处理后流入蓄水池循环利用，施工用电由电缆线接至现场后用三级配电箱提供。

c. 洗石设备。在道路上搭设门型框架作为洗石平台，参照图2进行施工。首先采用钢管脚手架搭设门型框架，外尺寸为6.85m（宽）×4.25m（长）×4.5m（高），内尺寸为4.5m（宽）×4.25m（长）×4.35m（高）。洗石平台脚手架的搭设必须符合规范和受力计算的要求，采用ϕ48×3.5规格的Q235钢管，立杆间距1.0m，步距不大于1.8m，扫地杆离地0.2m。洗石喷水管布置在门型框架顶部，用扣件固定牢固，洗石喷水管采用*DN*50PE管，共布置9根*DN*50PE管，间距为0.5m，同时在*DN*50PE管下部用电钻钻孔，孔径5mm，孔间距0.2m。9根*DN*50PE管一端封堵，另一端接在供水管上，供水管采用*DN*150PE管，供水管

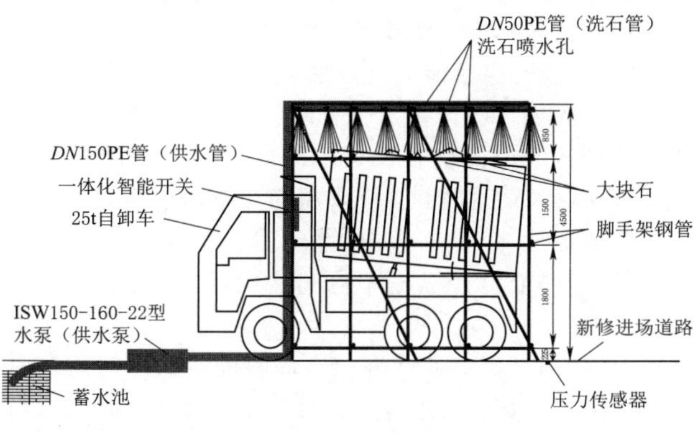

图2　一种大块石自动化冲洗系统

由型号ISW150-160-22的新型卧式管道泵供水；洗石用水由蓄水池提供，洗完大块石的废水沿水渠流入三级沉淀池，经三级沉淀池沉淀后流入蓄水池循环利用。一体化智能开关箱布置于门型框架左侧距地面2m处，压力传感器提前预埋于平台底板下部，设定感应重量25t以上自动放水；浊度传感器采用沉入式安装，通过支架固定在排水渠道内，事先使用纯净水对浊度传感器进行校正，然后通过不同浑浊程度的溶液进行浊度等级标定，确定河流地表水浊度等级，当冲洗后排水达到河流地表水浊度标准后，自动停止放水。

2）洗石作业流程：满载大块石的自卸车进入施工现场→开车至洗石设备内停放好→开起自卸车的液压倾卸机构将车厢升至约5°倾斜角→打开洗石设备开关进行洗石作业10min→关掉洗石设备开关→关掉自卸车的液压油缸将车厢恢复→将满载大块石的自卸车驶离洗石设备后直接运入混凝土浇筑仓面堆放码石→下一个洗石循环。

（3）卸料装置。堆石施工时采用自卸车满载大块石直接入仓的方式，将大块石倾倒在卸料装置内。

1）卸料装置。特制的卸料装置由钢板加工制作而成，钢板强度为Q235及以上钢材，厚度采用15mm及以上，底板为3.5m（宽）×6m（长），一端预留两个半径4cm的吊孔以便移动，两侧栏板均为0.35m（高）×3.5m（长），另一端栏板为0.35m（高）×3.5m（长），结构缝用电焊焊好，周边每隔50cm加焊18根L型ϕ25钢筋，栏板与底板连接牢固并形成一体。

2）卸料流程。施工前将特制卸料装置冲洗干净，用吊机转移至所需仓面，并停放在仓面下游1/3处沿堆石情况移动。自卸车倒行至距卸料装置内距端头1.0m处，打开车厢后板，液压倾卸机构将车厢升至约10°，然后自卸车缓缓前行，同时挖掘机辅助卸料，保证块石料完全卸于该装置中。卸料完成后，通过挖掘机挑选不小于30cm的块石进行码放。待块石堆放完成，安排3人对卸料装置内的小粒径块石、石渣和石粉集中清理干净，废弃料用手推车或装载机运至指定地点堆放。卸料装置在仓面下游1/3处随着堆石向外侧移动直至块石堆放完成，卸料装置移动距离以4～6m为宜。

（4）堆石施工质量控制。堆石入仓码石采用人工配合PC200挖掘机进行，自密实堆石混凝土重力坝在设计时尽量将迎水面防渗层和堆石混凝土设计成同一种配合比，施工时防渗面层可以和堆石混凝土一起浇筑，堆石入仓码石的施工质量控制如下：

1）仓面码石和水平施工缝。坝体堆石混凝土分层浇筑收仓时，在上游面2/3仓面处的大块石部分高出浇筑面5～15cm；堆石施工时，大块石的大平面底部用小粒径块石垫起，确保浇筑时自密实混凝土流入大块石底部，保证水平施工缝浇筑质量。

2）迎水面的入仓码石。入仓码石施工中须控制好

迎水面防渗层预留的设计宽度，该部位的码石须稳定牢固，防止自密实混凝土浇筑时堆石滑落。

3）模板面的入仓码石。模板面的码石施工要确保块石的大平面不能紧贴或朝向模板，堆石尽量离模板面5cm以上。

4）小粒径块石的控制。堆石的最小粒径不宜小于30cm，已入仓的堆石中粒径小于20cm的逊径石块体积占比不宜超过2%，且不宜集中堆放。小粒径块石比例的控制主要在取料装车和特制卸料装置中进行控制，码石过程中大部分小粒径块石由人工进行挑拣清除，少部分集中堆放的小粒径块石由人工进行分散堆放。

3.2 自密实堆石混凝土模板

因考虑到自卸车满载大块石直接入仓卸料，坝体浇筑模板采用悬臂模板翻模施工，坝体分层浇筑时沿左右坝肩的施工道路进入仓面，由中间坝段向两侧坝肩逐仓进行浇筑。悬臂模板采用内拉式，浇筑时在混凝土内预埋拉条，单块模板尺寸为3m×2m，模板采用25t吊车安装。

自密实混凝土浇筑时具有较大的流动性，采用悬臂模板翻模施工时，要确保模板的强度和密封性。悬臂模板施工时，上层模板由下层模板支撑，模板底部和侧边用螺栓锚固，模板安装时由斜撑进行调节，模板之间贴泡沫双面胶带堵缝，模板采用内拉式拉条，共分3层布置，每块模板每层布置3根拉条，拉条采用ϕ14钢筋制作，底部第1、第2层拉条接在仓面内预埋在混凝土内的拉条上，顶部第3层拉条锚固在仓内堆放好的大块石上。

3.2.1 自密实混凝土施工

（1）自密实混凝土原材料质量控制。自密实混凝土原材料应符合施工规范的有关规定外，粗骨料最大粒径不应超过20mm，针片状颗粒含量不应超过8%，水泥不应使用快凝水泥，掺合料宜使用粉煤灰作为活性掺合料，可使用石灰石粉作为惰性掺合料，外加剂应使用以聚羧酸盐高分子为主要原料的高性能减水剂，并考虑外加剂与水泥的相容性。

（2）自密实混凝土生产。自密实混凝土的配合比由实验室确定，主要性能指标是坍落度260～280mm，坍落扩展度650～750mm，V型漏斗通过时间7～25s，自密实性能稳定性不小于1h。现场拌和自密实混凝土时性能指标偏差超过20%时应及时调整，调整应遵循先调整流动性能后调节抗离析性能的原则。

1）现场自密实混凝土流动性能低于标准值时，应按照下列优先顺序进行调整：

a. 按照扩展度与标准值的相对偏差，等比例提高外加剂用量。外加剂提高量不得超过理论值的30%，如超过设计理论值30%混凝土状态仍无明显好转，需暂停生产，查明原因后重新试拌。

b. 确认原材料性能是否符合配合比报告中的要求，特别是砂的含粉率、含泥量、级配曲线，石子的超逊径率与之前正常的生产状态相比有无变化。

c. 如砂与原来相比，含粉或含泥量有增大趋势，以1%作为梯度逐步降低砂的含粉率重新计算实际配合比和生产配合比。

d. 如石子超逊径较之前明显增大，以5%为梯度降低石子用量。

e. 在温度降低的情况下（20℃以下），适当延长搅拌时间，检测混凝土工作性能的变化，如有改善应延长搅拌时间。

2）自充填混凝土流动性超出标准值或扩展度较大有离析泌水现象时，应适当降低外加剂用量。

3）自密实混凝土的流动性能满足要求，V型漏斗通过时间低于标准值（小于10s）时，应适当提高砂的含水率，重新计算生产配合比。

4）V型漏斗通过时间高于标准值（一般指大于25s）时，应按照下列顺序进行调整：

a. 判断自密实混凝土是否发生离析，V型漏斗是否堵塞，如发生离析应适当提高砂的含水率，重新计算生产配合比。

b. 如自密实混凝土未发生离析，则应适当降低砂石骨料的含水率，重新计算生产配合比，降低砂石骨料含水率所导致的用水量增加幅度不得超过10kg/m^3。

c. 如自密实混凝土未发生离析，且通过含水率调整仍无法满足要求时，可以1%作为梯度逐步降低砂或石的含粉率，重新计算实际配合比和生产配合比。

d. 如采用以上调整方法后，混凝土工作性能仍不能满足要求，且短时间内不能查明原因并解决或实验室暂无好的解决方案，应暂停生产，排查原因重新试拌后方可继续生产。

3.2.2 自密实混凝土运输及浇筑

（1）自密实混凝土运输应使用混凝土搅拌车，运输能力应保证堆石混凝土施工的连续性且符合下列要求：

1）运输车在接料前应将车内残留的其他品种的高自密实性能混凝土清洗干净，并将车内积水排尽，运输过程中严禁向车内的高自密实性能混凝土加水。

2）高自密实性能混凝土的运输时间应满足规定要求，未作规定时，宜在1h内卸料完毕。高自密实性能混凝土的初凝时间应根据运输时间和现场情况加以控制，如需延长运送时间，应采用相应技术措施，并应通过试验验证。

3）卸料前搅拌运输车应高速旋转1min以上方可卸料。

4）在高自密实性能混凝土卸料前，如需对高自密实性能混凝土扩展度进行调整时，加入经试验确定的高性能减水剂后，高自密实性能混凝土搅拌运输车应高速旋转3min，使高自密实性能混凝土拌和均匀，经检测合格后方可卸料。调整后，如仍不能满足性能要求，应作为废料处理。

(2) 自密实混凝土主要浇筑方式为地泵输送入仓浇筑、天泵入仓浇筑、溜槽入仓浇筑、吊罐入仓浇筑等。浇筑过程中应遵循单向逐点浇筑原则，宜选择Z形方式布置浇筑点。仓面较小或自密实混凝土供应能力富裕度较大时，可选择S形方式布置浇筑点。浇筑施工时自密实混凝土最大自由下落高度不宜超过1m，相邻浇筑点不宜超过3m。遵循单向逐点浇筑的原则，每个浇筑点浇满后移动至下一点，宜从上游面开始，沿短边进行浇筑。自密实混凝土浇筑遇到大雨或中雨时应停止施工，并对仓面采取防雨保护和排水措施，浇筑中断4h以上，需按照冷缝措施处理，浇注入仓温度宜控制在28℃以下。

(3) 自密实混凝土浇筑质量控制和常见问题处理：

1) 自密实混凝土性能用扩展度、V型漏斗数据来测定，每6h检测不少于1次。

2) 仓面突然出现混凝土流动性不符合要求的情况时，按如下步骤处理：

Ⅰ. 立即暂停浇筑，同时知会拌和站，暂停混凝土生产。

Ⅱ. 如采用泵送浇筑，将出管口立即移至已浇满的堆石仓面，排出流动性不足的混凝土，让工人用振捣棒振实。已浇在未浇满仓面流动性不足的混凝土超过100L需要挖除。

Ⅲ. 如采用罐车运输，可对运往现场的搅拌车罐内混凝土添加外加剂进行调整，出料检测合格后再入仓浇筑。

Ⅳ. 返回拌和站，尽快查明原因，寻找解决办法，如1h内解决，继续生产浇筑。

Ⅴ. 如情况复杂，1h内不能解决，与施工单位负责人沟通，建议暂停生产，直至找到解决方法后再开仓浇筑。

3) 浇筑后仓面泌水、泌浆处理：

Ⅰ. 仓面泌水或积水须排出仓外。宜从背水面处收仓，应先把泌（积）水由迎水面赶到背水面，然后进行处理。

Ⅱ. 在混凝土浇筑期间，应及时用瓢、桶或吸管将表面泌（积）水清除，混凝土即将覆盖处不得有积水。

Ⅲ. 严禁在模板上开孔赶水，以防带走灰浆而导致麻面。

4) 浇筑冷缝处理。在浇筑过程中如因停电、降雨或机械故障、跑模等原因而中止，出现浇筑冷缝，中断后重新开始浇时，移动浇筑点，浇筑5～10m^3（视冷缝面积定）自密实砂浆，完全覆盖中断后所留下的施工冷缝，然后浇筑自密实混凝土，自密实砂浆能够填充微小的空隙，能够提高界面的黏结力。

5) 高温天气浇筑（高于30℃）：

Ⅰ. 尽量避开中午等高温时段开仓浇筑，宜安排在早晚或夜间浇筑。

Ⅱ. 加快混凝土浇筑速度，缩短混凝土暴露时间，减少仓面新浇混凝土温度回升。

Ⅲ. 高温时段浇筑混凝土时，应根据浇筑仓面积的大小配备1～2台喷雾降温设备，以降低仓面环境温度，同时采取措施防止雾化水滴滴入仓内。

Ⅳ. 泵送时泵料斗和露天的输送管线用麻袋包裹或遮盖，并经常喷洒冷水降温，同时防止自密实混凝土高温工作性能损失过快。

6) 雨天浇筑。降雨天气应对已堆好块石的仓面进行遮盖，降雨天气不进行自密实混凝土浇筑。降雨天气如已开仓浇筑，小雨天气如仓面未形成水流，未见水泥浆被带走可继续浇筑；中雨或大雨应暂停浇筑，并对整个仓面用防水篷布遮盖，等雨停了再浇筑。

3.2.3 主要施工方法

(1) 测量放样。施工测量分控制测量、加密控制测量和施工测量放样，主要采用水准仪、全站仪等仪器对各个仓面进行施工放样与复核。

(2) 钢筋施工。钢筋的安装采用现场人工绑扎，钢筋的绑扎安装位置、间距、保护层及各部分钢筋的尺寸均应符合设计图纸和规范要求。

(3) 模板施工。悬臂模板翻模施工采用内拉式模板，浇筑时在混凝土内预埋拉条与模板拉条焊接起来，单块模板尺寸为3m×2m，采用汽车吊吊运安装。

(4) 基础面清理。堆石混凝土施工缝面需进行凿毛处理，全部清除自密实混凝土泌浆所造成的薄弱层，以达到无乳皮且微露粗砂的效果，并用水冲洗干净。

(5) 堆石施工。大块石从取料场装满自卸车后运至施工现场，装满大块石的运输车直接开进洗石设备内进行洗石，洗石作业完成后，自卸车将大块石运入仓面、倾倒在卸料装置内，挖掘机从卸料装置内取料码石。

(6) 自密实混凝土浇筑。由混凝土搅拌车运输至现场，通过泵车入仓浇筑，遵循单向逐点浇筑的原则，每个浇筑点浇满后移动至下一点。

(7) 养护、拆模。混凝土初凝后可采用洒水或流水等方式养护，堆石混凝土在浇筑完毕6～18h内开始洒水养护。让养护水流从混凝土顶面向模板与混凝土之间的缝渗流，以保持表面湿润，直到模板拆除。在模板拆除后继续进行洒水养护满90d。

(8) 自密实堆石混凝土质量控制与检测。按照相关规范执行，堆石料检测饱和抗压强度和表面含泥量。自密实混凝质量控制包括原材料控制、坍落度、扩展度和V型漏斗、入仓温度、抗压强度等。自密实混凝土浇筑质量控制包括取芯检测强度和密度、堆石混凝土透水率检测等。

4 结语

江西省抚州市东乡区井山水库大坝属于自密实堆石混凝土重力坝，堆石混凝土 8.4 万 m^3。坝体共分 125 个仓面，每仓混凝土方量为 1510.5～$252m^3$，大仓面的入仓码石施工用时 3d，自密实混凝土浇筑用时 1d，小仓面的入仓码石施工用时 1d，自密实混凝土浇筑用时 1d，仓面清理、模板安装和钢筋绑扎在交叉作业时间段完成，不计入工期，平均 3d 完成一个混凝土浇筑仓面。大坝坝体自密实堆石混凝土浇筑采用悬臂模板翻模施工，为下层堆石混凝土养护提供了充足时间，同时也为上一层堆石入仓提供了施工通道，大坝浇筑工期 7 个月，有效节约了施工成本，加快了施工进度，提高了工程总体施工效率。

审稿人：张志良

超深防渗墙混凝土质量控制技术探讨

吴金伟/天津市地基与基础工程企业重点实验室
王兴梅/青海省水利水电勘测规划设计研究院有限公司
王晓川/中国水电基础局有限公司

【摘　要】 在超深防渗墙混凝土质量控制中，通过采取混凝土导管下落减速控制设施，控制下落流速和状态，减少混凝土的离析，提升混凝土的扩散性能和充填质量；采用水下不分散或扩散性大的混凝土，提高材料自流充填和自密实性能，达到更好的充填效果；改进浇筑过程回浆方式，及时排除含沙量高的泥浆和絮凝沉淀物，提高混凝土质量保证率。

【关键词】 超深防渗墙　减速型浇筑导管　不分散混凝土

防渗墙作为地下连续墙，在水利水电工程中的应用经过60多年的发展，施工深度已经突破100m，最深达到了186.5m（试验达到201m），防渗墙成槽机具性能不断提升，成槽施工技术和工法不断创新，固壁泥浆和接头管等系列配套技术进一步得到提高。我国超深防渗墙施工成套技术跻身世界前列，解决了深厚覆盖层上建坝的渗漏和渗流控制等问题，为我国水利水电行业发展打下了坚实的基础。同时，随着防渗墙深度的增加，混凝土浇筑施工质量的控制难度也相应增大，需要采取更先进的工艺方法提升过程控制能力，更有力地提高防渗墙质量。

1　超深防渗墙混凝土质量控制难点

超深防渗墙混凝土浇筑采用泥浆下直升导管法浇筑技术，通过控制混凝土材料性能和浇筑工艺保证混凝土成墙质量。深槽浇筑过程中，由于槽孔深度大、混凝土下落速度快及浇筑时间长等原因，容易出现槽孔内混凝土粗细骨料分离、拌和物离析、混凝土失浆等情况，造成浇筑过程混凝土和易性减弱或流动性丧失，混凝土充填质量降低。另外，长时间浇筑情况下，在混凝土与泥浆界面出现泥浆中含砂沉淀及污染产生絮凝物、混凝土和泥浆出现混浆等现象。这些因素造成混凝土面上升困难及紊乱，墙体出现孔洞、包裹、夹泥、断墙以及混凝土与沉渣絮凝物混合强度降低等问题，严重影响防渗墙质量。超深防渗墙混凝土质量控制技术是超深防渗墙施工的一个难点。

为保证超深防渗墙混凝土质量，可以从水下混凝土浇筑工艺及机具、混凝土材料性能、泥浆及其置换技术等方面进行研究，改进工艺及材料，使水下混凝土的质量得到更好的保障。

2　混凝土浇筑工艺和机具的改进

2.1　超深槽孔浇筑机具配置和浇筑情况

防渗墙槽孔混凝土浇筑时，混凝土入槽后为重力自流方式，通过料斗流入导管，在重力作用下自由下落，到达导管底部后流出，在槽底扩散。施工中混凝土在搅拌站拌制后输送至浇筑槽口，经分料斗和溜槽将混凝土输送至浇筑漏斗，通过浇筑导管均匀放料，在槽孔内顶升泥浆，混凝土面均匀上升到达槽口完成浇筑。

2.1.1　混凝土浇筑导管及布置

浇筑导管为直线通径钢管，管体由多节组装而成，快速丝扣连接，单根导管大多长2.0～2.5m，常用直径250mm，一个槽孔一般下设2～4套。

为了防止导管堵塞和利于混凝土扩散，浇筑导管最小孔径不宜小于骨料最大粒径的6倍，二级配混凝土一般要求内径达到 240mm。

根据槽段长度布设浇筑导管根数，导管距孔端 1.0～1.5m，导管之间中心距不大于 4.0m（一级配不大于 5.0m）；根据槽孔深度配设导管，导管底口距槽底距离控制在 15～25cm 范围内，上部高于槽口 1m 左右，并加装短节，便于及时拆卸。

2.1.2 混凝土浇筑过程控制

混凝土开浇采用压球法，每个导管均下入隔离塞球，先注入适量的水泥砂浆，紧接着放入准备好的足够数量的混凝土，挤出隔离的球塞后，将导管底端埋入混凝土内。

为避免槽孔周边应力变化过大，保证槽孔稳定，同时控制浇筑的混凝土从下而上依次逐渐初凝且利于接头管起拔，浇筑过程中控制导管埋入混凝土内的深度：最小埋深不宜小于 2m，最大埋深不宜大于 6m，在混凝土上升较快时可适当增大但不宜大于 8m。控制槽孔内混凝土上升速度不得小于 2m/h，也不宜大于 8m/h。

当导管在混凝土内埋深较大后，暂停浇筑，提升并拆除部分导管，一般一次拆除一节导管。提升拆除过程一般在 5～10min 内完成，拆除后继续放料浇筑。

2.2 混凝土浇筑过程在导管内下落情况分析

2.2.1 混凝土压球下落过程流速

开浇阶段，混凝土通过球塞挤压泥浆进入导管并向下加速流动，随着导管内混凝土高度的增加，混凝土流动速度和加速度均增大。假设混凝土供应量足够大、能满足导管全过程满管下落，则在导管充满混凝土到达孔底时混凝土的加速度最大，在导管充满混凝土后从孔口开始下落的混凝土到达孔底时，混凝土的流动速度最大，此时混凝土在槽孔导管内的状态如图 1 所示。

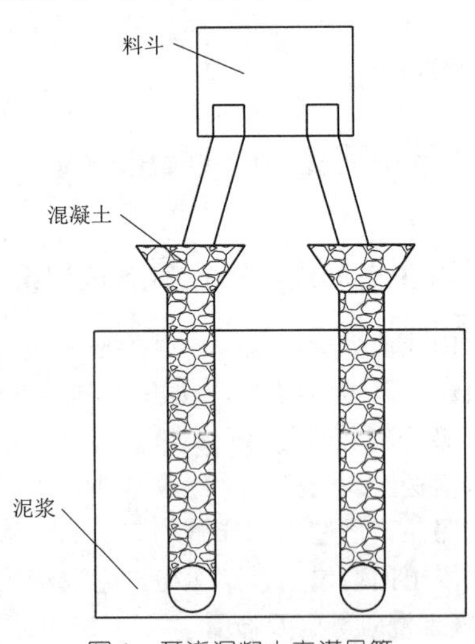

图 1　开浇混凝土充满导管

根据牛顿第二运动定律 $\sum F=ma$。将混凝土假设为均质流体，其密度取 $\rho_c=2.1\mathrm{g/cm^3}$，槽孔清孔后泥浆密度取 $\rho_s=1.05\mathrm{g/cm^3}$。推算在混凝土挤压泥浆下落过程单位体积混凝土的加速度 a_c。

因 $a=\sum F/m$，$\sum F_c=(\rho_c-\rho_s)Vg$，$m=\rho V$，则 $a_c=\sum F/m=(\rho_c-\rho_s)Vg/(\rho_c V)=(\rho_c-\rho_s)g/\rho_c=4.9\mathrm{m/s^2}$。

根据加速度与时间及位移关系公式：$S=V_c t+at^2/2$（S 为位移距离，V_c 为初速度，t 为时间，a 为加速度），假设混凝土进入导管速度全部为 0，混凝土下落到底的时间 $t=\sqrt{2S/a}$，下落端末速度 $V_末=at$。

忽略导管阻力等其他因素，只考虑混凝土重力和泥浆压力因素，开浇阶段不同槽孔深度对应的混凝土下落到底的理论最大速度及理论最短用时见表 1。

表 1　混凝土导管内压浆下落理论速度与下落深度表

槽孔深度 S/m	20	30	40	50	60	70	80	90	100
理论加速度 $a/(\mathrm{m/s^2})$	4.9	4.9	4.9	4.9	4.9	4.9	4.9	4.9	4.9
下落用时 t/s	2.86	3.50	4.04	4.52	4.95	5.35	5.71	6.06	6.39
落底速度 $V/(\mathrm{m/s})$	14.01	17.15	19.8	22.15	24.26	26.22	27.98	29.69	31.31
槽孔深度 S/m	110	120	130	140	150	160	170	180	190
理论加速度 $a/(\mathrm{m/s^2})$	4.9	4.9	4.9	4.9	4.9	4.9	4.9	4.9	4.9
下落用时 t/s	6.70	7.00	7.28	7.56	7.82	8.08	8.33	8.57	8.81
落底速度 $V/(\mathrm{m/s})$	32.83	34.3	35.67	37.04	38.32	39.59	40.82	41.99	43.17

受导管阻力、底部扩散阻力、导管内混凝土充盈度及泥浆回升等影响，混凝土综合受力会减小，加速度会小于理论值。

2.2.2 混凝土浇筑停止时导管内状态

导管在混凝土内埋深较大时，将导管提升拆除，停止放料浇筑。此时导管内混凝土下落到一定深度、和导管外部泥浆形成压力平衡，混凝土停止下降流动形成静止平衡状态，导管混凝土面以上部分为净空状态（见图 2）。此时是导管内外压力平衡状态，即 $\rho_c h_c=\rho_s h_s$。

停止浇筑时导管内外压力平衡，混凝土密度取 $2.1\mathrm{g/cm^3}$，泥浆密度取 $1.05\mathrm{g/cm^3}$，未浇筑孔深（泥浆深度）与管内混凝土面高程对应关系见表 2。

2.2.3 混凝土在空导管中下落速度

在浇筑暂停之后，导管混凝土形成一个静止平衡，上部导管内处于空管状态。继续浇筑后混凝土在空管段处于自由下落状态。石子下落受到的空气浮力很小可以忽略不计，基本以重力加速度 g 的大小下落。混凝土到达导管内混凝土面后与下部管内混凝土混合，液面上升，在压力差作用下底部混凝土继续向管外扩散。

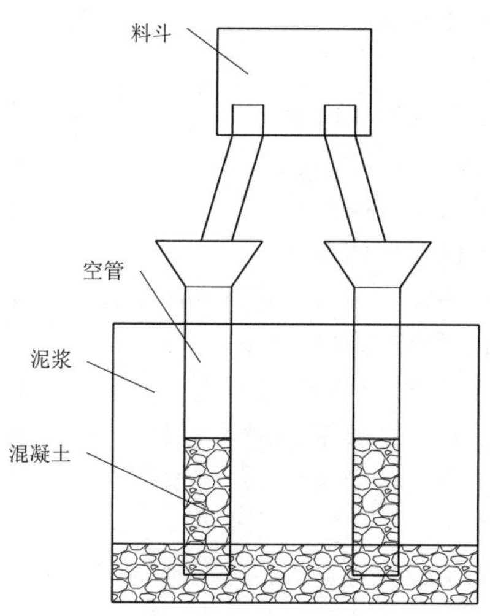

图 2　混凝土在导管内静止

表 2　浇筑停止状态导管内混凝土高度和槽孔泥浆深度对应表

泥浆深度 h_s/m	20	30	40	50	60	70	80	90	100
泥浆密度 ρ_s/(g/cm^3)	1.05	1.05	1.05	1.05	1.05	1.05	1.05	1.05	1.05
混凝土密度 ρ_c/(g/cm^3)	2.1	2.1	2.1	2.1	2.1	2.1	2.1	2.1	2.1
混凝土高度 h_c/m	10	15	20	25	30	35	40	45	50
泥浆深度 h_s/m	110	120	130	140	150	160	170	180	190
泥浆密度 ρ_s/(g/cm^3)	1.05	1.05	1.05	1.05	1.05	1.05	1.05	1.05	1.05
混凝土密度 ρ_c/(g/cm^3)	2.1	2.1	2.1	2.1	2.1	2.1	2.1	2.1	2.1
混凝土高度 h_c/m	55	60	65	70	75	80	85	90	95

忽略空气阻力的情况下，混凝土从导管口下落到下部液面的理论时间、到达速度和空管深度见表 3。

表 3　混凝土下落深度、加速度及下落用时对应表

深度 S/m	20	30	40	50	60	70	80	90	100
加速度 a/(m/s^2)	9.8	9.8	9.8	9.8	9.8	9.8	9.8	9.8	9.8
下落用时 t/s	2.02	2.47	2.86	3.19	3.50	3.78	4.04	4.29	4.52
落底速度 V/(m/s)	19.8	24.21	28.03	31.26	34.3	37.04	39.59	42.04	44.3

2.2.4　混凝土浇筑供应速度

浇筑过程中，混凝土的供应量受限于混凝土罐车的出料速度或混凝土泵的送料速度。防渗墙浇筑常用的混凝土罐车实际出料速度在 2m^3/min 左右，泵的送料速度在 100m^3/h 左右。开浇采用双车供料及料仓储料，供料强度在开浇阶段可以达到 3～5m^3/min，内径 250mm 的导管满管下料平均流出速度可以达到 1～2m/s。常规浇筑时段按要求控制墙体混凝土上升速度大约 6m/h。在此速度下 1m 厚度的防渗墙单根导管每小时的浇筑方量在 20m^3 左右，目前常用内径 250mm 导管的混凝土向导管外平均流出速度只有约 0.2m/s。

2.2.5　混凝土浇筑分析

实际浇筑中，开浇过程不能保证导管内混凝土全时段完全充满并按理论加速度下落（理论加速度最大）。但开始阶段充足的混凝土供应能够使导管大部分得到充盈，产生较大截面压力，保证导管混凝土压着球塞加速下落，在球塞到达管底时混凝土达到较大速度，继而顺利扩散并埋住导管。混凝土流出导管的速度介于理论加速度下的终末速度与供料最大速度之间。如果按只达到供料速度与理论最大速度的平均值估算，那么 160m 孔深槽孔的混凝土开浇出管瞬时速度将达到 20m/s。开浇阶段槽孔底部混凝土流出及扩散较快，流出速度主要和孔深相关，与导管直径关系不大。较大的流出速度增加扩散距离的同时，也容易产生骨料离析，可能出现冲击槽壁裹挟沉积物的情况，不利于质量控制。

开浇完成埋管后继续浇筑混凝土，新浇混凝土出管后在先浇筑的混凝土内再流动扩散。受混凝土流动扩散阻力增大及供料强度降低的影响，混凝土出管速度大幅度降低，导管内混凝土以一个相对稳定的速度下落并扩散，导管外部混凝土面均匀上升，导管内外的混凝土高度差达到一个相对的动态平衡。此时导管内流速明显小于开浇阶段混凝土的出管速度，导管内混凝土的流速更接近供料速度，按前文分析，大部分在 0.1～0.3m/s 范围。

混凝土浇筑导管内径选择时，通常认为越粗越好用，越不容易堵管。实际上，在骨料粒径能充分通过不互相拥挤的情况下，采用较细导管浇筑混凝土流速更快。开浇阶段导管内充盈度更好，底部截面压力更大，混凝土加速度更高，流出速度更趋向于理论最大速度，更有利于在槽孔底部扩散。达到动态平衡后，在供料速度相同的情况下，细导管平均流出速度大于粗导管平均流出速度，流速高更易扩散。以单根导管每小时浇筑方量 20m^3 计算，内径 250mm 导管混凝土平均速度仅约 0.2m/s，内径 150mm 导管流出速度可达 0.5m/s。较高的流动速度更有利于混凝土保持和易性，对槽孔的充填效果更好。一级配混凝土使用内径 200mm 导管比内径 250mm 导管流速更高，扩散效果更好。

拆卸导管时混凝土浇筑暂停，整根导管上部为空管，下部混凝土静止状态，重新浇筑时是出现浇筑不畅堵管最多的时段。混凝土拌和物在自由下落时会出现分离，其中石子会以接近 g 的加速度下落，液体受到空气阻力影响，会分散成含有小颗粒的水泥浆和水泥砂浆液滴状态，以分散形式下落。

石子在空管内自由下落 20m 速度将达到 19.8m/s，下落 50m 速度将达到 31m/s。混凝土内水泥浆密度约 $1.7g/cm^3$，液滴密度大于水密度，下落终末速度大于水滴终末速度，但液滴下落速度比石子慢很多。所以混凝土拌和物在较大深度空导管中下落会出现固液速度差，产生一定程度的离析，在融入下部混凝土时部分混凝土拌和物和易性降低，扩散能力变弱。这是水下混凝土浇筑导管堵塞的重要原因，对于超深孔问题更突出。出现堵管后处理时间长，底部混凝土流动性、均匀性降低，易出现墙体充填不好的缺陷，是混凝土质量控制的不利因素。

槽孔深及混凝土落距大是浇筑质量问题的主要原因。为控制混凝土下落时固液分离，可每隔 20m 左右进行干预，使其速度减缓，不会连续出现大深度自由下落情况，使拌和物各成分尽量一起向下流，保持混凝土和易性。这种措施可有效降低混凝土浇筑堵管问题。

2.3 加装减速型混凝土浇筑导管

为避免浇筑时导管内长距离自由下落引起骨料分离，可通过加装减速导管，减小混凝土加速度和下落速度，使各组分以一致的加速度和一致的速度流动，保障混凝土的和易性。减速导管要考虑以下方面：一是能降低混凝土自由下落距离，且导管内径一致，不产生挤塞拥堵；二是保证管壁光滑过流，使混凝土能以较快速度流动；三是在槽孔内使用，尽量少占用空间。

为实现上述要求，可制成 S 形或螺旋形减速导管，与直线导管结合使用，孔径与直线导管相同。整套导管中，每间隔 20m 左右设置一节减速导管，其他为直导管。

2.3.1 加装 S 形浇筑导管

S 形流线型导管，通过转向消耗下降重力，减小加速度。整套导管的 S 节在安装时应保持轴线平面相同，并下设在槽孔轴线上，每个 S 节转向两次，轴线向两侧偏转的距离为导管内径的 2～3 倍，高度为导管直径的 4～6 倍。施工中避免 S 节导管浇筑过程转向碰撞槽壁。S 形浇筑导管如图 3 所示。

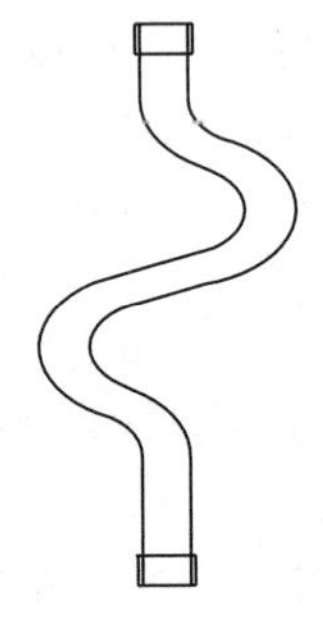

图 3　S 形浇筑导管示意图

S 形浇筑导管的特点如下：

(1) 整套导管的两端为直线段，轴线一致，与直导管连接方便。

(2) 中间为双转向流线型弯管，弯管与直管切线过渡，过流方便。

(3) 导管中心线在同一平面，中心对称形式，流动时不产生偏向一侧的振动。

(4) 接头及内径与直导管一致，连接操作方便。

2.3.2 加装螺旋形减速导管

弹簧式螺旋形导管，也通过转向消耗下降重力，减小加速度。每个螺旋形减速节设置 2～3 圈螺旋，螺旋直径为导管直径的 2～4 倍，螺旋部分的螺距和螺旋直径的比值在 1∶1 左右。此种导管要求槽孔较宽大，会影响钢筋笼下设。螺旋形减速导管如图 4 所示。

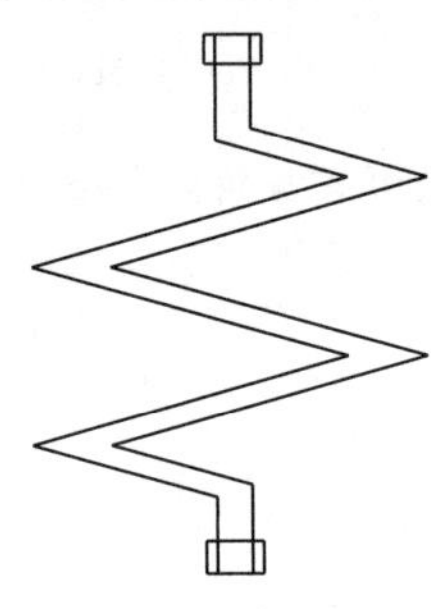

图 4　螺旋形减速导管示意图

螺旋形减速导管的特点如下：

(1) 整套导管两端为直线段，轴线一致，与直导管连接方便。

(2) 中间为螺旋形弯管，上下以曲线形式与直线段切线过渡。

(3) 螺旋的中心与直线导管中心段一致，既轴对称又是中心对称，可控制偏振。

(4) 接头及内径与直导管一致，连接操作方便。

2.4 推广泵送混凝土浇筑工艺及配套设施

以混凝土自重压力下料时，只能靠改变导管形状调整混凝土下落状态。但它需要占用较大空间，在有钢筋笼或预埋管件的防渗墙中使用将受到限制，达不到目的。使用泵送浇筑工艺可以大量减少槽口配套设施和节省大量人工，可实现控制性浇筑。

2.4.1 防渗墙泵送混凝土浇筑工艺

尝试改进浇筑工艺改变混凝土下落动力方式，可通过混凝土泵泵送入仓，实现浇筑的有效控制。在垂直段泵管上加装常闭式混凝土导管限流器，控制混凝土不能靠重力自由下落流动，通过混凝土泵开泵加压冲开限流器向下流动，停泵后混凝土压力降低，限流器自动锁紧，混凝土停止流动，实现可控下料浇筑。泵送浇筑工艺如图 5 所示。

泵送浇筑工艺的弱点是拆卸导管再接通后容易混入空气，造成堵管；如能开发大型设备，实现浇筑过程不

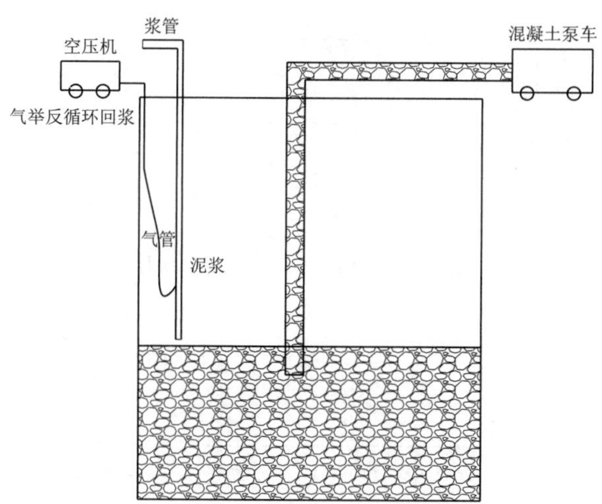

图5 泵送浇筑工艺示意图

拆管，则泵送效果更好、效率更高。

2.4.2 胶囊式混凝土下落限流器

胶囊式混凝土下落限流器为常闭式，内管为可变径钢丝橡胶衬管，外管为钢管，内外管之间是可调压、可变形的橡胶气囊。气囊充气膨胀使内管变细，锁住混凝土；下料通过混凝土泵加压，压力高于气囊压力后气囊收缩，内管管径增大，混凝土流出，实现可控浇筑。胶囊式混凝土下落限流器如图6所示。

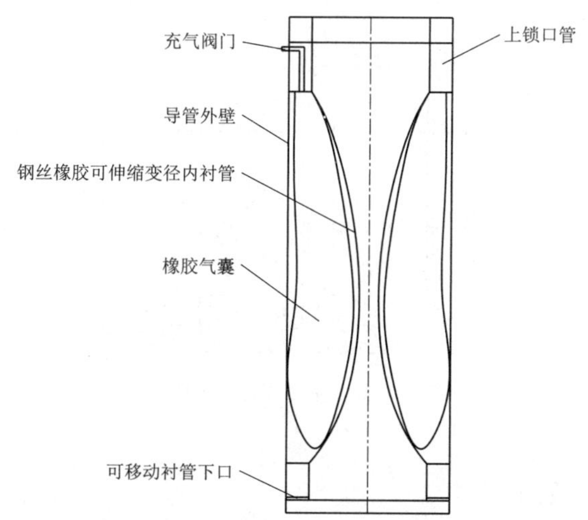

图6 胶囊式混凝土下落限流器示意图

通过每20m左右加装一个胶囊式混凝土下落限流器，可以控制槽孔内竖直段导管内混凝土的自由流动，实现可控下落，使用混凝土泵供料直接连接浇筑导管，实现泵送浇筑工艺。

3 墙体材料选择使用的探讨

3.1 普通水下混凝土防渗墙墙体材料

目前大部分防渗墙工程都采用普通水下混凝土。规范对普通水下混凝土的要求为：混凝土拌和料入槽坍落度为18～22cm，扩散度30～40cm，坍落度保持15cm以上时间应不小于1h，混凝土初凝时间不小于6h，终凝时间不大于24h。

符合性能指标的防渗墙混凝土，配合导管下设浇筑要求，充分保证了混凝土在槽孔底部的扩散、充填效果，达到质量控制的要求。

普通水下混凝土及其浇筑工艺也有些许不足，如导管套数多，拆装工作量大，使用设备多；槽底扩散容易受浇筑环境、孔深、下料时长等的影响；自流平充填及自密实程度不是最好的。

3.2 水下不分散混凝土材料

水下不分散混凝土广泛用于水下混凝土工程，特别是大体积水下混凝土。水下不分散混凝土是在普通混凝土拌和料中加入高分子絮凝剂和其他添加剂（消泡剂和减水剂）拌和而成，其性能比普通水下混凝土有所提升。高分子絮凝剂能在水泥颗粒间形成架桥结构，增大吸附力，提高黏性，抑制混凝土拌和料水泥流失，从而使混凝土获得一定程度的抗冲、抗分散性。

水下不分散混凝土的优点包括：抗分散性好，骨料离析少；流动性高（坍扩度大），扩散半径大，混凝土自流平充填效果好；均匀性好，在扩散一定距离后各组分材料分配仍较均匀，扩散表面平整；自密实性能好，强度保证率高。

采用水下不分散混凝土，能显著提升防渗墙成墙质量，同时可减少导管下设套数。使用坍扩度450～550mm的不分散混凝土，一个10m内宽度槽段，一套导管即可扩散到位，且更易推广采用泵送浇筑工艺。

防渗墙采用水下不分散混凝土也有一些不足：一是材料成本高于普通水下混凝土；二是黏度大，对输送设备动力要求高。

普通水下混凝土和水下不分散混凝土坍落度试验状态如图7、图8所示。

图7 普通水下混凝土坍落度试验

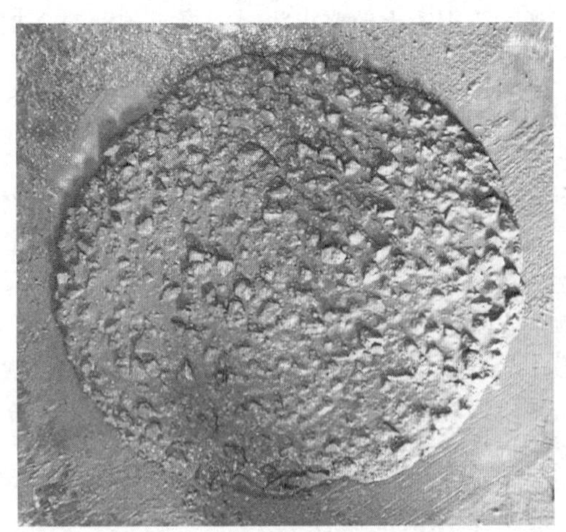

图 8　水下不分散混凝土坍落度试验

4　混凝土浇筑环节的泥浆回收方式

防渗墙成槽并清孔换浆合格后，进行混凝土浇筑。深槽孔目前清孔方式最常用的是气举反循环法。泵吸反循环因设备扬程原因，在深孔中应用较少。

气举反循环利用空压机输出的压缩空气进入排渣管，高压空气释放压力在浆管内上升，浆管下部产生负压、吸入泥浆并携带出孔底的沉渣，以气液混合体排出槽孔。

在进入混凝土浇筑环节后，一般拆除清孔设备，泥浆通过浇筑混凝土自然顶升，在槽孔口安装普通回浆杆泵或自流方式将泥浆回收到浆池。这种顶部自然回浆方式，槽孔混凝土上部泥浆在浇筑过程不再置换，长时间和混凝土面接触，泥浆被水泥中钙离子污染，容易产生絮凝物存在于泥浆底部。槽孔口回浆方式如图 9 所示。

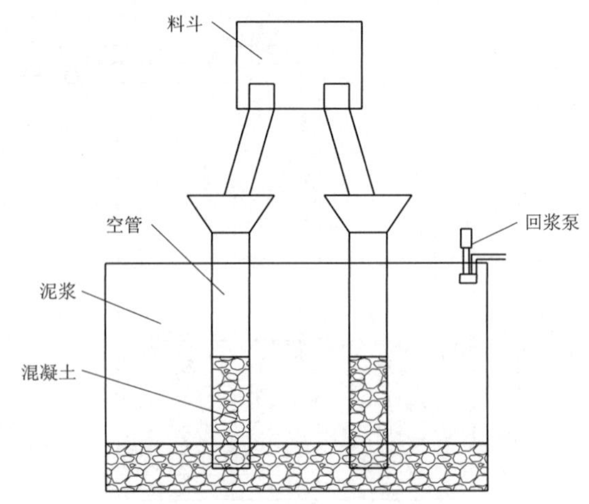

图 9　槽孔口回浆示意图

深槽孔浇筑时间长，泥浆中的含砂也会部分沉降到底部。底部泥浆含有较多的沉积物，密度增大，泥浆不再能完全悬浮过量的沉积和絮凝物，沉积和絮凝物也不能被混凝土有效顶升，混浆情况可能发生，沉积物和絮凝物进入混凝土就会产生质量缺陷。

为避免混凝土长时间浇筑引起的底部泥浆沉积过多，发生混浆现象，可以通过调整浇筑回浆方式加以解决，浇筑过程中在接近混凝土面的泥浆底部进行主动式回浆。主动式回浆可以采用气举反循环式或深井螺杆泵排浆的方式。气举反循环回浆即为清孔换浆工序的延续，在浇筑时把回浆管下入泥浆底部，回浆过程要注意调整使用压缩空气的压力和出气量参数（其压力低于清孔时的压力，能满足排浆即可），避免底部出现较大负压引起孔壁扰动而塌孔的情况。螺杆泵排浆的方式比较稳妥，将深井泵下入泥浆底部进行排浆，输出稳定，不会产生大的扰动，但要改进适宜的多级深井螺杆泵，使其能有效举升浓浆，耐磨耐用，还要降低吸入口使其更接近底部。槽底主动式回浆如图 10 所示。

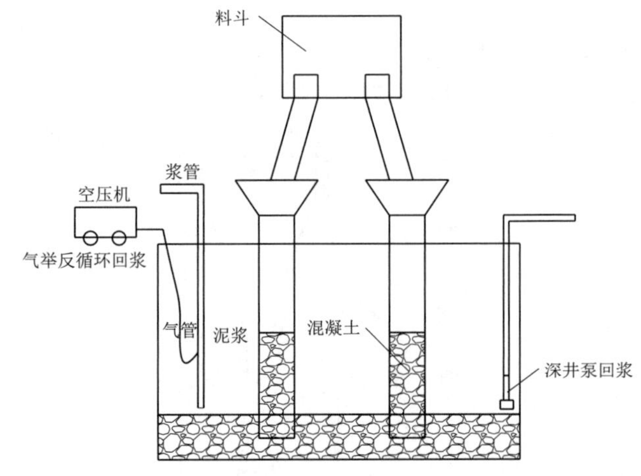

图 10　槽底主动式回浆示意图

5　结语

根据工程情况，在超深防渗墙混凝土浇筑施工中，可以尝试通过改进混凝土浇筑导管、调整浇筑工艺及回浆方式、改进混凝土性能等多种方法，克服一些混凝土浇筑质量控制的困难和不利因素，避免产生质量瑕疵，以促进混凝土成墙质量的提高。

富水砂砾层钢管护壁降水井施工工艺

陈永刚　路　涛　赵　月/中国电建市政建设集团有限公司

【摘　要】 本文基于史灌河（安徽段）治理工程新建的孙家沟排涝闸基坑降水井施工工艺的实践，总结了在富水砂砾地质条件下，钢管跟进护壁式气举出渣钢管降水井成井的施工经验。

【关键词】 孙家沟排涝闸　降水井　正循环钻进　反循环钻进

1　传统成井施工工艺简介

史灌河（安徽段）治理工程新建的孙家沟排涝闸，位于皖豫交界处叶集区。孙家沟排涝闸基坑的开挖深度约 7.8m，地下水水位 46.7m，排涝闸的建基面高程 45.8m。闸基砂砾石层透水性强，水位较高。为保证施工质量和施工安全，开挖前需要对基坑范围采用管井降水。传统的管井施工通常采用正循环或者反循环泥浆护壁成井施工方法，在砂砾地质条件下有以下缺点：

（1）传统的正循环或反循环成井降水方法施工工序烦琐，需要泥浆护壁，但在砂质地层施工时泥浆护壁效果差，易塌孔和缩径，并导致地表塌陷，破坏原始地基的稳定性。

（2）传统管井的降水井壁多为无砂管。在施工降水过程中，由于动水压力的作用，砂砾石中的砂会随水流入管井，造成颗粒掏空移位，使得水体对土的浮力消失，造成自重增加。在土体自重和其他外力的作用下，产生不均匀沉降。当沉降量超过规定的要求值时，将会对周围的建筑产生一定的影响。

2　工艺改进

针对传统的成井工艺泥浆护壁效果差、易塌孔和缩径、生命周期短、易损坏等问题，孙家沟排涝闸工程从以下四个方面改进成井施工工艺：

（1）成井过程采取钢管跟进护壁代替泥浆护壁，护壁效果好、无塌孔或变形，对原有地层破坏小，且无须开挖泥浆池进行沉淀与浓缩，保护了生态环境，节约了施工成本。

（2）成井钻进采用 ZY200S 型液压钻机钻进，辅以气举出渣，机械钻头连同滤水钢管护壁共同跟进，通过空压机吹进气体、将管内浆渣排出，时刻保持气压稳定。

（3）利用钢管侧壁预留细微的渗透缝渗流集水，钢滤水管孔口使砾石不易阻塞孔眼，增强了降水井的集水透水效果。

（4）施工至地下水水位以上时，钢管井内部回填集配粒料，并将钢管拔出，再进行封井，钢管材料实现可循环利用，节约成本。

3　实施过程

3.1　施工工艺流程

成井降水施工工艺流程见图 1。

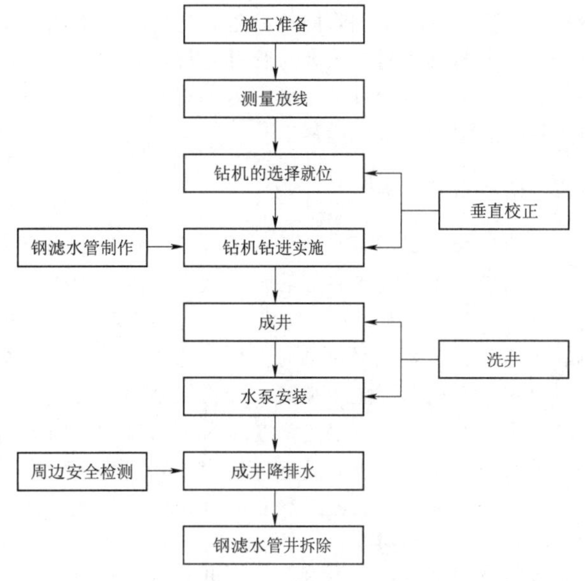

图 1　成井降水施工工艺流程图

3.2 施工准备

（1）技术准备。现场专职技术人员依据设计图纸、地勘报告、水文资料等相关资料编制基坑降水专项施工方案。针对专项施工方案，尤其是方案中的技术关键部位和关键点，对施工人员进行技术和安全交底。施工前还应与业主、设计方联系，调查清楚场地及其周边的各类管线及建筑物，以确保钻井工作不对地下管线和周围建筑物、环境等造成破坏。

（2）人员准备。根据现场施工合理配置现场人员，一般配置管理人员1人、技术人员1人、设备操作人员2人、设备维修人员1人、电工1人、力工4人，以满足施工需求。

（3）设备准备。根据地层条件选用液压钻井设备ZY200S，钢滤水管随钻机的进尺垂直跟进，无须泥浆护壁，钻机配备空压机KSZJ-29/23G清渣，气压2.3MPa，钻进速度1m/min。

（4）材料准备。提前按照降水井的设计长度，配置内径200mm的钢管做钢管井壁，降水井的滤水钢管及配件有产品合格证书、质量保证书、产品检验报告。

3.3 测量放线

对边线内场地应平整压实，桩基安装平稳牢固，防止桩机作业时发生沉陷。根据设计图纸，用全站仪现场进行井位精确放样。在井中心位置钉上中心桩，拉十字线放出4个控制桩。施工中要妥善保护好控制桩，不得移位和丢失，并在钻孔前复测，待监理验收合格后再进行井孔施工。

3.4 钻机就位

在管井的放样中心上将设备对中。设备的基地采用钢板将其安装平稳牢固，防止设备在施工过程中的沉陷倾斜。在安装钻机时钻头要与管井定位桩对中，钻杆调整垂直，安装就位允许的最大偏差不得大于5cm。空压机确保气压输出系统无障碍。

3.5 钻机成孔

钻机就位后采用垂直钻杆钻进施工，钻头采用合金钻头。为使降水井达到良好的降水效果，富水砂砾石层的降水井设计深度约9m。钻机主要以钻头摩擦切割砂体和砂砾体钻进，气举出渣为主，钢滤水管与机械钻头跟进至设计井底。在施工期间，严格控制空压机气体吹进的气量，并要求气压稳定（气压为2.3MPa）；时刻监控，使桩机呈水平状态，钻进过程中要确保垂直度误差控制在1%之内。气压经过空心钻杆、钻头喷孔，使砂体、砂砾体通过摩擦切割成碎渣，最后经高压气泵注入气体使碎渣沿管壁流出井外，并由井外过滤收集装置进行收集。

在钻井施工过程中，为确保管井的垂直度，通过四个定位桩校核钻杆是否垂直。若出现较大的偏差，应及时进行调整钻机使其呈水平状态。

3.6 钢管制作

钢滤水管的制作材料一般选用壁厚2mm、直径20cm的无缝钢管进行加工，长度以6～9m为宜。根据钻具长度将滤水管加工成3m一根。为满足降水的需求，对降水高程以下的钢管管体均匀地切割布置滤水孔，滤孔在管道3m范围每隔50cm四周梅花布设渗水孔。首根滤管端头组装与机械钻头相吻合的套卡件，将滤管套入钻杆，以保证机械钻头始终在滤管内，一边成孔一边沉管。当沉管完成后，每根钢管之间采用焊接连接。焊接前坡口应清理干净，内壁焊接错边量控制在壁厚的10%之内，且不能超过2mm。钢滤水管与机械钻头跟进至设计井底。

3.7 钻进完成

钢滤水管沉到设计管井底高程并成井后，操作人员通过升降机将钻杆从井内取出，空压机继续工作，直至排净井内的渣体。

3.8 水泵安装

安装前检查水泵尺寸是否与管井尺寸相符，并对水泵本体和控制系统作一次全面细致的检查。用水泵在地面水坑试抽水3～5min，以检查其设备性能是否可靠。若无问题，方可吊放安装。

水泵下入深度距井底1～2m，预留部分为沉沙层，以防井底沉淀物堵塞水泵。安装完毕应进行试抽水，满足要求后方可转入正常工作。

3.9 管井日常管理

降水井施工完成后，降水井管口应高于自然地坪20cm以上，并加盖木盖，避免杂物落入井内造成破坏。井周围按卫生防护要求保持良好的卫生环境，防止环境污染。井口设置临时封闭措施，并设置警示标识、警示灯。水泵设置一机一闸，使用自动启闭控制系统控制水泵运行，同时安排专人管理维护。

3.10 用电应急预案

施工现场备有备用发电机。降水井成井施工过程和降水运行中如出现电网断电时，则启用现场备用发电机及时供电。备用电源与现场电网连接，停电时备用电源自动联电系统启动并通电，确保降压井的电源不间断，保证成井过程的连续施工或管井运行过程的连续不间断降水。设置的电力自动切换系统需保证备用电源使用时应先发电，后切换电源，且在发电机工作稳定后方可切换；一旦恢复供电，先切换电源，再关闭发电机，且在供电工作稳定后方可切换。

3.11 降水井观测记录

管井运行过程中及时、准确地记录观测井水位，以此检验专项方案的正确性及降水井的成井效果。

3.12 钢管井拆除封井

管井运行期间，施工工作面保持干地作业，闸室底板与墩墙、进出段的底板与墙体等部位的混凝土浇筑完成后，此时底板高程已高于地下水水位，可开始封井作业。

在钢滤水管降水井拆除前，将井内的水泵提出并切断电源线，避免过程中线路损坏造成短路。在钢滤水管的外壁上使用电焊机焊制钢筋制作的U型扣件，开口向下将两腿固定在钢管的外壁上，用钢丝绳及挖掘机将滤水管从砾石层中提出。在向上缓慢提升的同时，随着钢管的上升往井内填筑级配碎石，防止井壁两侧的砂砾层坍塌引起地基沉降。全部提出后上部孔口浇筑混凝土，并通过预埋的钢筋与底板连成一体。

4 结语

本文基于史灌河（安徽段）治理工程新建孙家沟排涝闸基坑降水施工，对富水砂砾地质条件下的成井技术展开研究，重点从钢管护壁、气举出渣、钢滤孔渗流、钢管回收利用等方面，对成井技术进行改进。适宜的施工工艺显著提高了成井效能，有效缩短了施工工期，加快了施工进度，降低了施工成本，减少了环境污染，保护了生态环境。本工程采用的成井工艺，对于富水砂砾层地质条件的成井施工具有显著优势，并已经成功申请了“一种砂砾石地质层钢管井降水施工系统及其施工方法”发明专利。孙家沟排涝闸基坑降水施工工艺的成功应用，为类似工程提供了可借鉴的经验。

超厚粉细砂层降水及泵站曲面异形流道施工技术

赵 斌 赵 慧/中国水利水电第十一工程局有限公司

【摘 要】 通过对高水位超厚粉细砂层地质条件下降水及泵站异形流道施工技术的研究，优化了深基坑降水方案和曲面异形流道施工方案。采用管井降水代替三轴搅拌桩围封的止水结构，实现了土建施工干地作业条件；利用全自动地下水水位监测设备，实现地下水水位实时可视化，基坑安全可控；异形流道施工采用全自动数控技术，提前制作流道模板，改变了施工逻辑关系，简化工序，消除了模板制作安装的误差，保证了流道施工整体线型和内部流态。

【关键词】 引江济淮工程 管井降水 异形流道

1 工程概况

引江济淮工程江水北送段现有河道西淝河，通过泵站向淮北及河南地区调水。阚疃南站是江水北送西淝河线上的第二级泵站，承接西淝河站抽水继续北调，提水入阚疃南站上西淝河，设计调水流量为 $80m^3/s$。阚疃南站水泵采用立式布置。进出水流道为肘形，其断面沿水流方向由矩形渐变为圆形。进水流道最大截面为 7.0m×5.0m 的矩形，最小截面为直径 2.983m 的圆形，流道平面长度为 13.65m。出水流道最大截面尺寸为 7.0m×3.8m，最小截面尺寸为直径 3.021m 的圆形，流道平面长度为 21.35m。

站址区地层自上而下划分为 9 层。第 0 层素填土主要由中、重粉质壤土组成，局部夹有轻粉质壤土，含有砂礓；黄、灰黄色，稍湿～湿，呈可塑状态，夹有植物根系。第①层黏土，灰黄色，湿，呈软塑状态，夹轻粉质壤土。第②层中粉质壤土，黄、灰黄色，湿，呈可塑～硬塑状态，含有砂礓，夹砂壤土、粉细砂。第③层粉细砂砂壤土，泵站基础位于粉细砂层，需要采用水泥土换填。第④层轻粉质壤土、砂壤土。第⑤层轻粉质壤土。第⑥层轻粉质壤土。第⑦层重粉质壤土、粉质黏土。第⑧层粉细砂。第⑨层重粉质壤土、粉质黏土。本工程主要基础位于第③层粉细砂层上，厚度基本在 5m 左右。

2 泵站基坑围封截渗降水方案的优化

投标阶段泵站基坑采用三轴搅拌桩截渗墙围护，周长 600m，桩长 21m。三轴搅拌桩施工前必须先进行集水明排和降水，保证机械具备施工作业条件。西淝河北站和阚疃南站两个泵站三轴搅拌桩同时组织施工，施工工期大约需要 60d，且三轴搅拌桩施工完成 28d 后才可以启动基坑内降水施工，搅拌桩施工对工期影响较大，且费用高。

经过对招标地质资料和周围环境的研究和查勘论证分析，邀请相关专家指导和多次论证，进一步对泵站基坑三轴围封截渗进行优化，认为直接采用深基坑管井降水技术替代围封结构是安全可靠的，同时在以下几方面具有可行性：

（1）泵站周围均为农田，没有高层建筑物，管井降水产生的沉降对基坑的安全影响不大。

（2）本工程地层含水层大多为粉细砂层和细砂层，渗透系数 2×10^{-3}cm/s，渗水量较大，但该地层土质适合管井降水。

（3）在粉细砂地层采用管井降水有类似的施工经验和相关试验数据供参考，也有相应的专业技术人员。

3 泵站基坑管井降水试验及实施

为了验证管井降水取代三轴搅拌桩截渗墙的可行性，先进行基坑降水计算和降水试验，并根据试验结果确定方案的可实施性。

3.1 基坑降水试验

试验井结合施工井进行生产性试验。抽水井为

JS03～JS08、JS14～JS24、JS36～JS38，共20口，观测井为JS35。抽水井均选用额定功率5.5kW的水泵，进水时间为72h，期间观测并记录抽水井水量、水位及观测井水位。

由群井抽水的数据可以看出，20口降水井同时抽水72h后，主泵房位置观测井水位标高降至5.52m，水位降深为15.06m，抽水试验结束时仍在缓慢下降。基坑主泵房底板标高约为3.00m，所需降深约为17.58m。本场地共设置42口降水井（含7口备用观测井），推断若除观测井外的35口抽水井全部开启时，主泵房基坑水位可降至基坑底板以下，故基坑降水方案可行。

3.2 管井降水计算

3.2.1 基底抗突涌稳定性计算

西淝河北站基底下粉细砂层存在承压含水层，需对基坑底板抗突涌稳定性进行分析（见图1）。

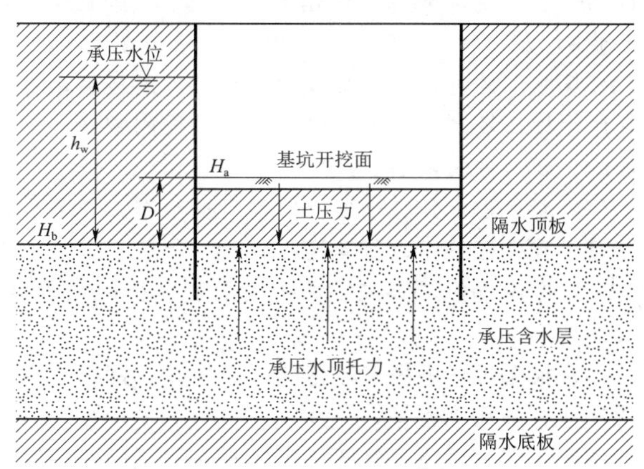

图1 基坑底板抗突涌验算示意图

阚疃南基底以下均为粉细砂层。基坑底板抗突涌稳定条件为：基坑底板至承压含水层顶板间的土压力应大于承压水的顶托力，即

$$\frac{D\gamma}{h_w\gamma_w}\geqslant K_h$$

其中 $$D=H_a-H_b$$

式中：K_h为突涌稳定安全系数，K_h本次按1.1考虑；D为承压含水层顶面至坑底的土层厚度，m；γ为承压含水层顶面至坑底土层的天然重度，kN/m^3，对多层土，取按土层厚度加权的平均天然重度，根据地勘资料得20.1kN/m^3；h_w为承压含水层顶面的压力水头高度，m，此值为承压水位至承压含水层顶板的距离，根据地勘资料，取承压含水层初始水位标高21.00m；γ_w为水的重度，kN/m^3，取10kN/m^3；H_a为基坑开挖底板高程，m，为9.95m；H_b为含水层顶板高程，m，参考XB2孔，为-9.42m。

将上述取值代入式中进行计算，即

$$\frac{D\gamma}{h_w\gamma_w}=\frac{(9.95+9.42)\times 20.1}{(21+9.42)\times 10}=\frac{389.34}{304.2}=1.28\geqslant 1.1,$$

满足抗突涌稳定性验算要求，无需对粉细砂承压含水层进行减压降水。

3.2.2 涌水量预估

根据本工程特征及水文地质特征，基坑总涌水量可根据《建筑基坑支护技术规程》（JGJ 120—2012）所提供的潜水完整井公式进行简化计算，相关参数见图2。

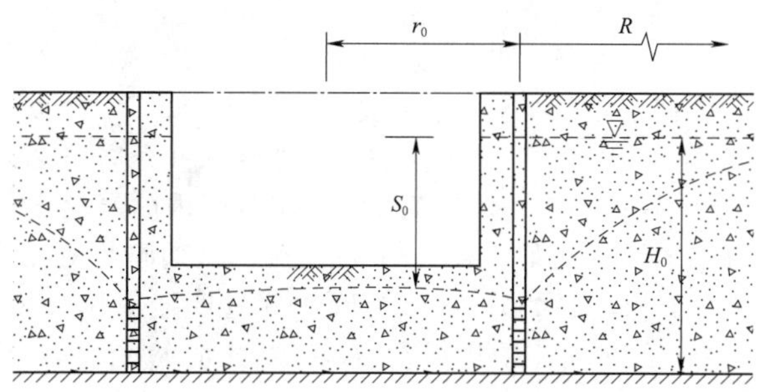

图2 潜水完整井大井法计算相关参数示意图

总涌水量计算式为

$$Q=\pi k\frac{(2H-S)S}{\ln\left(l+\frac{R}{r_0}\right)}$$

式中：Q为基坑降水总涌水量，m^3/d；k为渗透系数，m/d，取12m/d；H为潜水含水层厚度，m，西淝河北站H取19m，阚疃南站H取24.6m；S为水位降深，m；R为降水影响半径，m；r_0为基坑等效半径，m，长条形基坑可按$r_0=\frac{L}{4}$计算，L为基坑长度，不规则的圆形基坑可按$r_0=\sqrt{\frac{F}{\pi}}$，F为基坑面积；l为过滤器进水部分长度，m。

$$\text{总涌水量}\ Q=\pi k\frac{(2H-S)S}{\ln\left(1+\frac{R}{r_0}\right)}$$
$$=3.14\times 12\times(2\times 19-10)\times 10/1.252$$
$$=8426.8(\text{m}^3/\text{d})$$

3.2.3 单井涌水量计算

降水井的单井出水能力可根据《建筑基坑支护技术规程》（JGJ 120—2012）所提供的公式计算，即

$$q_0=120\pi r_s l\sqrt[3]{k}$$

式中：q_0为单井出水能力，m^3/d；r_s为过滤器半径，m；l为过滤器进水部分长度，m，取2～6m；k为渗透系数，m/d，取12m/d。

经过计算，并考虑到群井抽水时的相互影响，单井水量分别取240m^3/d。

3.2.4 降水井数量计算

降水井数量可根据下式计算：

$$n=\frac{1.2Q}{q}$$

式中：Q为总涌水量，m^3/d；q为单井出水量，m^3/d；

1.2 为安全备用系数。

经过计算，考虑到相邻段降水井抽水的相互影响，泵站基坑共设置降水井 42 口。

3.2.5 降水井深度计算

根据《建筑与市政工程地下水控制技术规范》(JGJ 111—2016)，降水井的深度可按下式确定：

$$H_W = H_{W1} + H_{W2} + H_{W3} + H_{W4} + H_{W5} + H_{W6}$$

式中：H_W 为降水井深度，m；H_{W1} 为基坑深度，m；H_{W2} 为降水水位距离基坑底要求的深度，m，本次取值 1m；H_{W3} 为 ir_0，i 为水力坡度，在降水井分布范围内宜为 1/10～1/15；r_0 为降水井分布范围内的等效半径或降水井排间距的 1/2，m；H_{W4} 为降水期间的地下水位变幅，m，取 2m；H_{W5} 为降水井过滤器工作长度，m，为 2～6m（含井损）；H_{W6} 为沉淀管长度，m，取 1.0m。

经过计算，泵站基坑降水井设计深度为 24m（井口标高为 24m），降水井孔径 550mm，井管采用外径 400mm、内径 300mm 的无砂混凝土管，外包 100 目锦纶滤网，滤料为中粗砂，回填至地面下约 4m，其上回填钻渣或场地土到地面。

3.3 基坑降水井施工流程

坑内降水井采用管径 400mm 的水泥无砂管作为井管，外包 100 目尼龙滤网布；成孔直径 550mm；滤料使用中粗砂，每口井投料顶面到地面的距离为 4m。

施工流程为：施工准备→测量放线→钻机就位钻孔、泥浆护壁→成孔→下管（滤管）→回填滤料→黏土封口→洗井→安装水泵→排水→降水井正常工作→降水完毕拔井管→封井。

4 泵站曲面异形流道模板加工安装

复杂体型结构混凝土在水工建筑物中是常见的一种混凝土，它在实施时操作难度大，是施工的难点。曲面混凝土不同于平面混凝土，在施工中很难掌握控制力度，容易造成麻面、错台、变形、露筋及裂缝等质量通病。目前水利水电工程中一般采用钢内衬＋混凝土结构的泵站、水电站流道较多，全混凝土流道的较少，且以往流道采用木模拼装进行施工。经过论证分析，此次泵站采用钢模板作为流道模板。

4.1 泵站流道钢模板制作

4.1.1 流道钢模技术分析

通过与水泵厂家对接沟通交流，绘制泵站流道三维模型。项目部管理人员与流道模板制作厂家对流道截面、上部混凝土厚度、钢模抗弯等方面进行分析，最终确定钢模加工材料采用 4mm 厚的面板，肋板间距 25cm×25cm，高 8cm，厚 1cm，呈网格布置。流道内部加固采用满堂红扣件承重架，尺寸 60cm×60cm×90cm。模板抗浮、抗倾覆加固采用 M16 止水拉杆，模板下沉采取泵站底板预埋 25b 槽钢。流道形状见图 3。

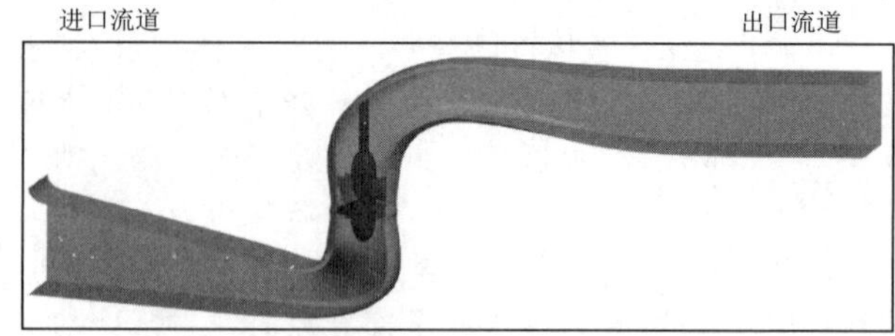

图 3　泵站进出口流道效果图

4.1.2 流道钢模制作关键点

根据流道设计图纸要求，进口流道沿水流方向断面为“由方变异形、再由异形变为圆”，其中直线段长 9.155m，异形段长 4.495m；出口流道沿水流方向断面设计为“由圆变为异形、再由异形变方”，其中直线段长 6.2m，异形段长 15.15m。项目部结合工程本身特性，现场施工的可操作性及经营成本等方面考虑，直线段采用木模现场制作，进、出口异形段采用钢模。钢模制作的主要考虑因素如下：

（1）避免模板分块过多，导致模板制作、安装重叠误差过大和模板整体性差等问题。

（2）考虑模板二次周转，钢模的安装拆除应简便，并确保变形小。

（3）根据现场塔吊实际情况，优化设计钢模的加工分块尺寸、吊孔位置等。

（4）考虑流道施工精度要求较高，钢模制作前要进行抗浮、抗倾覆、防下沉等设计，确定相应的加固和支撑体系以及加固拉杆孔的位置等。

4.1.3 流道钢模加工支护难点及相应对策

泵站进、出水流道渐变段模板加工和安装是本工程的难点。泵站进、出水流道形状为不同规格变径结构，模板的加工制作及采用的结构与材料对保证流道施工质量尤为重要，渐变流道模板的支护也是本工程的难点。针对这些难点采取如下对策：

（1）渐变流道模板采用定型钢模板拼装，螺栓连接。

（2）在模板加工过程中应跟踪检测，确保模板加工的精度，并核算加固肋板的位置与受力情况。为保证模板的刚度，采用 4mm 厚度的钢板作为面板，边肋和芯料宽度均为 100mm。

（3）钢模板加工完毕后，应进行试拼装，确保试拼装各方面的精度满足设计要求，并对试拼装过程中出现的问题进行整改。

（4）在浇筑底板混凝土前，应将支撑模板的槽钢及其他预埋件位置确定准确，提前埋入，保证流道模板的支撑位置与受力位置均衡。

(5) 按设计要求安装抗浮拉杆，防止混凝土浇筑过程中渐变流道模板整体上浮。

(6) 为方便最后的模板拆除，底部的最小模板拼接缝采用楔形拼接。

4.1.4 钢模制作加工设计

钢模制作工艺流程为：图纸设计→工艺编制→材料采购→模板面板边肋放样→下料→组焊→修磨→组装校正→检查验收→出厂。进出水流道肘部最下部位置预留30cm×30cm 排气孔兼振捣孔，间隔 1.5m 沿流道底部轴线排列。

根据进口流道单线图异形段共计 27 个断面，加工设计分为 7 个截面 6 环共计 41 块。序号 1（截面 1 与截面 2 之间）为异形流道进口段，序号 2（截面 2 与截面 3 之间）、序号 3（截面 3 与截面 4 之间）、序号 4（截面 4 与截面 5 之间）、序号 5（截面 5 与截面 6 之间）为异形流道中部施工段，序号 6（截面 6 与截面 7 之间）为异形流道出口段。其中截面 1 至截面 3 每个截面分 11 块，截面 4 至截面 6 每个截面分为 7 块，截面 7 分为 5 块，早拆块设计为 10cm 宽楔形位于底模中心位置，分块之间采用螺栓连接。流道加工分块设计示意图见图 4。

面板折弯卷圆之后可以进行焊接作业，按从上到下的顺序安装各块面板，边肋与面板之间满焊，芯料与面板之间断焊，焊缝最大间隔 50mm。模板组装校正：将焊接完工的模板重新按图纸拼装，发现不符合要求的模板需要进行校正作业，校正之后检查尺寸无误后继续拼装。喷漆涂装：将合格的模板运至专门的喷漆涂装车间进行喷漆，要求漆面均匀覆盖，不得出现流淌及未喷到的现象，模板面板上不得喷漆。每套模板完成后要合理编号，以便到工地安装。钢模安装现场见图 5。

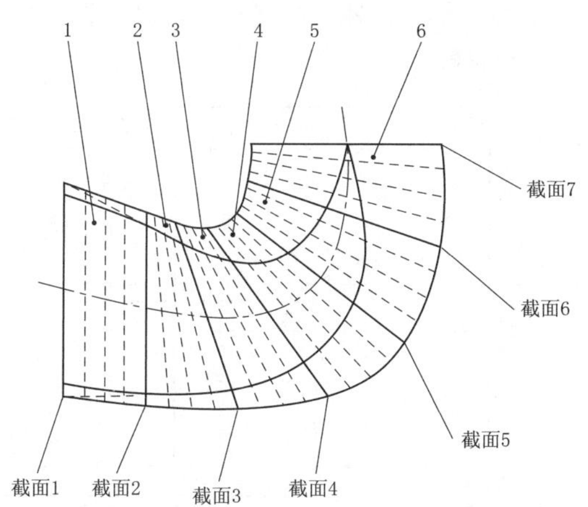

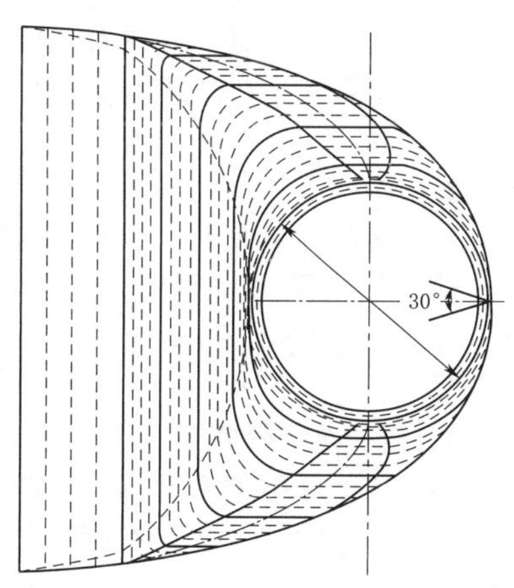

图 4　流道加工分块设计示意图

图 5　钢模安装现场

4.1.5 钢模制作质量控制

钢模的制作采用大型数控切割设备和面板弯弧设备，确保了肋板和面板弯弧的角度，大大提高了钢模的制作精度。钢模制作与运输全过程均有项目部管理人员旁站和指导，若有漏焊、表面不平整等质量问题，立即要求整改。面板焊接完成后，采用磨光机对面板焊缝、凸点、棱角等进行打磨。

4.2 流道模板安装流程

4.2.1 预拼装及尺寸检测

为确保钢模板安装质量，在正式安装钢模板前，项目部组织业主、第三方、监理等单位，在模板加工厂家对钢模板预拼装，并对外观质量、形体尺寸和拼接缝等关键点进行检查；确保无误后再解体运到施工现场，在现场拼装，并由项目部技术管理人员及模板厂家对作业班组进行交底指导。

4.2.2 测量定位

在施工前将轴线、流道投影图画在已浇筑完成的底板上，限定模板的平面位置及高程。

4.2.3 钢模安装

项目部对施工作业队交底，摸排和甄选有安装经验的工人8～10人为一组。采用塔吊将分块的钢模按照编号逐一吊装，采用人工和手拉葫芦进行微调精确定位。定位完成后立刻上紧限位螺栓，并将钢模与事先预留在底板上的埋件连接。

4.2.4 模板加固

模板拼装好后，为提高其整体性和降低变形量，采用直径48mm、壁厚3.0mm的无缝钢管在模板内部搭设满堂红承重架（60cm×60cm×90cm），对模板拼缝搭接处进行重点加固。

4.2.5 钢模板抗浮沉和抗位移措施

为避免表面薄层浇筑，在底板浇筑时提前预留50cm，与流道混凝土一同浇筑。为防止钢模板下沉或上浮，在流道底部均匀预埋了25b槽钢和ϕ25钢筋的模板支撑、受拉构件。为防止钢模位移，在模板四周设置拉杆孔进行加固，钢模完成安装后，钢模两侧焊接定位筋以固定钢模。

4.2.6 流道施工

进水流道底板预留的弧面与钢模底模的重合面流道施工，是将底板浇筑好之后安装模板。若底板弧面浇筑不平，有凸起或者浇筑过高，将会直接影响钢模安装，导致模板无法就位，且难以整改。若底板弧面浇筑过低，将会产生新老接合面产生较大错台。对此采取的措施是：在底板弧面段墙身插筋上每10cm设置一个高程点，采用带线人工抹平收光。浇筑过程中使用水准仪对墙板插筋上的高程点进行监控，若有变动立刻重新测量标高。另外，考虑模板可能存在的误差，底板弧面统一降低2mm。经事后测量该部位混凝土面与设计高程误差在2～3mm范围内，达到了钢模安装要求。

4.2.7 钢模接缝和钢模与木模的接缝

若流道异形钢模分块分别加工，难以避免存在加工误差，导致模板拼接后有不同程度的错台，且整改难度大，整改效果不好。木模与钢模结合的部位，因木模采用的钢管、方木支撑系统弹性模量较大，而钢模加固采用的槽钢弹性模量较小，当上部混凝土荷载过大时会产生较大的错台。对此采取的措施：采取预拼装，同时对拼缝进行腻子修复，有效地减少了钢模分缝产生的错台。钢模与木模接缝处增加木模侧立杆及方木的数量，大大减少了该部位错台的发生概率。

5 大体积混凝土温控防裂措施

流道部位属于大体积混凝土，且混凝土厚度不均匀，最厚的部位约4m，最薄的部位仅1.2m。为防止产生裂缝，项目部采用高效的减水剂和缓凝剂，减少水化热和延长混凝土散热时间。混凝土内部每1.2m布置一层冷凝水管并预埋测温仪进行温度监控，进水流道肘部增设2道冷凝水管，布置形式见图6。浇筑完成后采用彩条布将流道两头封堵保温，确保混凝土内外温差在25℃以内。

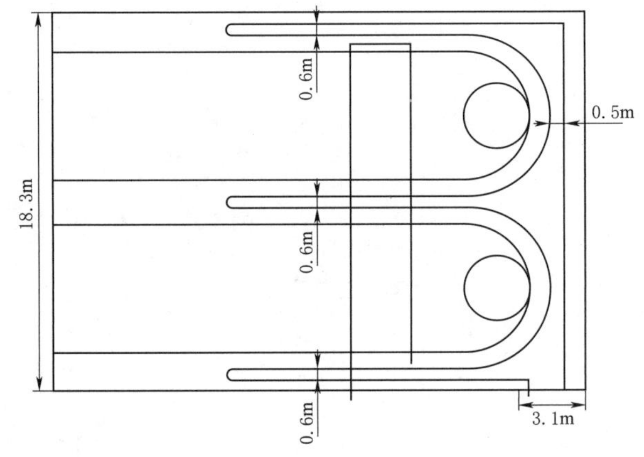

图6 冷凝水管分布图

混凝土拌和采取水箱内加冰降低拌和用水温度，确保出机口温度不大于30℃。流道与流道之间三角区域增加抗裂网片ϕ8@100mm×100mm，布置见图7。

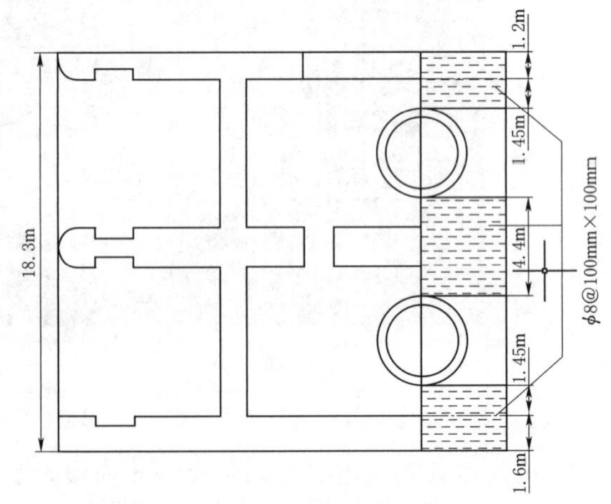

图7 抗裂钢筋网片布置

为有效进行温度监测和科学管理，预防裂缝的产生，应在浇筑前在底板内设置测温仪，分别设置在距混凝土顶10cm、距混凝土底10cm及居中的位置。测温仪共布置9组，一组布置3个。混凝土初凝后开始安排项目部专人进行温度测量，并做好记录，进行温差控制。水化热峰值一般出现在龄期第3天，在初凝后7天内达到稳定。

6 结语

通过超厚粉细砂层地质条件下降水及曲面异形流道泵站施工关键技术的研究，优化了深基坑降水方案和曲面异形流道施工方案。采用管井降水代替三轴搅拌桩围封的止水结构，实现了土建施工干地作业条件；全自动地下水位监测设备使地下水水位实时可视化，基坑安全可控；异形流道施工采用全自动数控技术，提前制作流道模板，简化了工序，消除了模板制作安装的误差，保证了流道施工整体线型和内部流态。这一方案在施工中取得了良好的效果，为类似工程提供了宝贵的经验。

潮间带淤泥质土 CFG 桩复合地基关键技术研究

来淑梅　张　玮　曹晨阳/中国电建市政建设集团有限公司

【摘　要】 在福鼎市滨海大道二期道路工程，内海滩涂潮间带淤泥质土 CFG 桩基础施工中，受正规半日潮的影响，出现缩颈、断桩、桩体强度不均匀等病害现象。本文对这些病害的成因及机理进行了分析，并总结了 CFG 的施工技术。

【关键词】 软基处理　CFG 桩　复合地基

1　引言

CFG 桩复合地基通过褥垫层与基础连接，无论在软土层还是坚硬地层，均可确保桩土共同作用，承受建筑载荷。CFG 桩因其成本较低，且能满足建筑物对地基的要求，故广泛应用于建筑物基础中。

福鼎市滨海大道二期道路工程，主线 K0＋710～K1＋820 段为穿海道路，属于潮间带淤泥质地基，且为正规半日潮，落潮速度大于涨潮速度，其间设置桥梁 3 座、涵洞 2 座。该段沿线地基存在不同深度的淤泥层，设计采用 CFG 桩软基处理方案。滨海大道二期道路工程将海一分为二，划分为内海和外海，且路段带有一定的弧度。内海与外海之间虽有桥梁、涵洞等连通，但相对于体量巨大的海洋，连通量与总水量差距较大，潮汐来临时，内海水位无法快速上升，工程地基两端产生明显的水位差。采用传统的 CFG 桩施工，取芯验证质量不合格，为此对开展 CFG 桩施工关键技术研究。

2　潮汐区淤泥质 CFG 桩病害成因与作用机理

按照传统的施工方法进行 CFG 桩试桩，桩径 500mm，桩长 13m。按规范进行间隔跳打及插拔，混凝土用商品混凝土和自拌混凝土各一批，坍落度控制在 30～50mm，拔管速度控制在 1m/min，每上拔 0.5m，停拔并振动 5～10s。成桩后进行取芯检验，结果 11 根桩存在取芯不成型，低应变波形异常情况。取芯结果如图 1 所示，取芯长度 13m，芯样描述：0～1.6m 范围为柱状混凝土，1.6～2.7m 范围为松散状碎石及机制砂，2.7～4.1m 范围为柱状混凝土，4.1～8.2m 范围为松散状碎石及机制砂，8.2～9.6m 范围为柱状混凝土，9.613m 显示为淤泥/粉质黏土。为此，进行了第二次试桩，对工艺要求进行了细化，将拔管速度进一步减慢，并试验了活瓣桩尖和预制混凝土桩尖及平底铁桩尖等，选取两根桩添加了早强剂，第二次试桩数量为 10 根，但取芯情况仍然与前次无大的区别。有鉴于此，进行了第三次试桩，共试桩 120 根，管径有 500mm 和 600mm 两种，混凝土采用了 C15、C20、C25，且同样采用了自拌和外购商用混凝土，拔管速度控制在 1.2m/min，施工程序及工艺完全按规范及监理工程师要求进行，28d 龄期后进行了取芯试验，取芯结果未能满足技术要求。

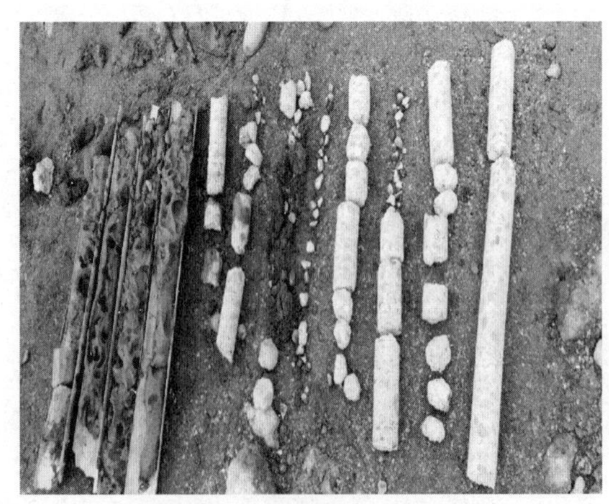

图 1　首次试验段打桩取芯情况

经过三次试桩，发现 CFG 桩施工质量与混凝土的材料关系不大。本文从数值模拟分析研究，为 CFG 桩施工速度、打桩顺序、施工设备对成桩质量的影响提供理论支撑。

2.1 潮间带淤泥土质对 CFG 施工的影响

通过查看地勘资料，调研周边类似项目的施工经验，初步判断淤泥本身属欠固结土。场地两侧水利护路海堤抛石及 CFG 桩施工平台的填筑对淤泥土造成扰动，使淤泥欠固结状态进一步恶化。在 CFG 桩施工过程中相当于形成了一个竖向的泄压通道，在土压力和水压力作用下，灌桩时混凝土和淤泥互相侵入，土压力及水压力随已完成的 CFG 桩消散，对 CFG 桩桩体造成影响，从而产生夹层、缩颈现象。沉管振动和拔管过程造成 CFG 桩桩体管壁淤泥泌水现象，水流对管壁的浸泡和冲刷造成桩体表面水泥浆稀释、流失，导致桩身强度质量差。淤泥质土因自重固结产生的沉降大于桩体沉降，引起负摩阻力，对 CFG 桩承载力产生重大影响。

对潮间带淤泥滩涂 CFG 桩周边土层应力状态进行现场试验分析，掌握地层、桩与周围地层以及 CFG 桩施工过程中地层中的孔隙水压力和土压力动态分布规律，给施工提供参考依据。选取了 K1+230 工作断面为试验断面，进行福鼎市滨海大道 CFG 桩孔隙水压力与土压力监测试验（见图 2）。

图 2　孔隙水压力与土压力监测试验现场

通过在试桩现场插入的孔隙水压力传感器，对 CFG 桩施工过程中孔隙水压力变化情况进行统计分析。传感器分布于离桩左、右 0、1m、2m、3m、5m 处，其中左侧远离外部海水，右侧靠近外部海水，共 10 个测杆；测杆分别在埋深 5m、10m、15m 处安设传感器，总计 15 个孔隙水压力传感器。每隔一段时间对传感器感应数据进行一次取样，获得孔隙水压力数据，通过这些数据对 CFG 桩整个施工过程进行实时监测。该工程受周期性潮汐影响，故在潮汐高位时和潮汐低位时进行相同条件的施工，并对比分析两者之间的差异。

检测结果表明，淤泥滩涂地层承载性能差，CFG 桩体易受到桩周淤泥侵入，导致桩体缩颈、夹层甚至断桩。

2.2 潮汐作用对 CFG 桩施工的影响

该工程将海一分为二，划分为内海和外海，其中路段带有一定的弧度，内海与外海之间虽有桥梁、涵洞等连通，但相对于体量巨大的海洋，连通量与总水量差距较大，潮汐来临时，内海水位无法快速上升，工程地基两端产生明显的水位差。建立大尺度的有限元模型对海浪等潮汐作用影响进行分析，对 CFG 桩跳桩施工顺序进行分析，确定 CFG 桩施工过程对周边的影响范围。

通过 ABAQUS/Explicit 模块对该工程进行详细建模，模拟内海—地基—外海之间的水位变化关系，其中内海与外海之间在平时保持相对一致的水位状态（见图 3）。

建立 CFG 桩-海相软土相互作用的三维力学弹塑性本构模型，模拟 CFG 桩施工，图 4 为 CFG 桩施工过程孔隙水压力分布图。由图 4 可知，CFG 桩沉管阻碍了淤泥滩涂潮汐水渗流过程，但当沉管拔出后，桩体受到渗流水压力作用，淤泥易随渗流水侵入桩体内部；CFG 桩两侧孔隙水压力值存在差异性。这是由于路基外海侧受潮汐动水影响作用相对路基内海侧明显，易导致 CFG 桩成桩质量存在夹层、缩颈、偏差等缺陷。

2.3 CFG 桩沉管速度模拟分析

模拟不同施工速度下，CFG 桩对周边桩体以及地基的扰动情况，分析施工速度与 CFG 桩加固效果的平衡决策。按照桩体 1：10 比例建立室内缩尺模型试验装置，将沉管缩尺模型等分为上、中、下三部分，分析不同拔管速度（50mm/min、80mm/min、110mm/min、140mm/min、170mm/min）作用下三部分桩径尺寸变化特征。分析结果表明，CFG 桩施工过程中，提拔桩管的施工速度直接影响 CFG 桩成桩率与承载性能：随着拔管速度的增大，试验桩体直径逐渐减小；当拔管速度小于 120mm/min 时，桩体上段直径变化相对中段、下段显著；当拔管速度大于 120mm/min 且小于 150mm/min 时，桩体各段直径变化趋势基本一致；当拔管速度大于 150mm/min 时，桩体各段直径逐渐缩小。随着拔管速

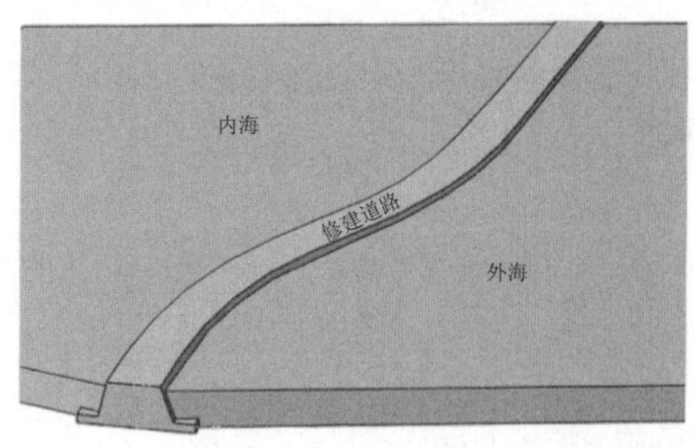

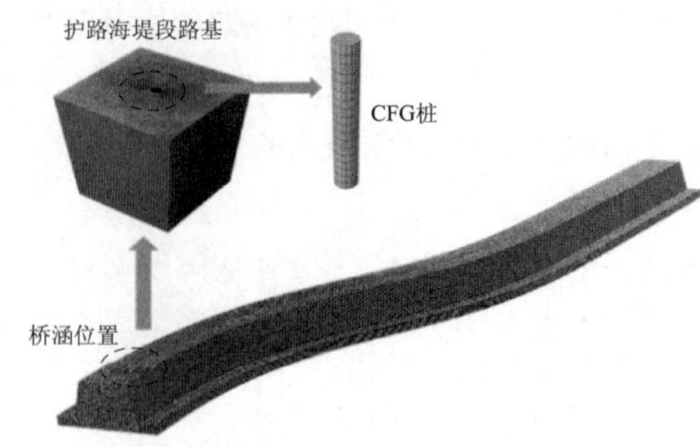

图 3 大尺度三维欧拉模型

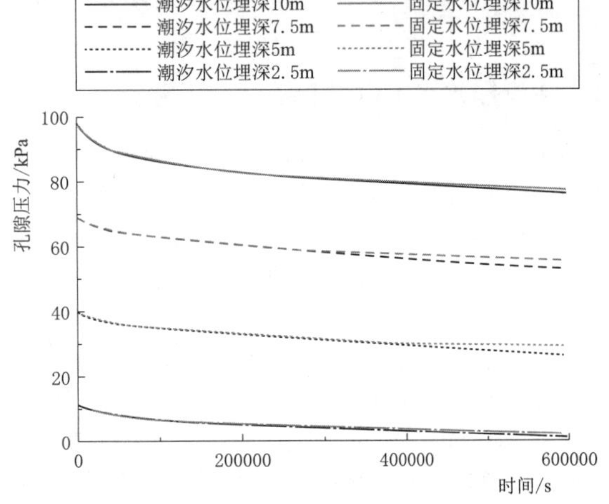

图 4 CFG 桩施工过程孔隙水压力分布图

度的增大，相同拔管速度时，桩体上段直径变化相对中段、下段较大。研究潮汐淤泥滩涂 CFG 桩拔管速度对桩径的作用效果，为改善施工工艺提供了依据。

2.4 CFG 桩桩间距差异性引起的成桩质量问题分析

CFG 桩复合地基设计中，设计人员不仅要考虑 CFG 单桩尺寸和材料等因素，对桩与桩之间的距离更为重视。据测算，增大一倍的桩距能减少 75%左右的施工成本。CFG 桩施工过程中，桩距对地基影响情况尤为重要。通过建立大型有限元模型，模拟 CFG 桩施工中多桩之间互相影响与地基海相软土的关系，研究不同桩间距和打桩顺序引起的 CFG 桩成桩过程中桩周土层的土压力及变形特征，以此揭示潮汐淤泥滩涂 CFG 桩桩间距差异性对于 CFG 桩成桩质量的影响作用。研究结果表明，CFG 桩间距对于 CFG 桩成桩质量有较大影响，桩与桩之间相互挤压，导致淤泥土侵入，造成桩体夹层、断桩等缺陷；采取隔桩跳打、选择合适的打桩方向，可以减少 CFG 桩的缺陷。

3 潮间带淤泥质 CFG 桩施工技术措施

基于数值计算和现场试验分析的 CFG 桩质量缺陷成因与机理研究结论，通过现场试验与工程验证分析，通过控制填筑打桩平台压实度来改善平台自身变形，提高平台承载力，减小不均匀沉降，并以打桩顺序、拔管速度、桩间隔及振捣密实度作为研究对象，研究并制定病害控制措施，优化施工工艺。

3.1 CFG 桩周围淤泥质黏土排水固结质量控制技术

振动沉管 CFG 桩施工之前需要有一定强度且稳定的持力土层作为工作平台，而内海滩涂地层多为欠固结淤泥质黏土。为此，对超孔隙水压力作用下 CFG 桩周围土层固结稳定性进行分析，提出振动沉管 CFG 桩周围欠固结淤泥质黏土排水固结质量控制技术，使其达到 CFG 桩施工所需持力层抗剪强度要求，以保障 CFG 桩施工质量和路基整体稳定性。

采用排水板＋土工管袋的固结处理方式（见图 5），

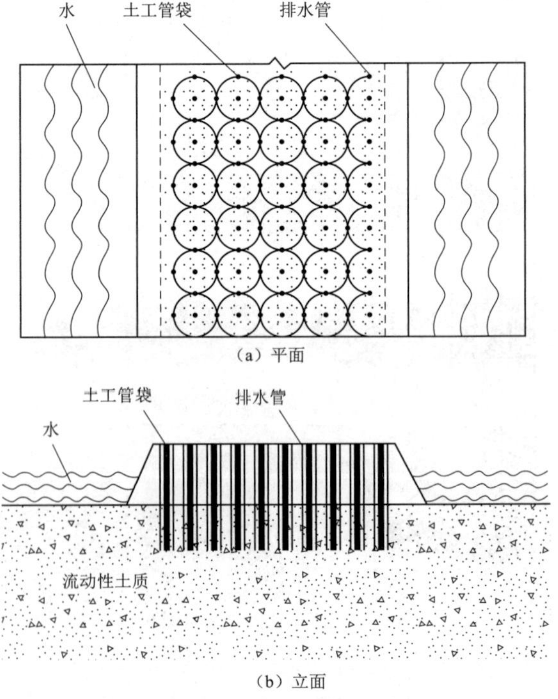

图 5 排水固结纵向截面示意图

可以有效地固结、稳定淤泥滩涂施工范围内的土层，减小潮汐产生的动水压力对 CFG 桩施工区域的影响作用，提供打桩灌注混凝土过程中对淤泥层压力的卸载通道，保证 CFG 桩施工区域地层稳定。

3.2 施工方法选用

采用振动沉管法、土工管袋与沉管技术和长螺旋技术进行试桩。试验结果表明，振动沉管法不太适用于潮间带淤泥滩涂流塑性土层，其桩体之间的挤土效应明显会导致一些质量缺陷，如径缩、桩体破损等。土工管袋的横向约束保证了 CFG 桩的完整性，可有效提高桩基质量。长螺旋钻孔对周边桩体影响较小，可以在隔桩跳打方式中使用。

基于试桩结果分析，确定潮间带 CFG 桩的施工工艺如下：采用沿道路纵向方向施打，从施工区域道路中心向道路两侧施打；桩基施工采用“隔一跳一、隔桩连排、临排错位”的跳桩方式施工（见图 6）；跳桩间距可根据设计桩间距的不同分别采用 3.2m、3.4m、3.6m；采用土工管袋+振动沉管桩机按照“隔一跳一、隔桩连排、临排错位”的打桩顺序进行首遍 CFG 桩跳打施工；待首遍跳打 CFG 桩体混凝土灌注 28d 后，采用长螺旋打桩机进行跳打桩间的补桩。

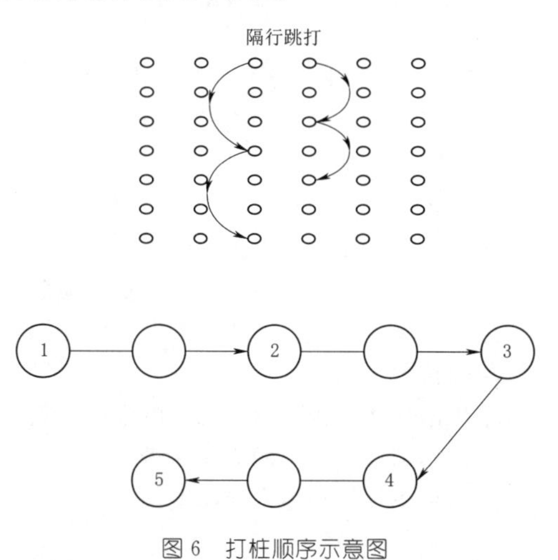

图 6 打桩顺序示意图

4 实施效果

施工完成后，对成型桩体分别进行了桩体完整性检测和承载力检测，其中完整性检测采用了低应变和取芯检测两种方式，测试和评价潮间带淤泥滩涂 CFG 桩施工质量。对 K1+360～K1+460 工程区域典型 CFG 桩体进行统计，通过低应变动力检测，研究 CFG 桩体是否存在缺陷而影响桩体质量。低应变动力检测结果表明，桩体混凝土波速平均值为 2800m/s，抽检的 283 根工程桩中，根据桩身的完整性，Ⅰ类桩 265 根（占 93.6%），Ⅱ类桩 18 根（占 6.4%），符合 CFG 质量要求。钻孔取芯检测结果表明，CFG 桩芯样完整、连续，呈长柱状，胶结质量好，外表明亮光滑（见图 7）。

图 7 钻孔取芯检测

K1+360～K1+460 工程区域典型 CFG 桩体通过静载荷试验检测，研究 CFG 桩体承载力是否符合设计要求，结果表明：①随着荷载的逐级增加，承压板的沉降量逐渐递增，没有出现突变现象，在各级荷载作用下，沉降速率均能达到相对稳定标准；②$Q-s$ 曲线上无明显的比例界限点，为平缓的光滑曲线，且承载力未达到极限。根据《建筑地基基础技术规范》（DBJ 13-07—2006）和《建筑地基基础设计规范》（GB 50007—2011）的规定，CFG 桩承载力满足设计要求（见图 8）。

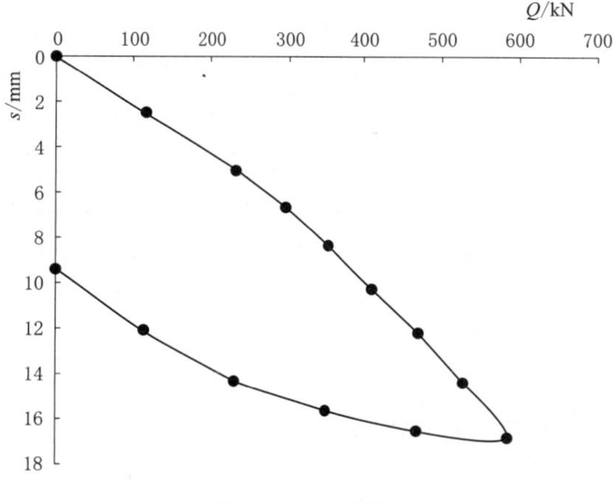

图 8 $Q-s$ 曲线

5 结论

通过三维建模和现场分析，得出影响潮汐区淤泥质基础 CFG 桩成桩的主要原因是淤泥地质压力及水流影响和施工工艺造成的桩间挤压影响。依据福建省相关专家指导和现场施工经验，制定针对性的措施，改善 CFG 桩施打顺序，采取打桩设备组合和增加“管桩+布袋”的方式，应对潮汐区淤泥质特殊地基，优化施工工艺，改善施工方法，提高了 CFG 桩成桩合格率。

高水头深厚淤泥层扰动爆破施工关键技术

李 江 陆贺军/中国水利水电第六工程局有限公司

【摘 要】 刘家峡水电站岩塞段位于70m深水下。岩塞段前端覆盖30m厚淤泥层为淤积近45年而成，淤泥结构复杂，业内无可借鉴经验，施工难度较大。钻进采用大套管孔口定位、水体与淤泥层两层钢套管叠加保护，水上跟管工艺，并采用套管内下设硬质PE管置换钢套管的护孔工艺。优化钻进参数，并采用柔性PE材料保护药包、沙袋配重吊绳法孔内装药新技术，解决了高水头深厚淤泥层钻进成孔及装药技术难题，优质高效完成了淤泥层扰动爆破，取得了良好的效果。

【关键词】 刘家峡水电站 岩塞爆破

1 概述

刘家峡洮河口排沙洞扩机工程岩塞段位于进水口段的最前端。塞体体型内口为圆形（内径10m），外口近似椭圆形（尺寸为21.60m×20.98m），岩塞最小厚度12.30m，塞体方量2606m^3，岩塞进口轴线与水平面夹角45°。

淤泥钻孔共布置12孔，分为两序爆破。Ⅰ序孔为整个爆破的第一响，为爆破中心部位布置的5个淤泥扰动孔及2个岩坎找平爆破孔，平面布置以岩塞口外侧中心点为中心，基本呈菱形布置；Ⅱ序孔为整个爆破的最后一响，为岩塞口上半部的外围5个扰动孔，加强对淤泥扰动。

2 施工重点和难点

岩塞淤泥层扰动爆破的位置位于刘家峡库区内，施工水域为旅游船只通行航道，水流流速快，过往船只产生的波浪影响淤泥孔定位，增加钻孔定位难度；淤泥层经45年淤积而成，结构复杂，钻孔精度控制难度大；淤泥孔成孔后装药套管安装固定直接影响装药效果，是淤泥层爆破工程施工的重点；爆破器材防水质量直接影响爆破效果，是淤泥层爆破工程施工的重点；装药时药包能否按设计要求装入孔内设计位置直接影响爆破质量，是淤泥层爆破工程施工的重点。

（1）钻孔前在进口位置搭设钻孔平台，并固定牢靠，确保平台不受水流、风浪、水位升降、冲击波而产生摆动或位移。

（2）采用OD法施工，水下钻孔位置应准确测定，经常校核。为保证爆破精度和效果，要求淤泥孔的孔斜应尽可能小，孔斜应不大于1%。钻孔中及时向现场设计人员提供每孔的坐标、测斜数据，便于调整后序钻孔位置。

（3）在下PPR塑料套管前，对钻孔进行清孔处理，保证套管顺利下放。PPR塑料套管就位后，对其水上部分采取可靠的固定措施，防止套管倾斜。孔口采取临时封堵措施，防止坠物堵塞套管。在PPR管上标记孔号。

（4）对爆破器材在库区内进行防水试验。将爆破器材浸泡在水中7天后，用专用起爆器将数码雷管（或药包）依次进行起爆，以此验证数码雷管与炸药整体的防水工艺及起爆情况。

（5）采用吊绳法进行孔内装药，将绳子缠绕在药包上并进行长度标记后，再利用人工将药包送入孔内，根据绳子外露长度来计算药包入孔深度。

3 钻孔作业平台

钻孔作业平台采用环保型箅式平台。箅式平台与岸坡间搭建1座浮桥，作为人员施工通道和材料运输通道。箅式平台主体由8个片体通过法兰对接拼装而成，尺寸12m×9m（长×宽），重18t左右。主体安装完成后，用吊车吊放到水面上，利用拖船拖至施工水域，在其上、下游两侧交叉抛锚，抛距150m左右。测量工程师利用测量仪器进行孔位测放。通过绞紧平台上的锚绳来调节平台位置，使箅式平台上12个孔位中心与12个钻孔坐标重合，拉紧锚绳固定平台。钻孔定位综合误差控制在3cm以内，并随时进行复测。为保证平台在钻探施工过程中的稳定性，防止产生漂移，将四个平台锚的锚尖改造成面积为1.5m² 的扇形铲，提高平台锚在库底淤积层中的锚固力。

4 淤泥孔钻孔施工方法

4.1 淤泥钻孔施工工艺流程

淤泥孔钻孔施工工艺流程见图1。

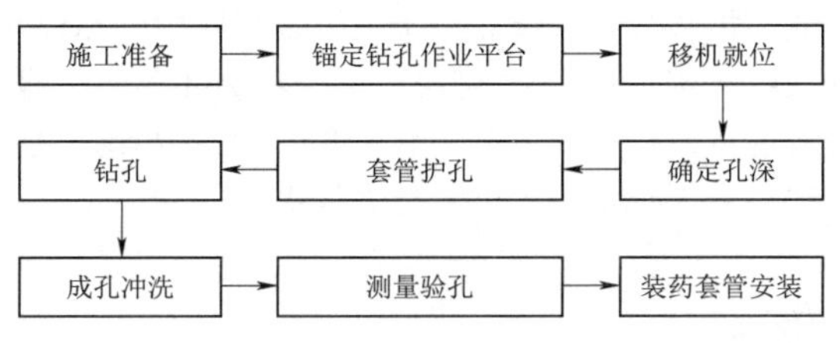

图1 淤泥孔钻孔施工工艺流程框图

4.2 淤泥孔钻孔施工要求

(1) 准确测定水下钻孔位置，并经常校核。为保证爆破精度和效果，要求淤泥孔的孔斜应尽可能小，孔斜应控制在不大于1%。

(2) 水下钻孔应伸入基岩以下0.5m，超钻深度应满足装药底高程，并根据孔内淤积情况进行调整。

(3) 钻机工作平台应固定牢靠，不受水流、风浪、水位升降影响产生摆动或位移。

(4) 在下PPR塑料套管前，对钻孔要进行清孔处理，保证套管顺利下放。PPR塑料套管就位后，对其水上部分要采取可靠的固定措施，防止套管倾斜。孔口采取临时封堵措施，防止坠物堵塞套管。

(5) 钻孔施工中使用的钢套管最小内径150mm，管节连接处要求满足装药套管的下放要求，淤泥孔钻孔套管长度根据实施时库水位及实际孔深确定。

(6) 装药用PPR塑料套管规格为公称直径（外径）125mm，壁厚11.4mm，一般长4m，管节接头采用等径直通连接。

4.3 钻孔施工

淤泥钻孔采用OD法施工，采用XY-2型地质钻机钻孔。

(1) 定位导向管安装。通过预设的ϕ300钻位，下入外径280mm、内径175mm的定制定位导向管。定位导向管与平台通过法兰连接，利用高精度测斜仪及角度调整机构保证定位导向管处于铅直状态，偏斜率控制在0.2%以内。定位导向管长度拟定为12m。

(2) 钢套管安装。在定位导向管内垂直下入ϕ173×6钢套管。其安装方法如下：用钻机卷扬悬吊钢套管，让其管脚离开库底淤积层0.2～0.5m；调整钢套管使其呈垂直状态后，迅速下放，使其插入库底淤积层中；钢套管在淤积层下降缓慢时，利用钻机卷扬反复上下起放钢套管，靠冲击力使其下入淤积层相对较稳定处；利用高精度测斜仪在管中部及底部测量钢套管的偏斜和弯曲情况，垂直度满足技术要求后，方可固定钢套管，进行下一道施工工序。管口处安装管夹子，套管间采用丝扣连接，连接处采用焊接钢筋条的方法防止丝扣脱扣，并用钢丝绳（ϕ13～ϕ15钢丝绳）将套管串连在一起，以防套管脱落，造成钻探事故。

岩塞口处的淤泥扰动爆破孔，孔间距小，为实现良好的爆破扰动效果，要求钻孔偏斜精度小于1%。在水深约40m，覆盖层厚约30m，且有较大水流速度影响的作业条件下，下直钢套管难度非常大。要求钢套管顶角偏斜角度不大于0.3°，特殊情况下不大于0.5°。下直钢套管是保证钻孔偏斜精度达到技术要求的最基本的前提条件，采用“导向架法”并结合高精度陀螺测斜仪测斜来保证钢套管的垂直度。

(3) 淤积层取芯取样钻进。采用取芯钻或常规牙轮钻进行钻进。取芯钻钻进工艺的基本原理为：取芯钻钻具为偏心设计，在高速回转的情况下产生一个离心力，当钻孔偏斜时，钻具会紧靠偏斜面，偏心钻具产生的离心力带动钻头侧齿不断地刻蚀偏斜面，从而使钻孔垂直。

(4) 基岩钻进。到基岩面后，换ϕ160金刚石钻头钻进至设计孔深。钻进过程中如发现钢套管松动，需根据实际情况加接钢套管。钻进过程中随时进行钻孔孔斜测量，发现孔斜过大，需及时采取相应的纠斜措施进行纠斜。由于岩塞口处基岩与覆盖层接触面很陡，坡度为65°～85°。为防止“顺层跑”情况发生，当钻进到基岩面时，必须采用长钻具、低轴压、慢转速、小泵量等钻进工艺，同时控制进尺速度，钻进20cm左右后再正常钻进。

(5) 施工测斜。采用武汉基深勘察仪器研究所生产的CX-6B型高精度陀螺测斜仪进行钢套管和孔底顶角和方位角的测斜。该测斜仪是采用高精度电子陀螺测量方位角、石英挠性伺服加速度计测量顶角的新型测斜仪器，可用于磁性矿区钻孔及铁套管内顶角和方位角的高精度测量。其主要技术指标为：顶角测量范围0°～±60°，顶角测量精度±0.1°；方位角测量范围0°～360°，方位角测量精度±2°。施工过程中对钢套管管身、管底及钻孔进行多点测斜，测量工作由经过测量培训的技术员按操作规程进行，并做好测斜记录，确保钢套管及钻孔偏斜资料的准确性。

(6) 终孔。钻到设计孔深，验收合格后方可终孔。入岩深度大于0.5m，最终全部满足设计要求。

(7) PPR管和塑料盲沟安装。当复核钻孔深度、孔向达到设计要求后，从钢套管内插入PPR管，PPR管采用热熔连接。

（8）验孔与钢套管的拆除。PPR管安装就位后，与平台可靠固定，然后吊入沙袋进行试孔。

5 装药施工

导爆索和数码雷管按试验成果进行防水处理，然后进行淤泥孔药卷加工，最后按进度计划进行装药和封堵施工。

5.1 药卷加工

在进水口平台上加工药卷，分3批次加工，每次加工4个。导爆索、数码雷管尽量放在竹片与炸药间，防止装药过程中脚线和导爆索破损。另外，整根淤泥孔药卷全部用胶带缠绕，以保护导爆索、数码雷管脚线。端头处的数码雷管脚线利用塑料袋包裹保护，待连线时打开。加工过程中保护好数码雷管的脚线，严禁乱扔、磕碰。在加工完成的药卷尾端贴上对应的孔号，并用宽胶带缠绑牢固，防止进水侵蚀。每加工完成一个就验收一个。加工好的药卷装入PE水袋内，利用绳子将水袋两端绑扎牢固。

5.2 淤泥孔装药

在12个淤泥排水孔PE管外用红油漆标记孔号，药卷上用标签标记孔号。装药前1天，利用$\phi 90$砂袋进行试孔，检测孔深，如果有淤泥，则利用高压水泵冲洗。装药完成后将吊绳系在平台的锚点上，连接数码雷管脚线的起爆母线固定在平台护栏上。

5.3 封堵

先用小石封堵2m，上部是水体封堵，封堵水深同库水位。

6 网络敷设与起爆

淤泥孔爆破与洞内岩塞体、预裂孔同时分段起爆，采用数码雷管起爆系统，共布设2条相同的支路以增强准爆性。淤泥孔分两次起爆，第一响为1号～7号孔，对淤泥进行初步扰动；第二响为8号～12号孔，也是岩塞爆破最后一响，再次对淤泥进行扰动。

7 结语

刘家峡洮河口排沙洞扩机工程岩塞爆破施工，淤泥孔钻孔、装药爆破施工方案设计合理，充分考虑了水浪、库水流速等因素对钻孔成孔的影响，以及高水压长时间浸泡水中的爆破器材防水问题的影响。岩塞爆破实施取得了良好的效果，也积累了一些经验和启示，即水上复杂作业区钻孔平台选择至关重要，需保证平台的稳定和节省换孔移位时间；爆破器材防水需在相同条件下进行试验；装药前再次检测淤泥孔深度，确定是否被淤堵；装药时采取措施确保药卷送到设计位置。

紧邻建筑物的高边坡开挖施工关键技术

郭　静　李　江　陆贺军/中国水利水电第六工程局有限公司

【摘　要】 刘家峡水电站扩机工程厂区开挖边坡高55m，开挖区紧邻黄河和运行中的1万kW发电机组。开挖时禁止石渣进入黄河内，禁止爆破振动影响对面的小机组正常运行。通过合理布置分层分区，优化爆破参数，采用爆破飞石控制措施，成功实施了高边坡开挖，满足了保护相邻建筑物安全的要求。

【关键词】 刘家峡水电站　控制爆破

1　概述

刘家峡洮河口排沙洞扩机工程机组位于黄河左岸。厂区明挖范围（安装间以上）尺寸为175m×140m×55m（长×宽×高），土石方开挖工程量46万m^3，边坡每15m高布置一级2m宽的马道。边坡支护形式为锚杆喷混凝土、混凝土护坡。黄河从坡脚处流过，边坡的对面（黄河右岸）为1万kW发电机组。开挖时禁止石渣进入黄河内，防止河床壅高影响原机组发电。同时，要求控制爆破，避免飞石进入对面的厂房及爆破振动影响机组正常发电运行。

爆破时受地震波的作用引起地面震动，这种震动通过建筑物的基座传递给建筑物的支撑结构，使建筑物发生振动。国内外爆破工程所采用的爆破振动安全标准，大多数是控制建筑物所在地表（基础表面）产生的最大质点振动速度不超过要求的标准值。设计给出的保护标准见表1。

表1　厂区开挖主要保护对象的安全允许振动速度标准

保护对象	发电机组保护屏及中控室	永久边坡
允许振动速度	0.5cm/s	6.0cm/s

2　施工方法

2.1　分层分区

厂区边坡最高的开挖高度为55m，土方开挖分层厚度为3m，石方开挖分层高度为6～15m，马道和建基面预留2m保护层。整个厂区共分4个开挖区，每个开挖区平面尺寸为12m×12m。

2.2　施工方法

开挖按自上而下、分区分层开挖的原则进行。

2.2.1　土方开挖施工方法

采用CAT360液压挖掘机开挖，装30t自卸汽车运至渣场，人工配合挖掘机对边坡进行修整。

2.2.2　石方开挖施工方法

采取“分级预裂、梯段爆破、分层出渣、分层支护”的施工方法。设计开挖边线预裂爆破、开挖区梯段爆破，分层高度为6～15m，马道和建基面预留2m保护层。预裂孔使用QZJ-100B潜孔钻钻孔，主爆孔和缓冲孔使用JK590钻机钻孔，保护层使用YT-28手风钻钻孔。保护层最后一层炮孔孔底高程可钻至建基面终孔。对于软弱、破碎岩基，则最后一层应留足30cm的撬挖层。

2.2.3　爆破参数设计

厂区开挖的主要保护对象为对岸的发电机组保护屏及中控室、尾水闸门、永久开挖边坡等。为了确保开挖施工期间避免爆破振动和飞石对保护对象造成破坏，影响机组正常发电和边坡稳定，石方开挖前先进行爆破试验，进行爆破质点振动速度测试，确定最佳的爆破参数。

边坡开挖爆破试验和振动测试共选择6个典型区域，主爆孔深度由6m逐渐增加到8m、10m、12m、15m，经过爆破试验最终选定主爆孔深度为15m；预裂孔和缓冲孔深度由边坡高度确定，正常边坡一个马道高度15m，因此，预裂孔和缓冲孔深度为15m。由于爆破试验次数和数据较多，本文以最大的数据予以说明。预裂孔孔径90mm，孔间距0.8m，单孔装药量6.75kg，每7个孔为一段，最大单响起爆药量47.3kg。缓冲孔孔径115mm，孔间距1.5m，与预裂孔排距1.8m，单孔装药量35kg，每2个孔为一段，最大单响起爆药量

70kg。主爆孔孔径 115mm，间排距 3.0m，单孔装药量 72kg，每 1 个孔为一段，最大单响药量 72kg。

2.2.4 爆破振动测试

按试验区分别对预裂孔、缓冲孔和主爆孔单独爆破时对机组、中控室、尾水闸门、边坡的振动进行监测。爆破振动监测数据较多，本文以单响药量最大、距离保护对象最近的数据进行分析。

（1）1 万 kW 小机组爆破振动测试。以最大单响起爆药量 72kg 为例进行说明。1 万 kW 小机组距离厂区爆破位置最近，其距离为 230～280m，而刘家峡水电厂的主厂房和 4 万 kW 小机组厂房与爆心的距离在 350m 以上，因此，爆破的振动传感器主要布置在 1 万 kW 小机组厂房内，即在 1 万 kW 小机组保护屏前，中控室控制屏前和尾水闸门附近，各布置 1 支垂直向振动速度传感器（编号分别为 1 号、2 号、4 号通道），总计布置 3 支传感器。质点振动速度实测结果见表 2，各点的振动幅值过程线及其 FFT 频谱图分别见图 1～图 6。

表 2　试验区边坡开挖 1 万 kW 小机组质点振速测试结果

通道号	测点位置	爆心距/m	振动速度/(cm/s)	主频/Hz	说明
1 号	发电机组保护屏前	190	0.14	33.7	低于安全允许标准
2 号	中控室控制屏前	180	0.27	33.7	
4 号	尾水闸门附近	170	0.12	32.2	

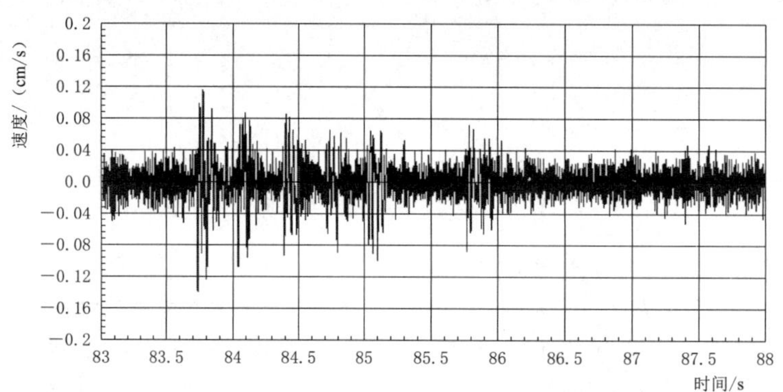

图 1　试验区开挖爆破时 1 万 kW 小机组保护控制屏测点振动速度过程线

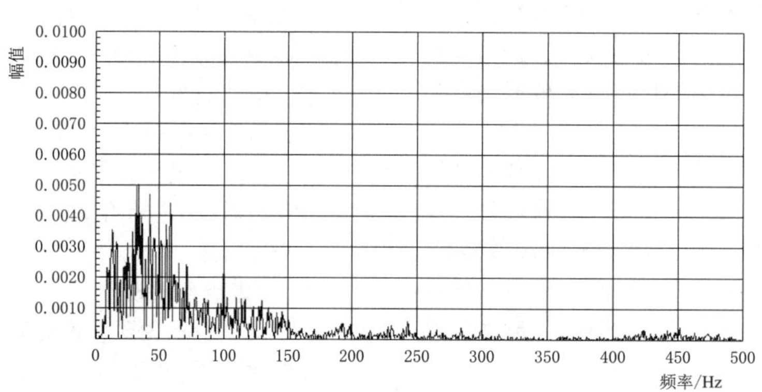

图 2　试验区开挖爆破时 1 万 kW 小机组保护控制屏测点振动 FFT 频谱图

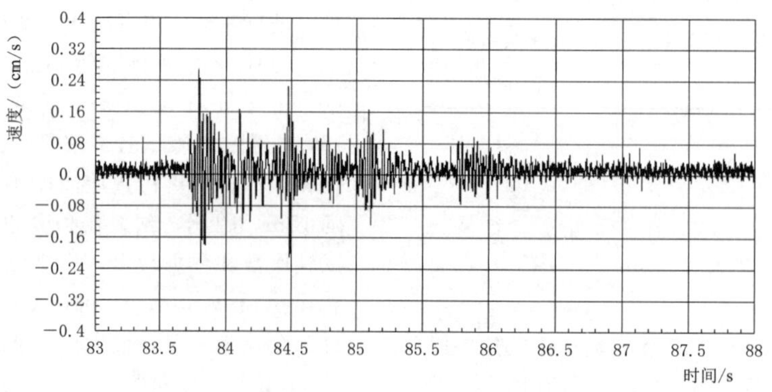

图 3　试验区开挖爆破时 1 万 kW 小机组中控室测点振动速度过程线

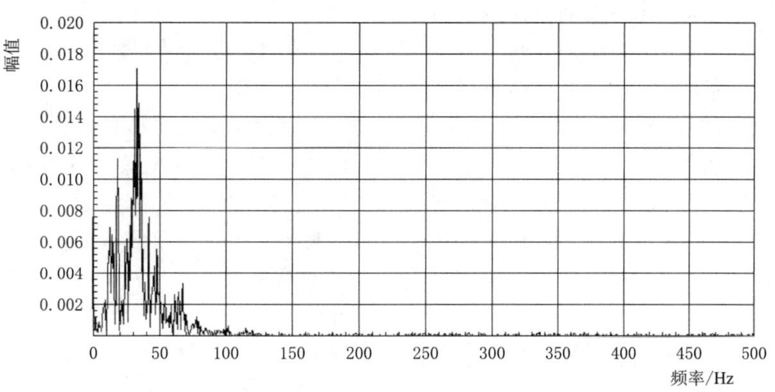

图 4　试验区开挖爆破时 1 万 kW 小机组中控室测点振动 FFT 频谱图

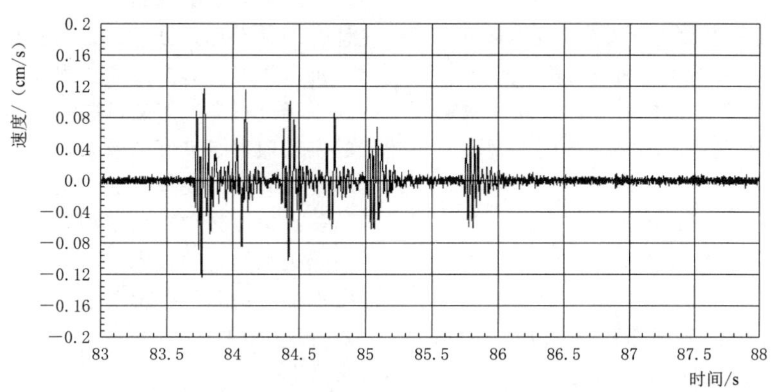

图 5　试验区开挖爆破时 1 万 kW 小机组尾水闸门测点振动速度过程线

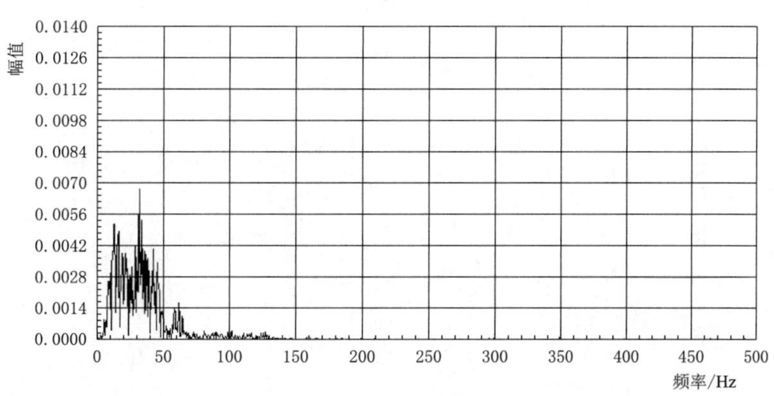

图 6　试验区开挖爆破时 1 万 kW 小机组尾水闸门测点振动 FFT 频谱图

从表 2 测试结果可以看出，布置在 1 万 kW 小机组控制屏前、中控室内和尾水闸门附近的 3 支传感器的实测振速值分别为 0.14cm/s、0.27cm/s、0.12cm/s，均小于 0.5cm/s。这说明开挖区域的爆破对发电机组的振动影响处于安全允许范围以内。另外，各测点的振动主频也都在 32～34Hz 之间，属于中低频。

(2) 边坡爆破振动测试。以最大单响起爆药量 72kg 为例进行说明。爆破开挖区域与永久边坡的水平距离为 30m。在该边坡上布置了 2 支垂直向振动速度传感器（编号分别为 3 号和 4 号通道）。质点振动速度实测结果见表 3，各点的振动幅值过程线及其 FFT 频谱图略。

表 3　边坡质点爆破振速测试结果

通道号	测点位置	爆心距/m	振动速度/(cm/s)	主频/Hz	说明
3 号	永久边坡	40	1.64	28.8	低于安全允许标准
4 号	永久边坡	35	2.04	70.8	

由表 3 结果可以看出，永久边坡实测的质点振动速度为 1.64cm/s 和 2.04cm/s，均低于设计提出的边坡开

挖振动允许标准（6.0cm/s）。本次爆破振动振速测值较小，一方面与实际开挖部位的梯段临空面较开阔导致爆破振动效应较小有关；另一方面与边坡下面已经开展了预裂爆破而使得振动效应传播锐减有关。

2.2.5 飞石、爆破振动控制措施

（1）在爆前，充分掌握地形地质情况、保护对象的相对位置及爆破材料特性参数等基本资料，合理确定爆破参数、装药结构、起爆顺序，做到精心施工，使飞石控制在安全范围内。

（2）10kV线路经过开挖区域，在厂区开挖时，该线路仍未完成迁移。为此，爆破时炮孔正常封堵后在孔口覆盖炮被，防止出现飞石破坏10kV线路或其他受保护设施。

（3）按爆破试验后确定的参数进行装药，孔口堵塞密实，堵塞长度达到设计要求。用孔边钻屑或岩粉堵塞。

（4）合理确定临空面和选定抵抗线方向，开挖爆破区的临空面与保护设施的角度越大越好，避免出现飞石破坏保护对象的情况。

（5）原始边坡最外侧区域岩石风化程度较高，为了避免出现飞石现象，在外侧布置一排空孔，缓冲一下爆破的冲击力。

（6）在厂区边坡坡脚与黄河间布置钢结构防护挡墙，防止石渣进入黄河影响原机组正常发电。

3 现场实施效果

通过一系列爆破控制技术的现场实施，爆破振动速度均在设计要求允许的范围内（见2.2.4小节相关内容），未发现爆破振动破坏保护对象的情况；未发生飞石现象；少量滚落的石渣被防护墙拦挡，未发生落入黄河的现象；边坡开挖成型效果较好，总体达到了方案设计的目标。

4 结语

刘家峡水电站紧邻建筑物的高边坡开挖施工方案设计合理，设计充分考虑了周围构（建）筑物的情况、岩石抗压强度、炸药性能、现场条件等多方面的因素，并在现场进行多次爆破试验，取得了爆破参数。爆破方案的实施取得了良好的效果，在整个开挖过程中未发生保护设施破损的安全事故。同时，也积累了一些经验和启示：高边坡开挖宜采用深孔台阶爆破、缓冲孔爆破、预裂爆破相结合的技术，深孔台阶高度不宜大于15m；临空面的方向和压孔覆盖是控制飞石的有效措施；合理确定开挖分层分区，在施工前进行爆破试验确定爆破参数。

多桩型并联组合处理长江沿岸大型构筑物地基施工工艺

陈永刚　刘兴峰　李　敬/中国电建市政建设集团有限公司

【摘　要】 地基处理是长江沿岸大型闸站工程设计的主要内容之一，它不仅关系到主体工程的可靠性，更会影响整个工程投资的大小。本文通过对望江县漳湖圩漳湖泵站地基处理施工工艺的研究，总结了在长江中下游沿岸复杂地质条件下，采用多种桩型并联组合处理地基的施工经验。

【关键词】 漳湖泵站　地基处理　并联组合桩基

1　工程概况

工程施工中，为提高构筑物基础地基承载力，减少地基不均匀沉降，通常设计各种地基处理方法。根据不同的地基承载能力和工程成本，每一种地基处理方法都有各自的优越性和局限性。本文主要以望江县漳湖泵站地基处理为对象，研究长江沿岸类似地质条件下，采用多种桩型并联组合形成整体的桩基处理方法。

漳湖泵站位于望江县漳湖圩，泵站主体坐落在长江沿岸同马大堤内侧，其出水箱涵直接穿越同马大堤。排水区包括漳湖圩、永兴圩及青湖圩，排水区总面积 91.8km^2，由漳湖排涝站与漳湖二站排水至长江，泵站同时兼顾排武昌湖水（排湖入江）至长江。排水区属望江县漳湖镇，受益人口 3.7 万人，受益耕地 10.3 万亩，圩内以农业生产为主。

漳湖泵站设计排涝流量为 105m^3/s，工程规模为大（2）型。望江县漳湖圩漳湖站多为淤泥质粉质黏土夹粉细砂，淤泥质粉质黏土、淤泥质粉质黏土夹粉细砂为软弱土，具有压缩性高、强度低、易触变、天然含水率高、渗透性小、土体承载力低等特点，不利于基坑稳定。因工期较紧，邻近长江，防汛任务比较重，采取常规施工工艺处理施工难度大、工期长，且难以控制水泥土褥垫层回填的质量。泵站地质条件复杂，拟采用水泥土换填、水泥土褥垫层、PHC 管桩、水泥搅拌桩、钢筋混凝土钻孔灌注桩及高压旋喷桩多种方式并联组合处理泵站地基，以解决泵站较厚淤泥质层复杂地层问题，并控制工程施工总成本。本工程地基处理桩型数量较多，总根数 9205 根，总长达 11 万 m，各桩间间距仅 1.2m，各桩基间施工相互干扰，桩的施工顺序是工程施工质量控制的重点。

2　理论基础

基于模型试验和数值模拟，一般埋深条件下，组合桩型复合地基桩顶部及桩间土顶部应力均随荷载的增加而增大。桩顶应力的大小和增长速率与桩体模量和长度有关系，桩体模量越大，或者桩身较长，桩分担的荷载较多，桩顶应力随荷载增长的速率也越快。受埋深条件的影响，复合地基中桩的承载力发挥有所降低，而桩间土的承载力发挥从受荷开始就提高了。根据单桩承载力试验和复合地基承载能力试验，复合地基中桩的承载力要比自由单桩大。

泵站泵室部分对地基的承载力变形或稳定性要求较高，场区地基淤泥质层较厚，稳定性差。泵站地基采用多桩型并联组合桩进行处理，通过钻孔灌注桩、高压旋喷桩、PHC 管桩、水泥搅拌桩等四种桩合理并联套打，桩基施工产生的“挤土效应”使桩体密实，提高了地基的稳定性。为防止“挤土效应”对桩质量的破坏，四种桩以合理的先后顺序进行施工，即钻孔灌注桩→PHC 管桩→高压旋喷桩→水泥搅拌桩。

3　实施过程

地基处理应严格按照图纸和专项方案的要求施工，实施过程严格控制桩基施工顺序和桩长。地基处理总体施工工艺流程为：基坑初次开挖→填筑施工平台→灌注桩施工→PHC 管桩施工→高压旋喷桩施工→三轴水泥搅拌桩施工。

3.1 基坑初次开挖

按照基础桩基施工平台的设计高程，排除施工区域内积水，清除表面淤泥，并开挖至施工平台设计高程以下 2m 位置。基坑边坡按照设计图纸进行放坡施工，部分采用钢板桩支护。开挖完成后对底部进行平整，用推土机进行碾压。

3.2 填筑施工平台

采用进占法填筑施工平台，填筑完成后进行碾压，保证钻机施工的稳定和安全。施工平台采用黏土填筑，分层填筑分层压实，每层厚度不超过 50cm。填筑完成后按照设计预留泥浆池和沉淀池的位置，为后续灌注桩施工提供护壁泥浆。

3.3 灌注桩施工

经过现场成桩试验，确定灌注桩采用旋挖钻成孔。灌注桩施工程序包括定位放线、泥浆制备、护筒安装、钻机就位并钻进成孔、下放钢筋笼和浇筑混凝土。

3.3.1 定位放线

桩位放样按从整体到局部的原则进行桩基的位置放样。规划行车路线时，便道与钻孔位置保持一定距离，避免影响孔壁稳定。对桩位中心点，成孔前用全站仪放点，十字线定位，下护筒后二次检测，在终孔后与放钢筋笼前再次检测，使其误差在规范要求内，以确保桩位准确。

3.3.2 泥浆制备

根据设计设置泥浆池及沉淀池，泥浆池低于沉淀池。泥浆经过沉淀后流入泥浆池，以便泥浆循环利用。为保护生态环境，现场采用钢箱作为泥浆池及沉淀池。泥浆池的体积为桩孔体积的 3 倍。沉淀池位于前池易清理沉淀物的位置，其体积应根据打桩需要确定，施工用水采用长江水。

在成孔施工过程中，加强对泥浆性能指标的检测和控制。根据钻进不同地层的地质情况，适时调整泥浆指标，并做好施工记录。在施工期间定期对泥浆池、循环沟进行疏通，确保泥浆的循环畅通。

施工期间护筒内的泥浆面高出地下水水位 1m 以上，在受水位涨落影响时，泥浆面高出最高水位 1.5m 以上。在清孔过程中，不断置换泥浆，直至浇筑水下混凝土。泥浆采用添加黏土护壁，浇筑混凝土前，孔底 500mm 以内的泥浆比重小于 1.25，含砂率不得大于 8%，一般地层黏度 18～28s，胶体率不小于 95%。在钻进地层为粉质黏土、钻孔方法为旋挖钻成孔的条件下，泥浆性能指标见表 1。在容易产生泥浆渗漏的土层中采取提高泥浆比重、掺入锯末、增黏剂等维持孔壁稳定的措施。

表 1　　泥浆性能指标

相对密度	黏度/s	含砂率/%	胶体率/%	酸碱度（pH 值）
1.03～1.1	18～28	≤8	≥95	8～11

3.3.3 护筒安装

护筒采用内径比桩径大 20～40cm 的钢护筒。桩位校核无误后，人工埋设护筒。护筒中心轴线位于桩位中心，并严格保持护筒的竖直度。护筒高出地面 0.3m，高出常水位 1～2m，护筒周围用黏质土对称、均匀地回填，并分层夯实。护筒埋设完毕，在护筒上标出灌注桩中心位置，十字线拉线定位校核埋设护筒中心线，同时做好钻孔前的各项准备工作。

3.3.4 钻机就位

钻机就位前，要检查钻机的性能状态是否良好，保证钻机工作正常。通过测设的桩位准确确定钻机的位置，并保证钻机稳定，通过手动粗略调平以保证钻杆基本竖直后，即可利用自动控制系统调整钻杆使之保持竖直状态。

3.3.5 钻进成孔

钻孔时先将钻斗着地，通过显示器上的清零按钮进行清零操作，记录钻机钻头的原始位置。此时，显示器显示钻孔当前位置的条形柱和数字。操作人员可通过显示器监测钻孔的实际工作位置、每次进尺位置及孔深位置，从而操作钻孔作业。在作业过程中，操作人员可通过主界面的三个虚拟仪表的显示——动力头压力、加压压力、主卷压力——实时监测液压系统的工作状态。开孔时，以钻斗自重并加压作为钻进动力，一次进尺短条形柱显示当前钻头的钻孔深度，长条形柱动态显示钻头的运动位置，孔深的数字显示此孔的总深度。当钻斗被挤压充满钻渣后，将其提出地面，卸掉钻渣。用装载机将钻渣装入运渣车运至场外，以免污染现场。一个循环完毕后，通过操作显示器上的自动回位对正按钮机器自动回到钻孔作业位置，或通过手动操作回转操作手柄使机器手动回到钻孔作业位置，此工作状态可通过显示器的主界面中的回位标识进行监视。

3.3.6 下放钢筋笼、浇筑混凝土

成孔达到设计标高后进行清孔，并对孔深、孔径、孔壁垂直度、沉淀厚度等进行检查：孔深、孔径不小于设计规定值，钻孔倾斜度误差不大于 1%，沉渣厚度不大于 100mm。检查合格后及时下放钢筋笼，二次清孔并浇筑混凝土。

3.4 PHC 管桩施工

预制 PHC 管桩采用震动植桩机进行植桩，桩底设置桩靴，以保护桩身并能起到引导和封堵作用。

3.4.1 测量定位及桩机就位

根据设计图纸中的桩位平面图控制坐标，放出轴线和桩位，并在各轴线的延长线上埋设控制桩，以便在压

桩过程中对轴线和桩位进行校对。为控制送桩标高，应在压桩区外设置1～3个水准控制点。

按照设计路线和桩位，引导桩机进入PHC管桩施工区。根据场地情况可铺设钢板保证桩机稳定。检查桩机，确保设备正常运转后移动桩机，按测量好的桩位就位、对中、调直。

3.4.2 起吊、插桩与校正

采用履带吊配合锤击打桩机起吊稳桩，借助人工进行送桩，并设专人协调指挥。将管桩对正钢桩靴，采用焊接方式将管桩与钢桩靴焊接牢固，冷却3min，开始插桩。插桩深度在30～50cm后，进行调校。调整桩机纵横向保持水平，掌握好双向角度尺。第一节管桩插入地下时，保持方向正确，开始轻打。认真检查，若有偏差及时纠正，必要时拔出重打。

3.4.3 打桩

打桩过程中，使桩锤、桩帽、桩身尽量保持在同一轴线上，调整时将桩锤及桩架导杆方向按桩身方向调整，尽量不使管桩受到偏心受压。每根桩基宜连续一次打完，尽量不中断。打桩时的桩帽必须和桩相适应，并准确详细地记录打桩记录，直至完成此桩位的管桩插打工作。

3.5 高压旋喷桩施工

旋喷桩施工采用三管法旋喷，钻喷一体化施工不分孔序，连续施作施工。喷浆管下沉到达设计深度（钻孔的有效深度应超过设计深度300mm）后，停止钻进，钻机继续旋转。接通空压管，开动高压清水泵、泥浆泵、空压机协同钻机旋转，并用仪表控制压力、流量和风量，高压泥浆泵压力增到施工设计值（25MPa），在孔底喷浆30s后，按照设计速度提升钻杆，由下而上喷射注浆，边喷浆，边旋转，直至达到预期的加固高度后停止。如发生故障，应停止提升和旋喷，以防桩体中断，同时立即检查排除故障。重新开始喷射注浆的孔段与前段搭接不小于500mm，防止固结体脱节。为提高桩底端质量，在桩底部1.0m范围内应适当增加钻杆旋转喷浆时间。

按照预定参数边旋喷边提升钻杆，直到喷至桩顶冒浆。当旋喷管提升接近桩顶1.0m时，转为慢速提升旋喷，旋喷数秒再向上慢速提升0.5m，直至桩顶停浆面。桩顶冒浆时达到设计要求注浆量的20%～25%。

3.6 三轴搅拌桩施工

按照设计桩位定位安装钻机，启动搅拌桩机转盘，待搅拌头转速正常后，开始喷浆，同时使钻杆沿导向架边下沉边搅拌。下沉速度按0.8～1.0m/min进行，重复搅拌下沉至设计深度。下沉到达设计深度后，停止喷浆，重复反转搅拌提升，一直提升至地面。施工过程中，提升速度小于0.5m/min，下沉速度控制在0.8～1.0m/min之间。

4 各个桩型在组合地基处理中的作用

（1）钢筋混凝土钻孔灌注桩具有抗弯、抗压和防渗的特性，可以提高地基基础的承载力。

（2）PHC管桩具有单桩承载力高和强度高、单位承载力造价低、适用性强、施工速度快、早期承载力高等特点，可以作为钻孔灌注桩处理的补充。同时，通过挤压也可提高桩间土体密度，提高原有土体的承载力和抗冲刷能力。

（3）高压旋喷桩利用钻机先钻小孔径钻孔到达预定深度，再以高压旋喷的喷嘴将气液混合物喷出，切割土体，将水泥浆喷入土层与土体混合，形成连续搭接的水泥加固体。该水泥加固体具有一定的强度和不透水性能，有加固土体和止水效能。同时，与钻孔灌注桩和PHC管桩一道形成整体，提高了地基处理的整体性和不透水性。

（4）水泥搅拌桩分布在前三种桩基的四周。搅拌机在下钻时，注浆的水泥用量占总数的80%左右，而提升时为20%左右。均匀、连续注入拌制好的水泥浆液，钻杆提升完毕时，设计水泥浆液全部注完，将水泥浆喷入土层与土体混合，形成连续搭接的水泥加固墙体。对搅拌桩墙体内部其他三类桩基起到围封截水的目的，可防止外部渗水，提高内部桩基的耐久性。

四种桩型顺序施工，降低各桩间距施工的相互之间干扰，最终达到理想的地基承载力，满足泵站基础设计的各项指标。

5 结语

本文基于望江县漳湖圩漳湖站地基处理施工，对长江中下游沿岸大型闸站工程复杂地质条件下采用多种桩型并联组合处理地基的设计施工技术展开研究。钻孔灌注桩、高压旋喷桩、PHC管桩、水泥搅拌桩等四种桩合理并联套打，提高了地基的稳定性和防渗性能，为类似工程提供了较为可靠的借鉴经验。

高填陡坡路基稳定性施工技术

孙雷雨　赵文凯　刘林航/中国电建市政建设集团有限公司

【摘　要】高填陡坡路基施工中主要不利因素有路基滑移、不均匀沉降、水毁等。工程中高填陡坡路基作业常常处于空间狭小地段，施工难度较大，大型设备难以到达或运行不便，小型夯实设备压实功较低，难以达到施工要求。在施工中采用高速液压强夯机和土工格栅，保证高填陡坡路基的整体稳定性，降低路基施工后的不均匀沉降。此技术适用于公路工程中高填陡坡路基、半填半挖路基、新旧路结合部位的施工、台背回填等。

【关键词】佛清从高速公路　高填陡坡　土工格栅

1　引言

在山区公路工程施工中，高填陡坡路基是较为常见的情况，其不利因素有路基滑移、不均匀沉降、水毁和施工效率较低等。佛清从高速公路北段工程建设项目施工五分部存在高填陡坡路基区段，作业空间狭小，施工难度较大，大型设备难以到达或运行不便，小型夯实设备压实功率较低，难以达到施工要求。经过课题小组对高填陡坡路基施工进行专项研究和多次应用对比分析，认为高速液压强夯机和土工格栅在施工中配合使用效果最为显著。

项目所处高陡坡填筑主要集中在表1所示路段。

表1　　高陡坡施工统计表

序号	桩号	陡坡高度范围/m	地面坡度范围/(°)	土工格栅面积/m^2	沉降观测桩/根	位移边桩/根
1	K84+420～K84+540	4.1～20.6	19～0.8	13850.4	1	1
2	K93+040～K93+061	5～21.6	15～39.1	2423.8	1	1

2　工艺原理及特点

2.1　工艺原理

土工格栅是一种土工合成材料，能迅速提高地基承载力，控制沉降量的发展。高速液压夯实机是一种利用机器重力和锤体变力的合力，来压缩土体的压实机械。根据高速液压夯实机的结构特征，可以将其归类于夯实机械，按照对地面的作用形式，高速液压夯实机属于动力压实机械。

2.2　工艺特点

高速液压夯实机与强夯机的根本区别在于，重锤与土体之间设置了惯性较大的下锤体及夯板组件，将冲击能转换为压力能，接地的夯板从零开始加速，至最高点后逐步衰减。作用力的峰值小、作用时间长、能量释放充分，压实土基这种硬度不高的非刚体时不易产生横波（水平波、剪切波）。总结和分析高速液压夯实机具和土工格栅的特点如下：

（1）采用挖台阶的施工方法进行填筑。

（2）高速液压夯实机是通过液压缸将夯锤提升至一定高度后快速释放，夯锤在重力作用下加速下落，并通过弹性部分及夯板间接夯击土体，对土体的作用为静力与动力的复合作用，通过压缩土体体积，提高土体的压实密度，增强路基的整体稳定性。

（3）土工格栅的抗拉强度在高摩阻力的作用下不断增强，一定程度上增强了网面层材料的抗剪强度。当局部不均匀的外力作用于土工格栅时，网孔不同程度地发生变形，土工格栅凭借自身的特殊性，能够将非均匀荷载进行均匀传递，从而提高路基整体性。

（4）施工中采用高速液压强夯机和土工格栅的施工，能确保高填陡坡路基的整体稳定性，降低路基施工后的不均匀沉降。本项技术广泛适用于公路工程中高填陡坡路基、半填半挖路基、新旧路结合部位的施工、台背回填等。

3 施工工艺流程及操作要点

在高填陡坡路基填筑施工时，压实路段根据施工要求做好相关准备工作，对所需要施工段落进行撒布白灰线进行标注，在施工前对场地进行平整。

3.1 施工工艺流程

高填陡坡路基填筑施工，需严格按照施工工艺流程（见图1）进行。高速液压夯实机按照压实能力分为强、中、弱三档。

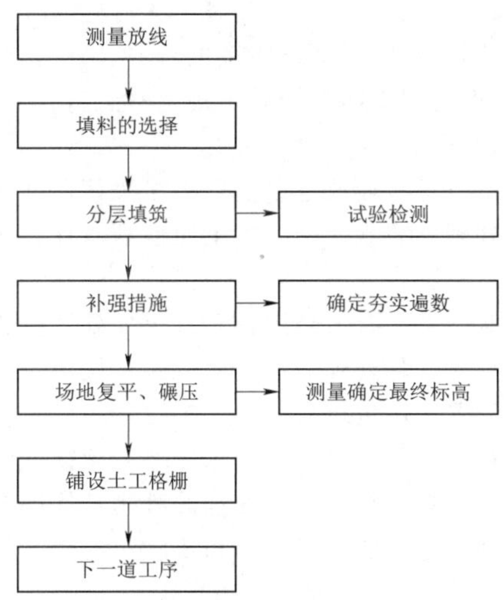

图1 高陡坡路基填筑施工流程图

3.2 操作要点

依据高速液压夯实机作业原理，和传统的碾压设备相比，高速液压夯实机在相同的深度范围内获取更均匀、更深层的压实密度，且可以灵活、快速、准确地在不同的压实位置进行作业。

3.2.1 测量放线

路基开工前首先进行路基复测工作。复测内容包括导线、中线、水准点复测，横断面检查与补勘，增设水准点等。施工测量的精度按设计图纸和相关规范要求进行。路基施工前，根据恢复的路线中桩、设计图表、施工工艺和有关规定，定出路基用地界桩和路堤坡脚、路堑堑顶、边沟等具体位置桩，并在距路中心一定安全距离处设立控制桩，其间隔不大于20m。桩上标明桩号与路中心填挖高，用（＋）表示填方，用（－）表示挖方。在放完边桩后，进行边坡放样，测定其标高及宽度，控制边坡的大小，并在边桩处设立明显的填挖标志。在施工中发现桩被碰倒或丢失时应及时补上。

3.2.2 填料选择

路基施工前，首先确定土方来源，通过计算方量核对所施工区段土方是否够用，避免使用指标不同的土场。如需使用性质不同的填料，应做到水平分层、分段填筑、分层压实。

3.2.3 下承层准备

采用挖掘机、推土机铲除植被、表层土，人工砍伐树木并配合挖掘机挖除所有树根。清表后挖台阶，台阶宽度不小于2m，坡度（向内）2%～4%。分层填筑不大于30cm厚的压实土，确保各项指标检测合格。

3.2.4 补强施工准备

分层填筑至2m时，确保即将补强施工的场地平整，各项指标检测符合规范要求。

3.2.5 夯实作业点布置

夯实作业点按照1.5m间距梅花形布点，在填挖结合处向外延伸2m，夯点用白灰标记。

夯实作业按照放样位置调整机械，使液压夯实机的夯锤正对点位，将夯机调至强档进行作业。夯击采用扇形扩散作业方法，从路基中间开始夯击，每次作业在左中右三点进行夯实，再进行下一排三点施工，直至全部夯击完成。

3.2.6 确定夯击次数标准

高速液压夯实机按照压实能力分为强、中、弱三档，根据测量位置和白灰线标识，将路基上的压实点放出。

（1）通过采用3档档位每次累加3锤进行夯实作业。

（2）利用水准仪测量每夯击3锤后的沉降差，得到相应的累计沉降量和每次夯击3锤后的相对沉降差，直至相对沉降差小于10mm。

（3）采用动力触探试验检测夯实前后地表不同夯击次数点位的地基承载力。

（4）对试验结果进行分析，确定夯击次数。

3.2.7 场地复平、压实

整个作业面夯实结束后，用平地机将路基表面的20cm的浮土刮平，利用压路机压实，用断面法测量确定最终标高。

3.2.8 铺设土工格栅

铺设土工格栅时应在填挖结合部位伸入台阶不少于2m，并在土工格栅与平台处采用U型钢钉将格栅与地面固定。U型钢钉布设间距为1m，土工格栅的纵向搭接宽度不少于30cm。在铺设土工格栅过程中应保证其平整，无褶皱现象。经现场质检员验收合格后，方可进行下一道工序。

4 技术保证措施

按照GB/T 19001—2016/ISO 9001：2015《质量管理体系　要求》和公司质量体系文件要求，结合项目实际情况，建立健全项目质量管理体系并形成书面文件。根据公司《安全生产管理办法》的规定，成立安全生产领导小组，设立专门机构负责工地安全生产现场管理，配备专职安全监督管理人员，配备专职安全工程师，组织日常检查。

4.1 质量控制措施

为确保隐蔽工程、关键工序和特殊工序质量符合验收标准，保证一次验收合格，杜绝和消灭质量缺陷，必须落实隐蔽工程、关键工序和特殊工序质量管理措施。主要做到以下几点：

（1）含植被、垃圾、树根等杂填土不能作为路基填土。钻渣、强膨胀土、有机质土，不得用于填筑路基。

（2）液限大于50%、塑性指数大于26、含水量过大的土和不适宜直接压实的细粒土，不得直接作为路堤填料。

（3）填料CBR需符合如下规定：下路堤不小于3%，上路堤不小于4%，下路床不小于5%，上路床不小于8%；路堤填土粒径不大于15cm，路床填料粒径不大于10cm。

（4）保证基底的压实度不小于90%，地基承载力不小于200kPa。

（5）应从填方坡脚起向上设置向内倾斜的台阶，台阶宽度不小于2m。在挖方一侧，台阶应与每个行车道宽度保持一致，并且位置重合。

（6）高速液压强夯机的点位准确，竖直夯击，最终沉降差在10mm之内。

4.2 安全措施

坚决贯彻执行"安全第一，预防为主"的安全生产方针，创"平安工地"。建立以项目经理为首的安全保证体系，配备有丰富安全施工管理经验的专职安全员，强化安全施工管理。加强施工人员对安全规章制度的学习，提高安全防范意识。进入现场人员一律"两穿一戴"（戴安全帽，穿工作服，脚穿绝缘鞋），主要做到以下几点：

（1）施工前应做好准备工作，正确选用施工方法和安全防范措施，并结合具体施工实际，编制安全技术措施计划，制定操作细则，并向施工人员进行安全技术交底。

（2）在陡坡及危险地段时应脚穿软底轻便鞋。

（3）施工中如发现坡体滑动、崩塌现象，危及施工安全时，必须暂停施工，撤出人员和机具，并报上级处理。

4.3 环保措施

根据施工进度和施工特点，分工序制定相应的环境保护措施。加强施工管理，层层强化环境保护意识，施工全过程跟踪监督、检查。及时了解情况，采取必要的对策、措施，完善对周边环境的保护。施工现场符合《广东省建设工程文明施工若干规定（试行）》的规定，具体要求如下：

（1）筑路材料堆放地尽量远离居民区、河流等，并进行遮盖处理，防止污染。施工便道洒水保持湿润、无明显浮尘。

（2）对于不适合再利用且不宜填埋处置的废物，可以进行焚烧无害化处理。焚烧处理必须使用符合环境要求的处理装置，避免对大气的二次污染。

（3）将经过无害化、减量化处理的废物残渣集中到填埋场进行处置。尽量使需处理的废物与周围的生态环境隔离，并注意废物的稳定性和长期安全性。

5 结语

使用高速液压夯实机，提高了机械使用效率。使用土工格栅有效避免了路基边坡滑坡现象，减少了重复施工引起的资源浪费。利用此项施工技术代替了原履带式夯实机等大型设备作业，一是可节约工期，快速有效地解决了高填陡坡路基中狭小空间的作业问题；二是降低了工程项目的机械费用。利用此方法，施工机动灵活，边角部位也可进行施工，大大提高了设备的有效利用率。

审稿人：胡建伟

振动搅拌纤维水泥稳定碎石混合料配合比设计研究

张海峰/中国水利水电第十一工程局有限公司

【摘　要】 振动搅拌的纤维水泥稳定碎石混合料配合比设计研究，是通过室内试验研究振动搅拌参数、纤维的选择、配合比设计，确定最大干密度、最佳含水量和最优水泥用量；通过分析不同纤维类型和掺量对强度的影响，进而确定最优的掺量，并最终确定最经济、性能最佳的矿料设计配比，以期能够为同类型工程施工提供一定的参考和依据。

【关键词】 振动搅拌　纤维　水泥稳定碎石　混合料　配合比　设计研究

1　引言

水泥稳定碎石材料组成设计是施工的前提，其主要任务是确定矿料级配、含水量、干密度、水泥用量等各项室内试验参数，为施工质量控制与检验提供基础数据和技术保证。上述室内参数除了与原材料相关外，还受生产工艺（包括拌和方式、击实或压实方式等）的影响，例如，采用振动压实的水泥稳定混合料最佳含水量小于重型击实方式下的数值，最大干密度大于重型击实方式下的数值。因此可以认为，当拌和方式发生变化，由传统普通（静力）拌和改变为振动拌和时，也可能对水泥稳定混合料的材料组成参数产生影响。

鉴于此，本文首先基于室内试验对室内水泥稳定材料振动拌和设备搅拌参数进行研究，然后根据配合比设计流程进行材料组成设计研究，为振动拌和技术的施工应用提供参考。

2　振动搅拌参数研究

2.1　室内振动拌和设备

室内振动拌和试验机主要由机架、暂存料仓、搅拌系统、传动系统、出料系统以及电器控制系统几部分组成（见图1）。

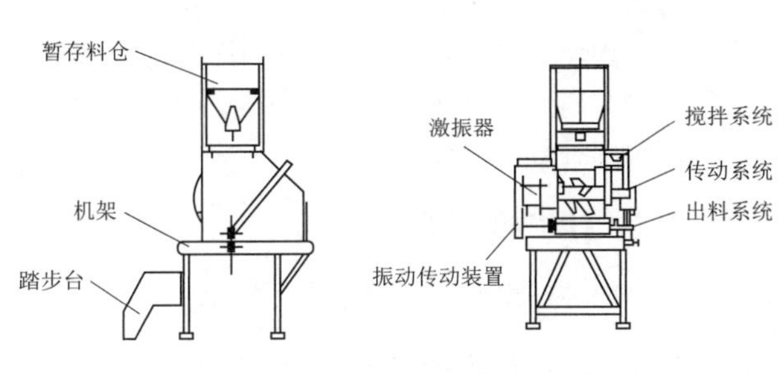

图1　室内振动拌和试验机组成结构

2.2 振动搅拌参数的确定

搅拌参数包括搅拌时间 t、湿拌时间 t_0、搅拌速度 v 和振动频率 f。搅拌时间 t 指所有干料投入到拌筒内开始搅拌，直至搅拌结束所持续的时间；湿拌时间 t_0 是加水后的搅拌时间，$t_0 \leqslant t$。根据《公路路面基层施工技术细则》（JTG/T F20—2015）的最短搅拌时间要求，选取 20s、30s、40s 三种时间，湿拌时间按照比例分别选取搅拌时间的 1/2、2/3 和 1。搅拌速度 v 取决于搅拌轴转速 n_0，$v=\pi R n_0/30$，R 为叶片回转半径；振动频率 f 取决于振动轴转速 n，$f=n/60$。参照普通强制搅拌机的设计经验，选取了 1.5m/s、2.0m/s、2.5m/s 三种搅拌速度。搅拌轴上的最大振动加速度设定在 $4g$ 以内（见表 1）。

表 1　搅拌轴和叶片上的振动加速度

振动频率/Hz		不同搅拌部位的振动加速度（g 为重力加速度）				
		搅拌轴			搅拌叶片	
设定值	实测值	位置 1	位置 2	位置 3	径向	法向
20	19.53	$1.01g$	$1.13g$	$1.02g$	$1.01g$	$0.23g$
30	28.08	$1.71g$	$1.73g$	$1.77g$	$1.72g$	$0.37g$
40	37.87	$3.07g$	$3.35g$	$3.31g$	$2.90g$	$0.91g$

振动频率在水泥稳定碎石生产的过程中，振动作用可以极大促进混合料的均匀性，确定合理的振动频率对水泥稳定碎石强度的形成尤为重要。选取 20Hz、30Hz、40Hz 三种振动频率在空载状态下测试搅拌轴和叶片上的峰值加速度，测点位置见图 2，试验结果见表 2。其中，搅拌轴的加速度（测点 1～3）和搅拌叶片径向的加速度（测点 4）均沿着拌筒的半径方向，搅拌叶片法向的加速度（测点 5）方向垂直于叶片表面。

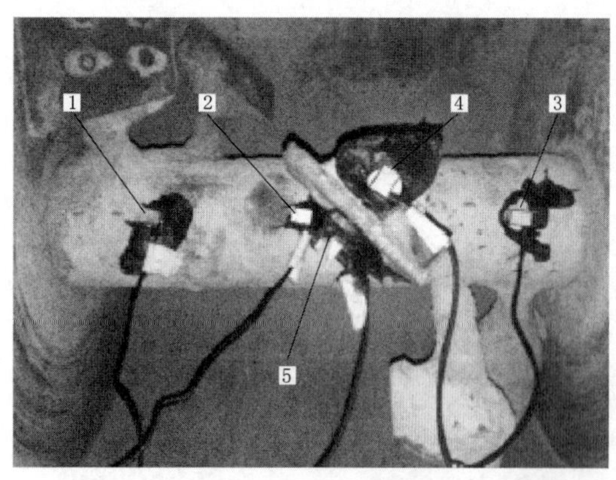

图 2　振动加速度测点位置

1～5—测点位置

由试验数据可以得出，当因素 t 取水平 3、因素 T 取水平 3、因素 f 取水平 3、因素 v 取水平 3 时，对应的 7d 无侧限抗压强度均值均最高。

表 2　不同搅拌参数下的抗压强度试验结果

试验序号	t/s	T	f/Hz	v/(m/s)	A/MPa	B
1	20	1/2	20	1.5	3	0.148
2		2/3	30	2	3.2	0.129
3		1	40	2.5	3.54	0.094
4	30	1/2	30	2.5	3.55	0.101
5		2/3	40	1.5	3.58	0.098
6		1	20	2	3.49	0.103
7	40	1/2	40	2	3.83	0.082
8		2/3	20	2.5	3.78	0.091
9		1	30	1.5	3.66	0.109

注　T 为湿拌时间比例；A 为 7d 无侧限抗压强度平均值；B 为 7d 无侧限抗压强度变异系数。

因此，本研究试验的合理参数为搅拌时间为 40s，湿拌时间比例为 1，振动频率为 40Hz，搅拌速度为 2.5m/s。

3　纤维材料选择

3.1 纤维选取原则

目前市场上工程用纤维品种非常多，各种纤维性能差别较大，纤维掺料选择应遵循以下原则：

（1）纤维性能必须适应水泥稳定碎石基层材料的碱性环境，在长期处于碱性环境中应具有良好的化学稳定性及耐久性。

（2）能与混合料搅拌均匀，具有良好的分散性。

（3）纤维应与基础材料有良好的黏结性能，并有一定的抗拉强度，以发挥纤维的阻裂增韧作用。

（4）由于水泥稳定碎石材料是一种脆性材料，容易受外力冲击产生破坏。因此，在选择纤维时应至少比水泥稳定碎石材料高出一个数量级。

（5）纤维须具有较高的抗拉强度。

（6）在工程实际应用中，既要考虑纤维材料性能，也要核算材料的经济效益。

（7）考虑纤维的安全性，所用柔性纤维不能对人体健康造成任何危害。

按照上述原则和要求，结合纤维的实际应用情况，选择聚丙烯腈纤维、聚丙烯纤维、聚酯纤维、聚乙烯醇纤维四种纤维进行对比研究。

3.2 纤维的性能指标

四种纤维的性能指标见表 3。

3.3 确定纤维的试验方案

采用室内振动拌和工艺，进行无侧限抗压强度和劈

表 3　四种纤维的性能指标

项目类型	长度/mm	当量直径/mm	密度/(g/cm³)	抗拉强度/MPa	断裂伸长率/%	弹性模量/MPa
聚丙烯（PP）纤维	12	25～40	0.91～0.93	≥270	≥15	≥3000
聚丙烯腈纤维	6	11～13	1.18	≥560	10～20	≥8000
聚酯（PET）纤维	12	20～30	1.36～1.38	≥500	≥15	≥8000
聚乙烯醇纤维	12	20～30	0.91	≥1400	6～20	≥30

裂强度试验，研究不同纤维种类和纤维掺量 0.05%下对无侧限抗压强度和劈裂强度的作用结果，根据试验结果确定一种性能较优的纤维。无侧限抗压强度和劈裂强度试验养护龄期为 7d 和 28d。试验结果分析如下：

（1）无侧限抗压强度。根据四种掺纤维水泥稳定碎石混合料的无侧限抗压强度试验结果，绘制关系图（见图 3）。

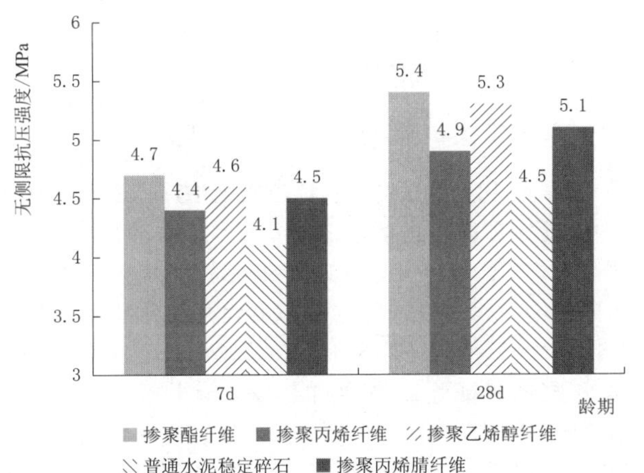

图 3　掺纤维水泥稳定碎石不同龄期的无侧限抗压强度

综上所述得出，掺入聚酯纤维和聚乙烯醇纤维对水泥稳定碎石无侧限抗压强度提高幅度较大。

（2）劈裂强度。根据劈裂强度试验结果绘制关系图（见图 4）。

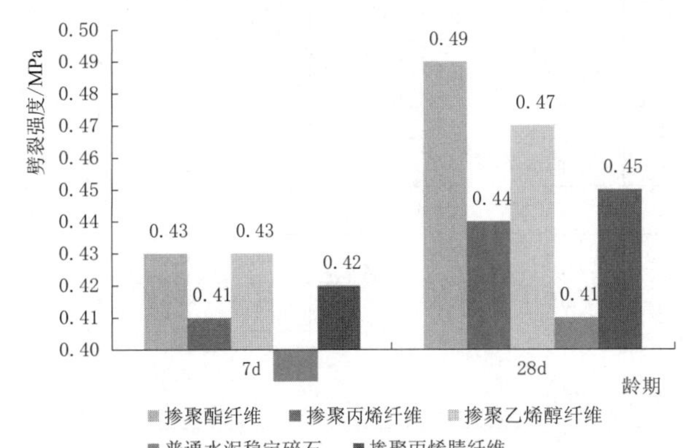

图 4　掺纤维水泥稳定碎石不同龄期的劈裂强度

综上所述得出，掺入聚酯纤维和聚乙烯醇纤维对水泥稳定碎石劈裂强度提高幅度较大。

从掺加四种纤维的水泥稳定碎石强度评价结果来看，综合评价指数排序为聚酯纤维＜聚乙烯醇纤维＜聚丙烯腈纤维＜聚丙烯纤维，聚酯纤维最优。

4　混合料配合比设计

4.1　配合比设计流程

水泥稳定碎石材料组成设计（见图 5）主要包括：①原材料检验；②确定目标配合比；③确定生产配合比；④确定施工参数。

4.2　矿料级配优化设计

4.2.1　原材料

（1）水泥。本次室内试验研究水泥采用某公司所生产的矿渣硅酸盐水泥 P·S·A 32.5，其检测结果和技术要求见表 4。

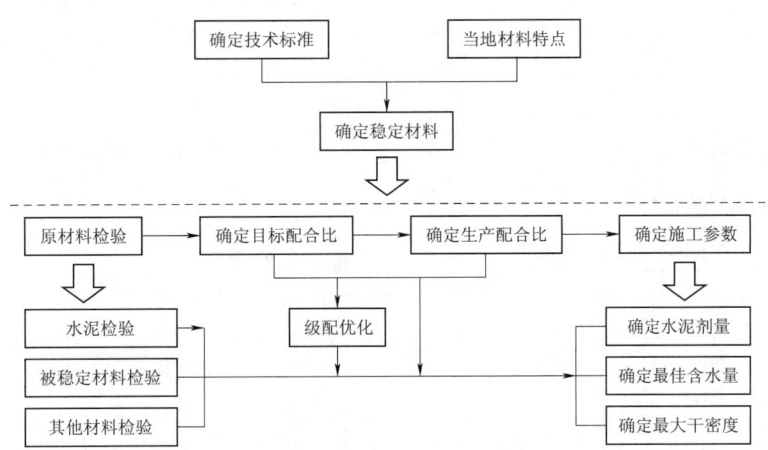

图 5　水泥稳定碎石材料组成设计流程

表 4　　水泥技术要求

序号	检测项目		检测结果	技术要求
1	细度	45μm 筛筛余/%	13.2	≤30
2	凝结时间/min	初凝	416	>180
		终凝	475	>360 且<600
3	标准稠度用水量/%		25.0	实测值
4	安定性（沸煮法）		1.0	≤5.0
5	抗折强度/MPa	3d	3.6	≥2.5
		28d	7.1	≥5.5
	抗压强度/MPa	3d	21.7	≥10.0
		28d	41.2	≥32.5

（2）集料。本次选用粗集料采用三档：19～31.5mm、9.5～19mm、9.5～4.75mm；细集料采用两档：2.36～4.75mm、0～2.36mm。粗、细集料技术要求见表 5 和表 6。

表 5　　粗集料技术要求

检测项目	检测结果			技术要求
	19～31.5mm	9.5～19mm	9.5～4.75mm	
石料压碎值/%	—	21.2	—	≤22
针片状颗粒含量/%	9.7	3.6	4.0	≤20
<0.075mm 颗粒含量/%	0.8	0.7	0.8	≤1.2
堆积密度/(kg/m^3)	1430	1450	1470	—
表观密度/(kg/m^3)	2710	2717	2734	—

表 6　　细集料技术要求

检测项目	检测结果	技术要求
液限/%	22	≤25
塑性指数	3	≤6
<0.075mm 颗粒含量/%	8.4	≤15
堆积密度/(kg/m^3)	1708	—
表观密度/(kg/m^3)	2724	—
砂当量/%	62	≥50

各种集料筛分试验结果见表 7。

表 7　　各种集料筛分试验结果

集料	通过下列孔径方孔筛的质量百分率/%							
	31.5mm	26.5mm	19.0mm	9.5mm	4.75mm	2.36mm	0.6mm	0.075mm
1 号样品	100.0	68.9	1.6	0.3	0.3	0.3	0.3	0.3
2 号样品	100.0	100.0	73.8	0.9	0.5	0.5	0.5	0.4
3 号样品	100.0	100.0	100.0	60.1	6.8	2.2	1.6	1.3
4 号样品	100.0	100.0	100.0	100.0	69.2	6.8	3.8	3.3
细集料	100.0	100.0	100.0	100.0	95.4	73.1	39.6	14.5

（3）拌和用水。拌和用水采用自来水。

4.2.2　级配设计

本次设计选用 1 号料（G2）（19～31.5mm）、2 号料（G8）（9.5～19mm）、3 号料（G11）（4.75～9.5mm）、4 号料（XG1）（2.36～4.75mm）、5 号料（XG2）（0～2.36mm）进行掺配，根据《公路路面基层施工技术规范》（JTJ 034—2000）、《公路工程无机结合料稳定材料试验规程》（JTG E51—2009）、《公路工程水泥及水泥混凝土试验规程》（JTG 3420—2020）、《公路工程集料试验规程》（JTG E42—2005）的级配范围要求选择水稳级配碎石的级配，水稳级配碎石级配范围设计采用中值法，根据集料的筛分结果初选四种级配（级配 1、级配 2、级配 3、级配 4），级配曲线见图 6。

4.3　重型击实试验

将各种集料筛分成单一粒径的规格逐档配料，采用室内振动拌和机，选取水泥剂量分别为 3.0%、3.5%、4.0%、4.5%、5.0%五种比例和 4%、5%、6%、7%、8%五种不同含水量进行拌和试验，采用重型击实法确定各组水稳试件的最佳含水量和最大干密度（见图 7）。

根据击实试验结果绘制含水量与干密度的关系曲线，横坐标为含水量，纵坐标为干密度，对绘制的曲线采用二次曲线方法进行拟合，通过曲线拟合确定水泥稳定碎石混合料的最大干密度和最佳含水量。本试验统一采用不掺纤维的普通水泥稳定碎石混合料的最大干密度及最佳含水量作为成型条件。试验步骤如下：

（1）称重。

（2）根据经验估计初始含水量，并以此为中心预定 5 个不同的含水含率，且依次相差 0.5%。

（3）根据水稳碎石的设计参数及材料参数，计算不同含水量下的加水量。

（4）按预定的比例将水稳料放入振动拌和机中进行拌和。

（5）将水稳料装入模具，分 3 次击实成型。

（6）将脱模后的水稳料打碎，称重烘干计算其含水量、干密度。

（7）将同一水泥剂量下，5 个不同含水率及干密度的试验结果进行拟合，求取最佳含水量及最大干密度。

（8）分别统计振动搅拌方式下的各水泥剂量的最佳含水量与最大干密度。

试验结果见表 8。

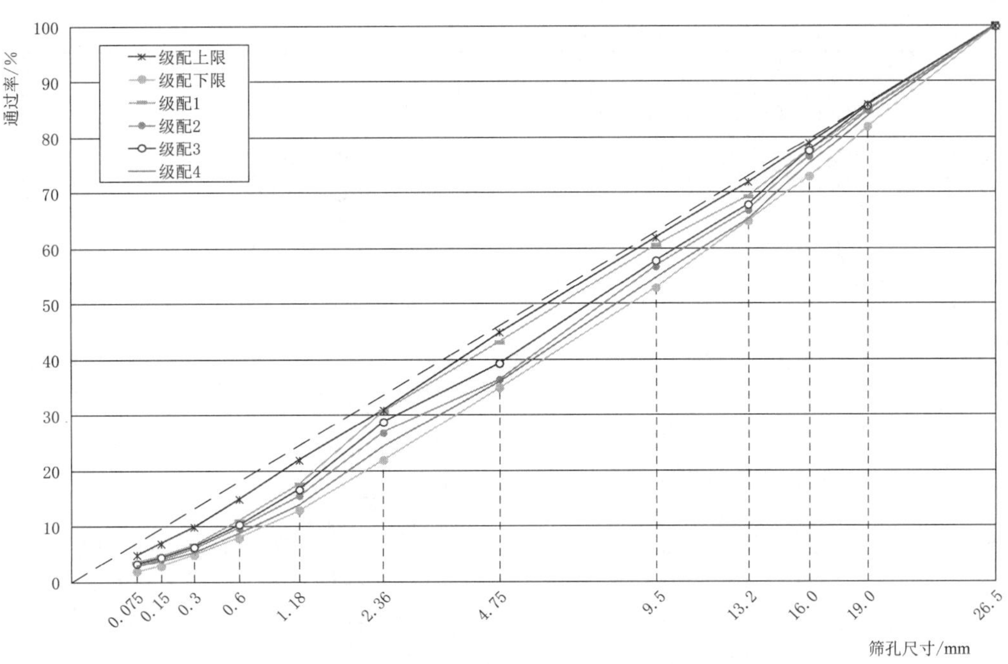

图 6　基层水泥稳定碎石混合料级配曲线图

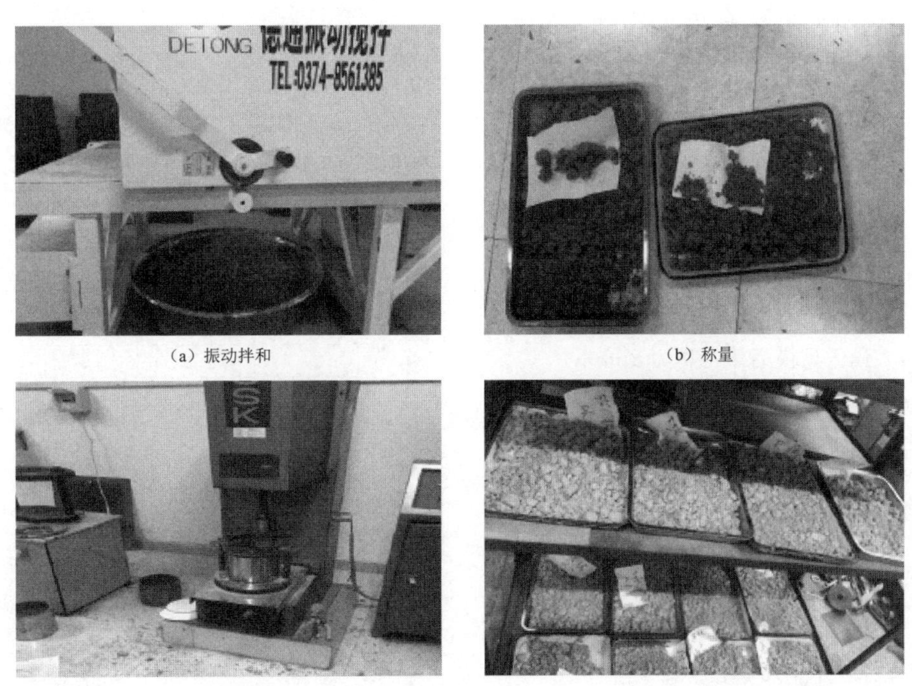

(a) 振动拌和　(b) 称量　(c) 重型击实　(d) 烘干

图 7　混合料成型过程

表 8　水泥稳定碎石混合料重型击实试验结果

级配	试验项目	水泥剂量				
		3.0%	3.5%	4.0%	4.5%	5.0%
级配 1	重型击实法最佳含水量/%	4.6	4.8	4.9	4.9	5.1
	重型击实法最大干密度/(g/cm^3)	2.440	2.446	2.451	2.459	2.453

续表

级配	试验项目	水泥剂量				
		3.0%	3.5%	4.0%	4.5%	5.0%
级配 2	重型击实法最佳含水量/%	4.6	4.7	4.7	4.8	4.9
	重型击实法最大干密度/(g/cm^3)	2.434	2.442	2.447	2.450	2.455

续表

级配	试验项目	水泥剂量				
		3.0%	3.5%	4.0%	4.5%	5.0%
级配3	重型击实法最佳含水量/%	4.5	4.5	4.6	4.7	4.8
	重型击实法最大干密度/(g/cm^3)	2.431	2.435	2.437	2.443	2.446
级配4	重型击实法最佳含水量/%	4.4	4.6	4.7	4.7	4.9
	重型击实法最大干密度/(g/cm^3)	2.428	2.439	2.441	2.445	2.451

4.4 水泥用量确定

根据试验确定的最佳含水量、最大干密度和《公路工程质量检验评定标准》（JTG F80—2017）规定的98%压实度，用静压法成型无侧限抗压强度试件。成型试件在（20±2)℃，相对湿度不小于95%的条件下养护6d，浸水1d后取出，进行无侧限抗压强度试验。

按照《公路工程无机结合料稳定材料试验规程》(JTG E51—2009）中无侧限抗压强度试验方法，分别成型并测试3.5%、4.0%、4.5%、5.0%、5.5%水泥剂量下水泥稳定碎石混合料的7d无侧限抗压强度，聚酯纤维掺量为0.05%，试验过程如下：

(1) 称重。

(2) 按预定的比例，依次放入振动拌和机中进行拌和。

(3) 混合料放入试模，连续静压加载，加载速率控制在1mm/min，压头压入试模后维持压力2min。

(4) 标准养生6d，温度（20±2)℃，相对湿度不小于95%；第7天在（20±2)℃水中浸泡。

(5) 采用压力机对其无侧限强度进行测试，保持加载速率1mm/min。

试验结果见表9。

由表9可以看出，在水泥剂量选用4.0%时，强度代表值满足规范要求。

表9 水泥稳定碎石混合料7d静压法无侧限抗压强度试验结果

级配	试验项目	水泥剂量				
		3.0%	3.5%	4.0%	4.5%	5.0%
级配1	强度平均值/MPa	3.7	4.3	4.8	5.4	6.0
	变异系数/%	2.8	2.4	2.0	2.1	1.7
	强度代表值/MPa	3.5	4.1	4.7	5.3	5.8
级配2	强度平均值/MPa	3.8	4.4	5.1	5.5	6.0
	变异系数/%	3.7	2.6	1.9	1.7	2.4
	强度代表值/MPa	3.6	4.2	5.0	5.4	5.8

续表

级配	试验项目	水泥剂量				
		3.0%	3.5%	4.0%	4.5%	5.0%
级配3	强度平均值/MPa	3.5	4.1	4.8	5.4	6.0
	变异系数/%	2.5	2.9	2.7	1.8	2.6
	强度代表值/MPa	3.4	3.9	4.6	5.2	5.7
级配4	强度平均值/MPa	3.5	4.1	4.8	5.4	5.9
	变异系数/%	2.4	3.1	1.8	2.1	1.9
	强度代表值/MPa	3.4	3.9	4.7	5.2	5.7

4.5 纤维掺量的确定

4.5.1 试验方案

本研究通过分析研究聚酯纤维不同掺量对水泥稳定碎石无侧限抗压强度、劈裂强度、干缩系数和温缩系数、离散系数的影响规律，确定其最佳掺量。

聚酯纤维掺量分别按0、0.3‰、0.5‰、0.8‰和1‰。采用室内水泥稳定碎石振动搅拌设备，按照水泥剂量4.0%成型试件，当养护龄期为7d、28d时分别对其性能评价指标进行试验。

4.5.2 试验结果分析

(1) 无侧限抗压强度。五种纤维掺量分别为0、0.3‰、0.5‰、0.8‰和1‰的水泥稳定碎石混合料的7d和28d无侧限抗压强度试验结果见图8。

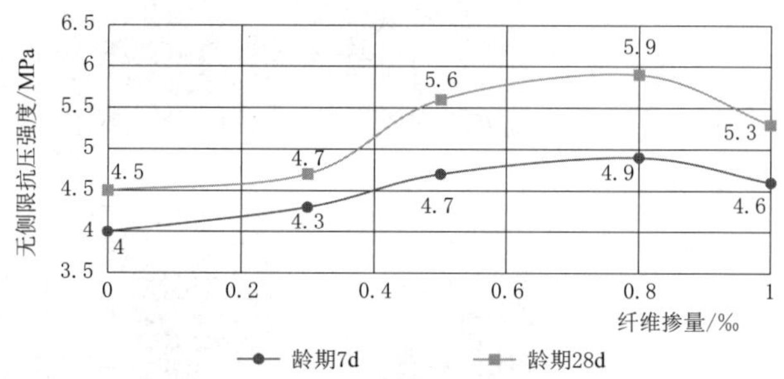

图8 纤维掺量对无侧限抗压强度的影响

由图8可知，聚酯纤维对水泥稳定碎石混合料的早期无侧限抗压强度影响较小，而对其后期抗压强度具有一定的增强作用：养护龄期为28d，掺量在0.5‰～0.8‰之间时，混合料的抗压强度提高了16%左右。

(2) 劈裂强度。四种纤维掺量分别为0、0.3‰、0.5‰、0.8‰和1‰的水泥稳定碎石混合料的7d和28d劈裂强度试验结果见图9。

由图9可知，掺入聚酯纤维对水稳碎石混合料早期劈裂强度会产生不利影响，当龄期为28d，掺量在0.5‰～0.8‰之间时，混合料的劈裂强度提高了16%左右。

(3) 干缩系数。四种纤维掺量分别为0、0.3‰、

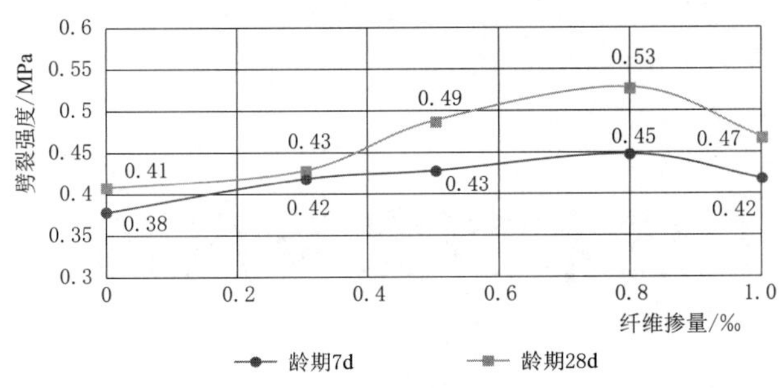

图 9　纤维掺量对劈裂强度的影响

0.5‰、0.8‰和1‰的水泥稳定碎石混合料的7天平均干缩系数试验结果见图10。

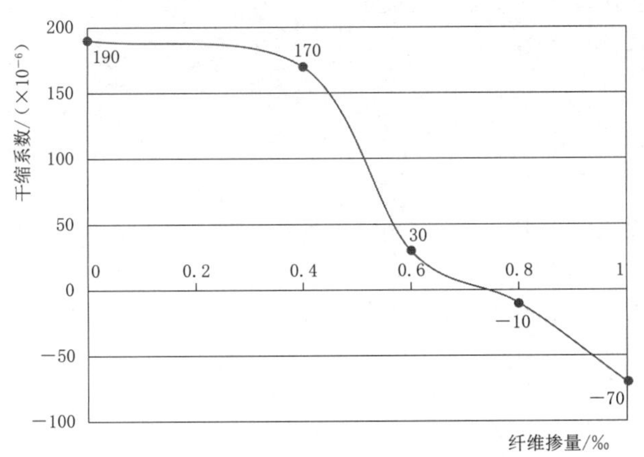

图 10　纤维掺量对干缩系数的影响

由图10可知，在水稳碎石混合料养护龄期为7d时，在0.5‰～0.8‰之间有一个最佳聚酯纤维掺量会消除干缩现象。

（4）温缩系数。四种纤维掺量分别为0、0.3‰、0.5‰、0.8‰和1‰的水泥稳定碎石混合料的7d和28d温缩系数试验结果见图11。

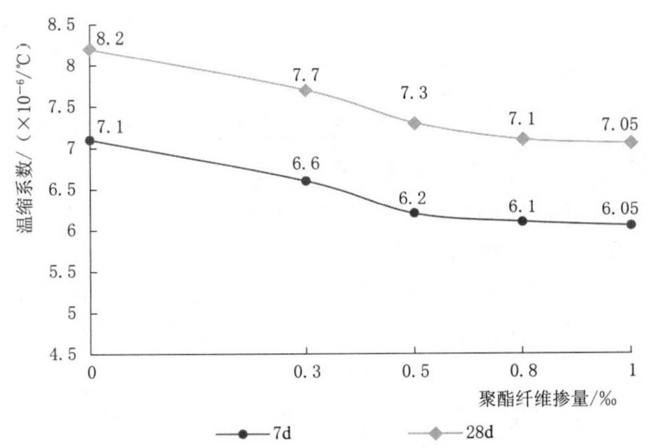

图 11　聚酯纤维掺量对温缩系数的影响

由图11可知，掺量在0.5‰～0.8‰时，其温缩系数降低了14%左右。

（5）均匀性。各聚酯纤维掺量的抗压强度离散系数见表10。

表 10　不同聚酯纤维掺量的无侧限抗压强度离散系数

纤维掺量/‰	0	0.3	0.5	0.8	1
离散系数 C_v	0.21	0.23	0.23	0.41	0.6

由表10可知，随着聚酯纤维掺量的增加，水泥稳定碎石混合料的均匀性降低。

结合各试验结果分析，可知聚酯纤维掺量在0.5‰～0.8‰之间，对振动搅拌水泥稳定碎石的强度、收缩系数、均匀性均是最有利的，考虑经济和施工和易性等因素，确定聚酯纤维掺量为0.5‰。

5　结论

本文首先通过室内试验对振动搅拌机搅拌参数进行了研究，然后采用合格的原材料，选取了4个骨架密实级配，通过室内试验确定了纤维种类和纤维掺量，通过重型击实试验确定了最大干密度和最佳含水量，进而确定了水泥用量。

（1）通过不同振动搅拌参数的正交试验，确定了振动搅拌机搅拌参数，搅拌时间为40s，湿拌时间比例为1，振动频率为40Hz，搅拌速度为2.5m/s。

（2）通过开展不同纤维种类和纤维掺量对水泥稳定碎石的无侧限抗压强度、劈裂强度的影响研究，最终确定纤维种类为聚酯纤维。

（3）以无侧限抗压强度、劈裂强度、干缩系数、温缩系数、均匀性等为分析指标，基于模糊综合评价方法，采用综合性能评价指数来确定聚酯纤维掺量，确定的聚酯纤维掺量为0.05%。

（4）基于振动搅拌工艺，通过室内重型击实试验和无侧限抗压强度试验确定矿料设计级配为级配2，水泥剂量为4.5%。

经郑州陇海快速路工程生产性试验实践，基于振动搅拌工艺的纤维水泥稳定碎石混合料有效解决了普通搅拌技术存在的水泥稳定碎石搅拌不充分、混合料混合不均匀等问题；通过合理的配合比设计有效提高了水泥稳定碎石的密实度，提升了水泥稳定碎石的力学性能，改变了水泥稳定碎石的温缩特性，增强了路面结构的耐久性，综合性能得到显著提升，有效保证了工程质量，具有一定的经济价值和推广价值。

人工生态潜流湿地施工技术研究及应用

胡灵华　陈春明　赵泽文/中国电建集团江西省电力建设有限公司

【摘　要】人工生态潜流湿地是微污染水体净化的关键技术之一。其核心是采用多种表面空隙率较大的不同级配滤料为填料，缓慢渗透过滤，以实现污水净化；并通过表层种植亲水植物吸附、分解及吸收微生物，进一步提升水质。本文论述重点是采用多层不同级配的滤料组合替代单层统一滤料，改变湿地布水方式，以达到较好的净化效果。

【关键词】生态潜流湿地　污水净化　生态修复

1　湿地工程概况

深圳某水质净化型湿地工程项目的目标，是改善某河道中上游主干流截污箱涵末端水质。结合河道水环境生态整治、临水景区搭建、城市海绵建设治理观念，同步考虑现场已有的地形态势，将该河道河畔打造成为具有净化提升水质、水环境生态修复、临水观景平台及步道、水生植物科普教育等多功能的人工生态湿地。该湿地施工区域面积 5.5hm^2，工程总造价约 1.15 亿元，日处理污水 1.8 万 t，进水水质为一级 B 标准，出水水质达到地表水Ⅳ类标准。

2　技术特点

（1）采用多层不同级配的滤料组合。多层滤料滤层过滤时，水先通过粗粒径滤料，之后通过细粒径滤料，可增加滤料层的截污容量、延长过滤周期。

（2）采取内层管道和外层管道组成的双层管道的垂直流布水方式。内层管道的顶部设置一排内层出水孔，外层管道的下部两侧设置两排外层出水孔。通过垂直流的合理布置，实现出水均匀，提高水生植物的成活率，同时大大减少管道堵塞的概率。

（3）坚持“花草共生、景观治水”的理念，因地制宜选配水生植物，达到和谐自然的生态景观效果，实现湿地生态系统结构稳定、生态功能提升以及生物多样化。

3　技术原理及工艺流程

3.1　技术原理

人工生态潜流湿地以不同级配的滤料为填料，通过布水管在生态潜流湿地表面进行喷淋，使污水在湿地床的内部进行纵向流动，充分利用填料表面生物膜、丰富的根系及各种滤料的吸附，对污水进行处理。

3.2　工艺流程

挡墙完成、养护期完成→黏土层施工（300mm 厚）→第一层土工布施工（200g/m^3）→防渗膜施工（厚度 1.5mm）→第二层土工布施工（600g/m^3）→集水管安装→排水层圆砾填筑（200mm 厚）→过渡层砾石填筑（200mm 厚）→700mm 厚主滤层填筑（沸石、火山岩、陶粒）→布水管安装→覆盖层砾石填筑（200mm 厚）→球形网罩安装→水生植物种植。

4　施工操作要点

4.1　黏土层施工

（1）施工前做好土壤的击实试验，经实验室做好适配，得出最佳含水率等相关的土质压实数据等。以此为参考，进行后期黏土压实度检测的标准，控制黏土分层碾压密实、分层铺土厚度。

（2）应根据技术标准的规定进行土质的进场查验。对进场用于回填的土料粒径、种类、所含杂质、含水量等技术指标应控制在设计范围之内。

（3）回填土应分层铺摊。每层回填土的铺设厚度，应根据回填土质、密实度要求和所用机具性能来确定。本工程黏土层铺土厚度为 150mm，分两层进行铺设压实。

（4）黏土回填采用压路机进行碾压，铺土后，每层进行至少三次以上的压实。对于施工机械碾压不到位的施工点位，应及时采取人工填充堆土，采用柴油打夯机或者蛙式打夯机，配合施工人员进行分层夯打碾压、密实。

(5) 回填土方施工结束后，应对回填表面采用拉线找平。对于大于标准高程的区域，应采取依线铲平；对于小于标准高程的区域，应采取补土方式找平再夯实。

4.2 土工布、防渗膜施工

4.2.1 土工布施工

土工布进场后，立即组织进场自检，自检合格后通知监理进行现场验收。根据质量标准规定，现场材料取样送检应在监理的见证下进行，在材料试验合格后方可大量进场施工。土工布进入现场后，统一存放在仓库内。

土工布铺设前将下部的黏土层整平并压实，保证不存在超高部位而造成隆起的情况。同时，基层上所有的杂物等均应清理干净，以防对土工布造成损坏。

施工人员应根据现场实际情况，明确土工布的具体数量及尺寸，做到下料尺寸准确，下料后及时进行试铺，以检测土工布的宽度是否合适，土工布接头的搭接处应松紧适度、平整。在裁剪土工布时，采用土工布刀进行切割，保持边线的齐整。

土工布铺设采用人工滚铺，布面要平整，留有适当变形余量，在隔墙处上返 1.5m 的高度，在根部采用折叠的方式。铺设时，必须注意不要让石头、大量尘土或水分等破坏土工布；土工布铺设不宜太皱或拉得太紧，并应留有一定的余幅以备局部下沉拉伸；施工人员不宜穿硬底鞋，防止对土工膜造成损坏；土工布连接采用热黏合以防止拉扯。

4.2.2 HDPE 防渗膜施工

1. 铺设

根据进场的材料，现场采用人工铺设，每个单元的防渗膜铺设都从一边开始向另一边铺设，铺设施工时，防渗膜应适当放松，并避免人为硬折和损伤。基层铺设完成后，在转角、上边沿区域应当留有余量，以适应基层一定的沉降，防止拉裂。膜块间形成的结点应为工字形，不得作成十字形。铺膜过程中不宜在已铺设的防渗膜上移动机具、走动等，对于会造成 HDPE 膜损坏的物品，均不得放在 HDPE 膜上或由人员携带在膜上走动，以免导致有孔眼、麻点、破损等外观缺陷。

防渗膜在挡墙上收边时，应适当固定但不宜太紧，以防后期填料填充时拉裂防渗膜或拉裂焊缝。

2. 焊接

防渗膜现场施焊前，应先在现场进行焊接工艺参数试验，确定焊接速度、焊道温度等焊接工艺参数。正式施焊前，焊工须用无水洁净的纱（棉）布清理焊缝两侧区域，清除水、尘、垢。防渗膜应平行对正，搭设均匀；根据材料使用说明，焊缝搭接宽度为 150mm。在开焊前，应根据现场环境情况，将焊接机具调整到最佳运行状况。

HDPE 防渗膜搭接处的焊缝应完整美观。防渗膜需要横向搭接时，应将搭接缝错开至少 1m 的长度。湿地单元内的栈道柱子、集水井、阀门井、进出水管的部位，在铺设完成一层时，增加相应的附加层，同时，焊接附加层时需焊接牢固，以保证薄弱部位不渗漏。

焊接过程中，如出现裁剪破损、虚焊、漏焊时，应及时将已发现破损的土工布裁掉，修剪平整，重新补焊。同时，焊接施工人员在施工过程中，必须注意工器具、剪刀、热熔器不刮伤防渗膜，一经发现，立即修补，以防遗漏。焊接完成后，应对全部的焊缝焊接质量进行检查检测，同时，重点检查焊缝结点、破损修补部位、漏焊和虚焊的补焊部位、前次检验未合格再次补焊的部位。

各单元防渗膜焊接完成后，应立即对该池子的防水效果进行满水试验，一经发现渗漏，立即修补，直至全部合格。

4.3 集水管施工

(1) 根据各单元的格局尺寸，合理规划 HDPE 双壁波纹管长度，然后根据图纸布置，将管道或管件置于平坦位置，然后根据图纸要求在 HDPE 双壁波纹管上开洞。

(2) 对于待焊管材，应根据管材型号规格确定相应的模具，施工人员应将模具组装在热板上，将温度控制仪调到技术方案规定的参数，一般以 210～230℃之间为宜，紧接着接通电源（220V）。

(3) 将管材端面切开，确保使其垂直于管材轴线；管材及管件用刮刀整平，材料应留有加工余量；焊缝处开坡口，清理水、尘、垢，用专用工具将变形的焊接端复原；对于管材焊缝处的外表面和管件内表面，应采用干净的棉布擦拭，去除水、油、尘等杂质。

(4) 施焊时，应将待焊管材端、管件同时插入加热模具中，待加热到规定温度后迅速拔出，尽快把管材焊接端插入管件，并推进到管材上标定的承插深度线为止（一般来说，轴向允许 15°范围内的调整），保持至冷却状态，焊接完成。

(5) HDPE 双壁波纹管热熔焊接时，每一个焊口应当有详细的焊接原始记录，且在焊接完成后必须进行自检，在监理验收合格后方可进行下一道工序。

4.4 填料施工

填料施工主要包含排水层的圆砾填筑、过渡层的砾石填筑、主滤层的沸石、火山岩、陶粒填筑以及覆盖层的砾石填筑。

4.4.1 填料进场

生态潜流湿地的填料全部从外采购，进场时控制各种填料的规格、粒径、洁净度。到场的填料需经重新筛选，控制填料含泥量不大于1%。经监理验收合格后方可进入现场。对于大型载重车运输的填料，采用厂区内的自卸车及挖机，配合汽车吊进行二次倒运至各施工点。其中，主滤层填料粒径控制范围见表1。

表1　主滤层填料粒径控制范围

序号	粒径/mm	所占比例控制范围/%
1	＞5.0	≤3
2	2.0～5.0	≥94
3	＜2.0	≤3

4.4.2 填料填筑

填料施工严格控制孔隙率满足40%～42%要求，对于有污染的填料，施工完成后尚需用自来水冲洗干净。各单元区填料施工必须均匀摊铺，均匀压实，保证单元区域内填料整体压实度密度均匀一致。回填完成后的填料筒压强度不小于4.0MPa。

4.5 布水管施工

(1) 根据各单元的格局尺寸，合理规划PE管道长度，然后根据图纸布置，将管件或管道放在水平的地面上，置于对接机具内，留下10～25mm的加工裕量；视所焊制的管件、管材选择合适的卡式夹具，管材必须夹紧，以确保管材切削能顺利进行。

(2) 所焊管件、管道端面的氧化层等杂质通过切削清除干净，必须确保待焊接端面光洁平整、无碎屑杂质；两对接焊端面的轴线对中，错口值满足技术标准的要求，管道对口的质量应符合质量标准的规定值。

(3) 管道对接加热温度宜控制在215～235℃之间，冬夏季节施工时，加热板的加热时间是不一样的，一般以两端面熔融长度为1.0～2.5mm为佳；当达到规定的加热温度后，及时把加热板移开，为保证管道熔融焊接质量，应迅速让两热融端面黏合并加压，切换时间越快越好。

(4) 将PE管熔融对接，应始终确保对接过程处于规定的熔融压力下进行，卷边宽度宜控制在2.0～4.5mm，要精准控制熔融的时间；在保持对接压力恒定的情况下，让接口缓慢冷却到手摸卷边生硬、感觉不到热为准。

(5) 各单元布水管施工完成后，项目部应及时进行现场三级质检，三级质检验收合格后方可向监理提出隐蔽验收申请，监理验收签字后，施工人员才能进入下一道工序的施工。

4.6 满水试验

4.6.1 进水

各单元进水采用离心式抽水泵，按施工顺序，每完成一个单元的防渗膜施工，在具备试水条件下马上进行试水试验。进水时，根据各单元的挡墙高度，控制进水高度在挡墙顶面以下200mm为宜。进水时，要时常检查进出水口是否存在未封堵严密的情况，一经发现，须立即停止进水重新封堵。

4.6.2 满水试验

各单元按要求进水完成后，在隔墙上做好初始的水位标高线，采用彩色油性笔标记。然后每隔2～3h测量一次，查看水位降低情况。查看时间为24h，测读水位的初读数与末读数之间的水位差。每读数一次均及时记录，做好隐蔽签证。

4.7 球形网罩安装

生态潜流湿地球形网罩采用SUS304球形保护网罩，直接采用自攻螺丝固定在布水立管顶部，在球形保护网罩安装固定完成后，用少量覆盖层砾石对球形保护网罩周边进行覆盖，以防止砾石堆积堵塞布水立管出水口，从而影响生态潜流湿地水质净化效果。

5 工程效果

该施工技术应用于公司承建的三个水环境综合整治工程中的人工生态湿地项目，均达到合同规定的功能及使用效果，水质从一级B提升到地表Ⅳ类水，实现了河道流域治理目标，在质量、生态环境及社会效益方面效果良好。排水层、过渡层、主滤层等多层不同级配滤料增加了滤料层的截污容量，延长了过滤周期；通过双层管道垂直流布水，实现了均匀出水，减少了管道堵塞；人工湿地中搭配种植美人蕉、千屈菜、再力花、旱伞草、水葱、灯心草等水生植物，达到了和谐自然的生态景观效果，实现了湿地生物多样化及生态功能提升。

6 结语

人工生态潜流湿地主要利用填料、植物、微生物的物理、化学、生物三重协同作用进行污水处理，与景观绿化相结合，维持生物多样性的同时也为周边居民提供休憩游玩的场所，具有较高的生态及社会效益。

针对人工生态潜流湿地的特点，对土工布/防渗膜施工、集水管施工、填料施工、布水管施工等关键工序提出了科学合理的施工技术措施，实现了人工生态潜流湿地的优质高效施工，高标准满足了湿地功能和使用要求。

深大基坑BIM安全监测与施工技术研究

吴应君　师进宝/中国水利水电第五工程局有限公司

【摘　要】本文以某污水处理厂为例，利用工程数据模拟，对基坑安全进行数据监测，为安全施工创造先决条件，更为后续相关市政工程提供有益借鉴。

【关键词】BIM应用　深大基坑　支护方案　基坑监测

建筑信息模型（Building Information Modeling，BIM）是建筑学、工程学及土木工程的新工具。随着城市建设规模的日益扩大，这项技术因其独特的三维数字化设计效果，正逐渐被广泛运用于建筑工程领域。本文以周边空余施工区域紧凑的深大基坑为案例，建立建筑信息模型，通过其所展现的三维立体化效果，为解决周边环境保护、地下水污染防治、支护结构冲突及邻近建筑物安全等重点和难点问题创造了有利条件。根据基坑支护和土方开挖等过程及筏板浇筑期间的实测数据分析，得出与此类工程相关的有意义的结论，为后续类似工程的建设提供有价值的参考。

1　工程概况

该基坑工程位于某城市近郊区域，地下二层，基坑周长约为760m，开挖深度为6.65～16.05m。拟建污水处理厂东南侧边线距已建另一污水处理厂外墙12.5m，北侧距河道边坡36m，西南侧距乡间道路40.8m，距用地红线4.3～11.4m。周围为现有居民集聚村落，场地南侧紧邻水泥道路，交通方便。场地地形现状略有起伏，场地标高489.6～501.5m，最大高差11.832m。地貌单元属岷江水系Ⅱ级阶地。总体来讲，多余施工空间不大，无法采用大面积放坡开挖的方式进行基坑开挖，故而采用支护桩进行支护。

基坑安全等级为一级，基坑使用年限不超过1年。基坑开挖影响范围内，土层自上而下依次为杂填土、素填土、粉质黏土、卵石、砂质泥岩及强风化、中分化砂质泥岩。项目支护体系为放坡、悬臂桩、双排桩及锚拉桩等多种方式的联合支护形式。

在地下水控制方面采取以下措施：①基坑桩外顶至截水沟间均采用C15素混凝土封闭，厚度不小于80mm；②基坑支护桩顶地坪平台均采用C15素混凝土封闭，厚度不小于80mm；③基坑支护桩坡顶均设置截水沟，坑底设置排水沟，截水沟断面40cm×40cm；④排水沟截面尺寸为30cm×30cm，基坑边缘原状土有坡度的截水沟坡度按原状土坡度放坡，基坑无坡度则截水沟按纵向3%流入市政管网，排水沟每隔50m布置一个400mm×500mm×500mm的集水井；⑤桩间护壁设置泄水孔，竖向间距2.0m，水平间距同桩间距。

2　支护结构设计

2.1　支护选型

综合考虑工程地质与水文地质条件、基坑开挖深度、周边环境、基坑周边荷载等因素，根据图纸要求，采用钢筋网片锚喷支护形式，且由于基坑场地标高及基坑底标高变化较大，因此划分为9个施工段。各设计分段分别设置桩顶标高，基坑施工前，各分段支护桩边界线外10m范围内平整至该段设计桩顶标高后再进行支护桩施工。

2.2　支护剖面

支护平面布置见图1，具体支护分段措施及相关参数见表1。

2.3　施工工艺

2.3.1　支护桩施工工艺

支护桩施工工艺流程：表面平整→桩位放线→钻机就位→钻井至设计孔深→提钻、清孔→吊放钢筋笼→安装混凝土导管→浇筑混凝土至桩顶标高→桩身养护→凿桩头→冠梁施工。现场局部上层土质疏松，可采用埋设护筒施工。

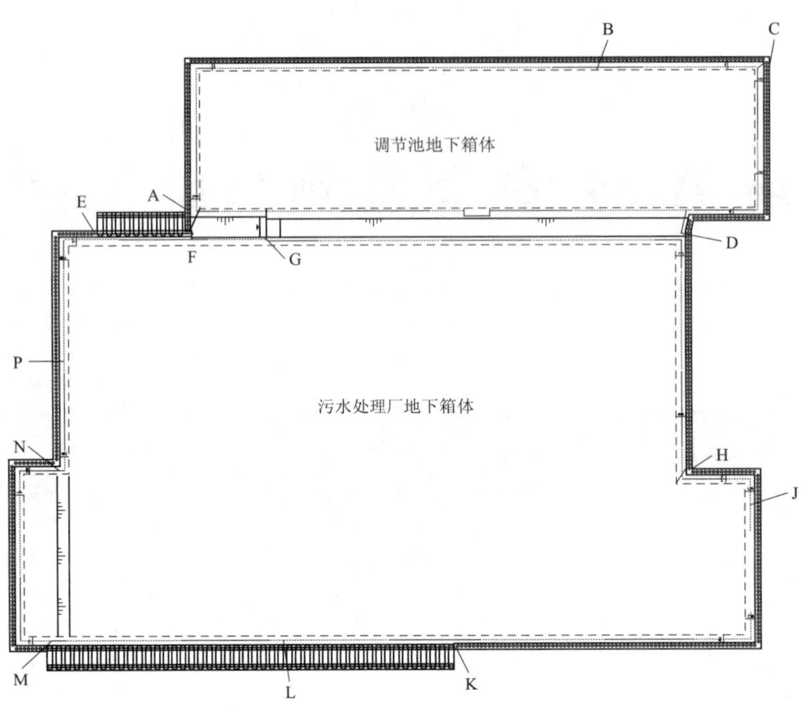

图1 支护平面布置图

A～P—施工分段点

表1 支护分段措施及相关参数

范围	支护形式	地面标高/m	基底标高/m	基坑深度/m	桩长/m	桩径/m	桩间距/m	数量/根
AB段	悬壁桩支护	498.9	493.6	5.3	15	1.2	1.8	87
BC/CD段	悬壁桩支护	498.9	493.6	5.3	14	1.2	1.8	63
EF/FA段	双排桩支护	498.9	485.8	13.1	25	1.5	2.3	21
DH段	锚拉桩支护，双排锚索	498.9	484.4	14.5	22	1.5	2.3	31
HJ/JK段	锚拉桩支护，双排锚索	498.9	486.5	12.4	19	1.5	2.3	64
KL/LM段	双排桩支护	498.9	483.65	16.05	26	1.5	2.3	92
MN段	锚拉桩支护＋高压旋喷桩，单排锚索	498.9	490.2	8.7	18	1.5	2.3	31
NP段	锚拉桩支护＋高压旋喷桩，双排锚索	498.5	485.8	11.15	20	1.5	2.3	15
PE段	锚拉桩支护＋高压旋喷桩，双排锚索	498.9	487.75	11.15	18	1.5	2.3	21

2.3.2 桩间喷护施工工艺

桩间喷护施工工艺流程：测放基坑开挖上口线→分层按土方开挖→桩间土清理→桩间加固→锚索施工→重复以上工序直到设计深度。当土层开挖至卵石层时，桩间土清理完成后，应先喷射一层混凝土，再进行挂网和打入锚杆，防止卵石侧壁垮塌。

2.3.3 预应力锚索施工工艺

预应力锚索施工工艺流程：放线定孔位→锚索钻机就位→钻进成孔→安放锚索及止浆塞（注）→注浆→养护安装腰梁、台座→安装锚头张拉锁定。

2.3.4 高压旋喷桩阻水帷幕施工工艺

高压旋喷桩施工工艺采用双管法。先用空气潜孔锤引孔，采用套管护壁法钻进成孔，钻孔孔径应大于喷射管外径20mm以上，孔位偏差不得超过50mm，倾斜不得超过1/100。成孔后再高压旋喷注浆，在起拔套管前应向孔内注满泥浆护壁。制浆材料的称量误差应不大于5%。水泥浆的搅拌时间，使用高速搅拌机应不小于30s，使用普通搅拌机应不少于90s。水泥浆自制备至用完时间不应超过4h。浆液应在过筛后使用，并定时检测其密度，检测时间间隔可为15～30min。低温季节施工应做好机房和输浆管路的防寒保温工作。浆液温度应保持在5～40℃。

双管法施工工艺压力控制建议如下：气压0.8～1.0MPa，流量1.0～1.4m^3/min；水泥浆液流压力

28.0MPa，流量100～140L/min，旋喷提升速度13～23cm/min；具体数据由现场试验及施工经验确定。下喷射管前，应进行试喷，正常后再下喷头。当喷头下至设计深度，应先按规定参数进行原位喷射，待浆液返出孔口、情况正常后方可提升喷射。喷射过程宜全孔自下而上连续作业，途中需拆卸喷射管时，搭接段应进行复喷，复喷长度不得小于0.2m。高压喷射过程中，出现压力突降或骤增、孔口回浆密度或回浆量等异常情况时，必须查明原因，及时处理。该场地地层下部卵石土较为坚硬、密实，且局部含有较多漂石、块石，高压喷射流可能受到阻挡或削弱，冲击破碎力和影响范围急剧下降，处理效果可能达不到设计要求，因此正式施工前应预先进行现场试验。

2.3.5 土方挖运施工工艺

首先，土方开挖应配合锚索和桩间支护施工，至坑底设计标高以上300mm后，停止机械开挖；其次，土方开挖时应该密切监测基坑变形。土方开挖单位必须密切配合基坑变形监测单位，遇到变形异常情况立即停止开挖，组织监测和设计等技术单位共同商量对策。如果变形突变或者接近、靠近警戒值，应及时向业主、监理汇报，并将现场工人撤离，与业主、监理、设计、地勘各方共同协商加固措施；最后，进行二次收土及垫层施工。土方挖至坑底标高前，根据技术要求量测标高，留出需人工清理的基土，保证地基土不受干扰。开挖至坑底标高300mm以上时停止机械开挖，由人工清理基底土方。

2.4 地表封闭和排水处理

基坑顶采用C15混凝土封闭，素喷厚度150mm，宽度硬化至围墙范围，做法同桩间网喷，以免地表水下渗。地表基坑边砖砌排水沟内侧及底侧抹灰。

2.5 应急预案

对基坑变形监测的信息进行及时收集分析，并以图表的方式将结果予以汇总。由于监测都是连续的，一般来说，在险情出现以前，监测数据会有所反映，完全可以避免出现险情后再来采取措施。在基坑开挖过程中，一旦某个部位监测数据急剧变化，应放慢土方开挖速度或停止开挖，用挖掘机回填至安全高度，待处理后，再进行下一步支护工作，并加大监测频次，分析原因。当监测值超过警戒值时，应立即停止基坑开挖，采取锚拉或支撑等应急措施进行处理。

3 BIM技术应用于深基坑安全监测

3.1 应用概述

建立深基坑监测BIM模型，在基坑工程施工过程中，利用BIM技术的多维可视化、施工模拟、全参数化的优势，按照监测方案中的监测要求和监测类型在模型中布置变形监测点，并添加参数信息，将工程变形监控数据与模型进行关联，利用多维可视化BIM技术，实现基坑模型的实时监控，并根据监测点的参数数值变化模拟实现基坑监测的预警功能，从而实现对深基坑工程安全的智能监控，污水处理厂灌注桩BIM模型见图2。

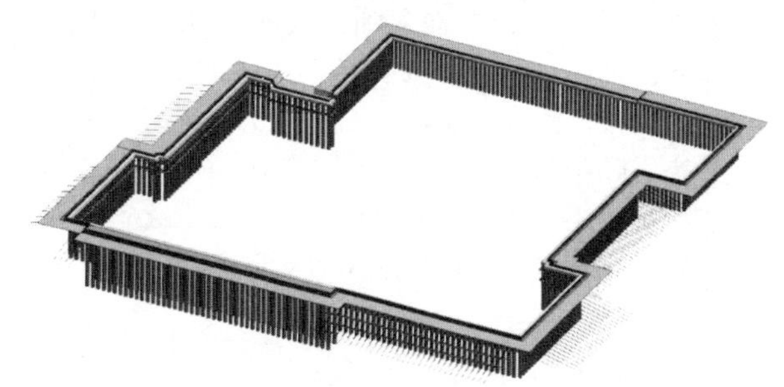

图2 污水处理厂灌注桩BIM模型

3.2 施工模拟

该深基坑工程的施工模拟顺序：第一步，平整场地、定位放线、施工围护旋挖桩、工程桩、立柱桩；第二步，进行坑内降水并施工格构柱；第三步，开挖基坑土方至第一道混凝土支撑后施工顶圈梁和混凝土支撑；第四步，待第一道混凝土支撑达到强度，开挖基坑土方至第二道混凝土支撑底，施工腰梁和第二道混凝土支撑；第五步，待第二道混凝土支撑达到强度后开挖基坑至坑底标高。依据初定的施工方案，编制施工计划，利用数据源将施工计划导入时间线工具中，在Navisworks软件中添加岩土体及支护结构的场景动画并附着选择集合及动画，调试模拟，导出模拟文件，通过深基坑工程施工模拟，进行碰撞检查，预测危险源，提高深基坑工程施工的安全性。

3.3 监测应用

基坑支护工程风险性相对较高，基坑的安全性受诸多不确定因素的影响。在该基坑工程基坑开挖施工过程中，该项目通过监测和现场观察，得到大量相关数据并及时分析处理，严密观测险情的发生与否或险情的发展动向。基坑监测的最终目的是实现深基坑工程的信息化施工，因此在对深基坑支护工程进行监测并获得准确的数据之后，再对所得数据进行定量分析与评价，及时进行险情预报，提出合理化措施与建议，并进一步检验加固处理后的效果，直至解决问题。早在前期策划之时，为防范可能发生的突发事件就已经制定了必要的应急措施。为检查施工质量和工程设计的正确性，并为有关地基基础与结构设计反馈信息，确保施工安全，应用BIM技术对基坑进行形变监测。在施工过程中发生裂缝时，BIM变形监测资料是分析其产生的原因、预测变形发展趋势以及研究加固或采取处理措施的重要依据。

BIM数据监测的内容包括基坑顶部变形监测（水平位移、垂直位移），深层水平位移监测，锚索应力监测，周边道路和地表沉降观测（垂直位移），以及地下水水位监测。

得出监测数据之后，对观测成果进行动态分析，如果变化值在正值和负值之间交替出现，可认定为监测误差，如果变量朝一个方向累加，则断定其为绝对位移量，即支护桩向基坑偏移量。该基坑工程在观测期间，支护桩和冠梁已完成施工，正在进行土方开挖和锚索施工。基坑实际监测情况是：变形量较小，基坑周边道路沉降变形量微小，各项监测数据累计值与变化速率均未达到报警值，基坑支护结构及周边环境安全可控。

4 成果分析

4.1 风险预估

相对而言，深基坑作业危险性很高，在实际作业之前采用信息化技术进行分析与控制是十分必要的。在安全风险控制方面，在深基坑支护的碰撞分析和施工监测等方面，BIM技术凭借其专业覆盖性和可视化效果强的优点，有着很大的优势。因此，BIM技术在实际施工管理的风险控制方面具有较大的实用性。

4.2 合理化分析

采用BIM技术作为施工组织设计辅助手段，将基坑四周环境、地形地貌及支护结构建立空间模型，可将工程实际三维可视化展示，既能解决支护构件的碰撞问题，又可在保证精确度的条件下统计工作量，以此来撰写材料方案并使施工工期合理化，在使工程项目顺利实施方面具有重要意义。本文工程案例中，通过对基坑的BIM监测数据进行分析，可在施工作业面有限的条件下合理分配作业区域，从而调整区域性作业的人、材、机，实现资源的合理化分配和充分利用。

此外，BIM技术可对已有设计结构进行可行性分析，判断已有结构是否符合设计规范和安全稳定性方面的要求。例如，该污水厂基坑项目，通过工程数据模拟，可知在部分区域采用双排桩的支护型式合理有效，部分区域作业需减小施工扰动，在基底高差较小的区域，采用悬臂支护的型式是可行性。

4.3 效益分析

效率方面。利用BIM技术进行施工技术交底，沟通协调效率提高20%；结合BIM技术对施工现场进行质量、进度和安全管控，项目管理效率整体提高15%。

成本方面。运用BIM技术提高工程量预估的精确度，在材料采购方面提出合理化建议；利用其可视化模拟的优势，优化施工方案，提高质量，节约成本。

组织协调方面。结合工程信息模拟的工程进展对比实际施工情况，业主与施工方可全面了解施工进度情况，提高组织协调效率，实现协同工作，推动整个项目快速、高质量发展。

5 前景展望

该基坑工程采用信息化模型（BIM）技术，相较于传统的施工模式，使基坑施工过程的动态管理更为便捷，在业主的质量和进度管控及施工单位的安全和操作性方面有明显的效益和优势。作为现代工程的助力，BIM技术的发展前景相当广阔。有必要在工程信息模型方面制定一定的技术标准，完善基于BIM平台的建模和计算软件及配套硬件设施，使BIM技术在深基坑工程中的应用范围更加广泛和深入。现阶段工程信息模型更多体现出基坑工程设计和施工阶段的优越性，并没有融入整个工程项目的生命周期，全过程的信息管理还未达到。当今时代信息数字化技术高速发展，这为BIM技术应用到整个工程的生命周期创造了先决条件，这也是工程信息技术在未来基坑工程中的发展前景和方向。

提高异地苗木移栽成活率的研究与实践
——以雄安新区白沟引河项目为例

郭小康/中国电建市政建设集团有限公司
曹盟盟/德州市农业农村局

【摘　要】 在园林景观、河道水利工程和绿化工程施工过程中，因供需矛盾、质量标准要求等因素，要从异地购置苗木补充当地所需，所以异地苗木移栽的成活率直接影响绿化工程的施工进度和景观效果。笔者以雄安新区白沟引河项目河道水利和绿化工程数据为参考，探究如何提高异地苗木移栽的成活率，为其他项目植物景观等绿化工程提供参考数据。

【关键词】 异地苗木　移栽成活率　绿化工程

随着城市的现代化程度越来越高，二氧化碳排放量日益增加，人们对城市绿化的需求也越来越迫切。为了更好地改善城市环境，各地都相继加大财政投入力度，改造河道水利和绿化工程，打造城市园林景观。而在城市绿化工程中，异地苗木移栽成活率是决定绿化园林建设是否成功的关键。本文以雄安新区白沟引河绿化项目为案例，通过工程现状及问题原因分析，找到解决问题的办法，提高异地苗木移栽成活率，实现生态效益最大化。

1　工程概况

白沟引河项目设计范围为大堤两侧约 200m 生态空间，利用植物的形、色、姿态进行艺术构图，塑造多样性群落，同时协调短期效果和长远利益。结合竖向设计，主要突出春秋季植物景观，并创造特色植物景观。设计堤线全长 13.2km，全线乔木 170 余种约 10 万株，地被灌木 110 余种约 52 万 m^2。苗木品种多、数量大，并且苗木均为异地采购，所以把控苗木质量、确保观感质量及提高苗木成活率是质量管控的重点和难点。

2　异地苗木移栽现状和原因分析

2.1　异地苗木移栽现状

2022 年 2 月 25 日，对 2021 年 10—12 月种植的苗木进行排查，发现成活率仅约 89%，低于政府及项目业主要求，苗木成活率自检排查结果见表 1。

表 1　　苗木成活率自检排查结果

项　目	数　量
种植苗木	37128 棵
死亡苗木	4085 棵
成活苗木	33043 棵
成活率	89%

针对现场苗木成活率低的情况，根据苗木不同类别，将全线苗木分为竹木、上木、中木、灌木、地被、水生植物六大类，分别对六类已种植的 37128 棵苗木进行进一步统计，结果见表 2。

表 2　　不同类别苗木成活率统计结果

序号	苗木类别	种植数量/棵	成活数量/棵	死亡数量/棵
1	竹木植物	10572	7614	2958
2	上木植物	6845	6528	317
3	中木植物	7458	7187	271
4	灌木植物	5985	5714	271
5	地被植物	3027	2847	180
6	水生植物	3241	3153	88
	合计	37128	33043	4085

对苗木死亡情况进行统计，统计苗木死亡的频数与频率，结果见表 3。

表 3　　苗木死亡的频数与频率统计结果

序号	苗木类别	频数（棵数）	累计频数（棵数）	频率/%
1	竹木植物	2958	2958	72.41
2	上木植物	317	3275	80.17
3	中木植物	271	3546	86.81
4	灌木植物	271	3817	93.44
5	地被植物	180	3997	97.85
6	水生植物	88	4085	100.00
	合计	4085	4085	100.00

对第六标段绿化工程竹木植物死亡情况进行深入调查，现场共有 2958 棵竹木植物死亡，根据现场竹木死亡原因，划分为根系死亡、主干死亡、枝叶死亡、病害死亡、虫害死亡五类，调查结果见表 4。

表 4　　竹木植物死亡情况调查结果

序号	品种	频数（棵数）	累计频数（棵数）	频率/%
1	根系死亡	2426	2426	82.01
2	主干死亡	217	2643	89.35
3	枝叶死亡	197	2840	96.01
4	病害死亡	105	2945	99.56
5	虫害死亡	13	2958	100.00
	合计	2958	2958	100.00

通过对以上调查结果进行分析，发现竹木植物死亡率占比达到 72.41%，而死亡最高的原因是根系死亡，占比达到 71.03%。如果采取办法将竹木植物成活问题解决 95%（按政府及项目公司最低要求），则苗木成活率将达到 95.2%，即

[37128－(4085－4085×72.41%×82.01%×95%)]÷37128=95.2%。

2.2　影响异地苗木移栽成活率的原因分析

一方面，苗木移栽需要依赖自然环境，异地苗木移栽更需要适宜的气候、土壤、水分等自然因素。另一方面，苗木移栽过程中的人为因素，如苗木运输、苗木种植、苗木施肥等，也会影响苗木移栽的成活率。

2.2.1　环境因素

由于城市绿化多样性的需要，很多园林景观及绿化工程都需要异地移栽苗木，而苗木受环境因素影响很大，如果新环境中气候、光照、土壤理化性质、降水情况等不适宜苗木生长，那么必定会降低异地苗木移栽的成活率。雄安新区白沟引河项目区存在土壤沙化现象，而引进的南方竹木需要土壤透气性好、光照充足和雨水充沛的气候，所以自然条件不适合。

2.2.2　人为因素

（1）根系保护不善。植物的根系是植物的营养器官，根系受损会导致移栽的苗木吸收不到足够的水分和营养，进而影响苗木移栽的成活率。在苗木起苗及运输过程中，由于人工或机械原因，稍不注意就会对苗木根部造成损伤，如果损伤严重则会造成病原菌感染，导致苗木移栽成活率低。

（2）养护管理不当。移栽后的养护管理是影响苗木成活率的关键因素，养护不当会导致苗木生长缓慢甚至死亡。在雄安新区白沟引河项目中，由于养护人员专业知识缺乏，培训不及时，对移栽的苗木管理不当，表现在对苗木的浇灌时间、浇灌量、浇灌频率没有按照科学方法控制；土壤施肥不合理，造成土壤肥力越来越差；病虫害防治不及时，化学农药施用不当使病虫害产生抗药性，提高了防治难度。

3　提高异地苗木移栽成活率的对策

移栽后需要加强对苗木的养护作业，根据苗木的生长特点进行合理的养护管理。本文主要从加强根部保护、科学灌溉、合理施肥、防治病虫害四个方面提出对策建议。

3.1　加强根部保护

苗木移栽前和移栽过程中要特别注意对其根部加以保护，保障苗木的存活率和未来的生长状态。苗木移栽前挖掘时，要注意苗木的根系，配备合理的挖掘设备和专业的工作人员，可以适当增加土球的范围，避免在移栽过程中由于碰撞造成根系裸露等情况。对根系还要进行喷洒水分及肥料，保证根部的湿润，提高移栽成活率。苗木移栽过程中对根部土球用草绳捆绑紧实，异地运输中也要注意及时喷洒水分，喷水要求细而均匀，保持根部及枝干的湿润性，减少高温和低温对苗木的伤害。种植前周围铺设草纸、报纸等形成根系周边的保水层，便于根系吸收水分。

3.2　科学灌溉

苗木灌水量过多会导致根部腐烂，过少则会导致苗木干旱缺水，需要根据实际需水量进行浇灌。雄安新区白沟引河项目主要采取了以下措施：

（1）设置灌溉管线。管道设置为环状管网，运用无人机倾斜摄影 GIS+BIM 技术，通过计算机辅助制图，为项目全线打造全三维模型，挑选沿线合适管道安装位置，专人到现场进行确认。

（2）选择水泵，连接管道。项目部在全线共设置 11 个泵站，分别布置在现场各处，并进行最高时、事故时平差结果分析，从流量、扬程、经济性可靠性考虑，最终选择 10SH－19A 型号泵站及配套设施。

（3）设置快速取水口。为方便取水进行浇水，在全线设置快速取水口，采用直插式取水口，确保栽植完成

后可以第一时间进行浇灌定根水。

3.3 合理施肥

土壤肥力是影响苗木移栽成活率的重要一环，肥力欠缺会影响苗木的生长，肥力过剩也会对苗木的根部造成伤害。施肥时要无机肥和有机肥混合施用，有机肥效果持久，主要施有机肥，而且大树移栽后第一年不能施肥，根据树的生长情况第二年早春和秋季施2～3次农家肥或叶面肥，以提高树体营养水平，促进苗木健壮。也可以为苗木“输液”，在树干上打孔，吊瓶向树体“输”营养液，包含多种微量元素、维生素和生长调节剂，特别是生长调节剂对于增强树体对逆境的抵抗有着较好的作用。

3.4 防治病虫害

异地苗木移栽后由于环境改变，抵抗力也变弱，特别容易受到病虫害的攻击，要采取措施进行科学有效的防控，降低病虫的损害，提高苗木成活率，主要措施如下：

（1）切断病虫害的传播媒介，将苗木周边的灌木、杂草等清理干净，减少周边环境病虫害的入侵。

（2）物理防治和化学防治相结合。物理防治绿色有效，不会对苗木正常生长造成不良影响，主要采用灯光诱杀技术，使用太阳能杀虫灯利用诱虫光源诱集昆虫，并利用高压电网或诱集箱及水盆等杀灭害虫。化学防治是治理病虫害的传统方法，见效快成本低，如定期喷洒多菌灵防治炭疽病，喷洒溴氰菊酯药物防治翅目类害虫，喷洒三氯杀螨醇防治螨类虫害。

（3）完善病虫害预警机制。定期监测病虫害的变化，如数量、种类有无增减，掌握动态规律，一旦发现病虫害问题及时治理，降低对苗木的损害，提高成活率。

4 结语

本次研究与实践，有效提高了苗木栽植的成活率，减少苗木二次更换产生的费用，同时也保质保量按照合同工期完成了项目，得到上级主管部门、地方人民政府、项目建设方和监理单位的一致好评，获得了良好的社会效益，可为国内类似工程提供借鉴和参考。

泡沫轻质土对治理公路工程桥台跳车的试验及应用

何升泽　赵仕秀/中国水利水电第五工程局有限公司

【摘　要】选用胶凝材料、水、发泡剂及一定比例的其他掺合物进行泡沫轻质土配合比试验，对泡沫轻质土的湿密度、流动度、抗压强度、沉降率等技术参数进行检测，通过对泡沫轻质土在津石高速公路工程桥背回填应用后进行性能及质量检测，认为泡沫轻质土可以有效治理公路工程桥台跳车现象。

【关键词】泡沫轻质土　桥背回填　治理桥台跳车

1　引言

桥台跳车是指桥台背、主桥与引桥软连接等过渡段，因填料不密实或填料荷载过大，地基的承受力不够，或雨水渗入等原因，产生不均匀沉降，桥台构筑物与台后填土衔接处出现差异沉降，使得路面形成台阶或显著纵坡变化，从而导致高速行驶的车辆通过台背处产生颠簸跳跃的现象。“桥台跳车”现象产生的直接原因是刚性桥台和柔性路堤在荷载作用下由于刚度的较大差异而引起的显著沉降差异导致的。本文通过研究泡沫轻质土配合比，采用泡沫轻质土和其他材料分别进行桥背回填，比对、检测回填后实体性能及质量，开展泡沫轻质土对治理公路工程桥台跳车的试验。

2　工程概况

津石高速津冀界至保石界位于河北省南部，起于河北省境内冀津交界的子牙河，津石高速七标起点桩号为K137+550～K156+560，全长19.01km，主要分布在博野县、安国市境内。主要施工内容包括主线路基17.76km、主线桥16座、8座匝道桥。根据以往经验，桥台跳车作为公路工程的通病之一，严重影响行车舒适性，降低车辆的行驶速度和道路的通行能力，是道路交通安全的重要隐患之一，损害了公路的社会效益和经济效益，治理桥台跳车病害有利于减少工后维修费用，降低后期公路维护维修费用。

3　泡沫轻质土配合比设计

3.1　原材料试验

(1) 水泥采用本标段曲阳金隅水泥有限公司生产的P.O42.5水泥，28天抗折强度8.1MPa，28天抗压强度44.6MPa；比表面积253m^2/kg，标准稠度27.4%；凝结时间，初凝179min，终凝248min。水泥所检各项指标均满足规范对P.O42.5水泥的要求。

(2) 粉煤灰选用石家庄市华石天泉工贸有限公司生产的F类Ⅱ级粉煤灰，细度26.0%，烧失量6.4%，需水量比98%，SO_3含量2.3%。粉煤灰所检项目均符合规范要求。

(3) 发泡剂采用重庆黑曜科技有限公司生产的界面活性类HY-F100发泡剂，标准气泡群密度在49.7kg/m^3，标准气泡柱静置1h沉降距1.0mm，标准气泡柱静置1h泌水量20.6mL。发泡剂所检指标满足外加剂规程的要求。

(4) 拌和水采用与拌和站同一水源的拌和用水，其中碱含量220.43mg/L，氯化物（以Cl^-计）197.76mg/L，硫酸根离子含量258.59mg/L。检测结果符合规范对水质的要求。在拌制过程中严禁含酸性物质和油污的水掺入发泡剂中，以免发生化学反应，影响发泡剂的发泡效果和气泡稳定性。

3.2　泡沫轻质土配合比设计要求

根据津石高速专项施工方案中关于泡沫轻质土的具体要求，将用于台背回填的泡沫轻质土分为离路面结构底面距离为0～0.8m以及大于0.8m两种不同的泡沫轻质土，结合规范要求，泡沫轻质土配合比技术指标见表1。

表1　泡沫轻质土配合比技术指标

序号	离路面结构底面距离/m	施工湿密度/(kg/m³)	28d设计强度/MPa	28d配置强度/MPa	最少胶凝材料用量/kg	流动度/mm
1	0～0.8	550≤R_{fw}≤600	≥1.0	≥1.05	340	160～200
2	>0.8	500≤R_{fw}≤550	≥0.8	≥0.84	290	

3.3　泡沫轻质土配合比试拌

根据不同水胶比、不同发泡剂掺量、不同粉煤灰掺合料掺量对泡沫轻质土的影响，采用抗压强度作为评价指标进行试验验证。

3.3.1　不同水胶比对泡沫轻质土抗压强度的影响

为了研究不同的水灰比对泡沫轻质土抗压强度的影响，选用0.50～0.70等5个水灰比，得到水灰比与抗压强度的关系（见表2）。

表2　不同水胶比与泡沫轻质土抗压强度结果

水灰比	水泥/(kg/m³)	水/(kg/m³)	发泡剂/(kg/m³)	抗压强度/MPa
0.50	340	170	34	1.57
0.55		187		1.46
0.60		204		1.34
0.65		221		1.25
0.70		238		1.18

根据表2检测结果可以看出，随着水灰比的增大，泡沫轻质土的抗压强度逐渐降低。在水灰比为0.50～0.60时抗压强度下降速率较大，但水灰比在0.60之后抗压强度下降速率则很小。

3.3.2　不同发泡剂掺量对泡沫轻质土抗压强度的影响

发泡剂对于泡沫轻质土有着重要的作用，其掺量较小或较大都会对泡沫轻质土的制备和其性能造成很大的影响，为了研究发泡剂掺量对泡沫轻质土产生的影响，选取8.0%～13%等6个不同的掺量，分析了不同掺量的发泡剂对抗压强度的影响（见表3）。

从表3中可看出，随着发泡剂掺量的增加，泡沫轻质土的抗压强度有逐渐降低的趋势。这主要是由于发泡剂掺量越大，同样条件下产生的泡沫数量就越多，制备出来的泡沫轻质土的空隙数量就越多且越大，导致密实度严重下降，从而导致泡沫轻质土的抗压强度下降。

3.3.3　不同粉煤灰掺合料掺量对泡沫轻质土抗压强度的影响

为了研究不同掺合料及其掺量对泡沫轻质土抗压强度的影响，本文采用粉煤灰为掺合料，分别比较分析了5种掺量条件下的抗压强度大小（见表4）。

表3　不同发泡剂掺量时的泡沫轻质土抗压强度试验结果

发泡剂掺量/%	水泥/(kg/m³)	发泡剂掺量/(kg/m³)	抗压强度/MPa
8	340	27.2	1.49
9		30.6	1.36
10		34.0	1.28
11		20.4	1.22
12		40.8	1.17
13		44.2	1.12

表4　不同掺合料比例时的泡沫轻质土抗压强度试验结果

外掺料比例/%	水泥/(kg/m³)	粉煤灰/(kg/m³)	水/(kg/m³)	发泡剂/(kg/m³)	抗压强度/MPa
5	323	17	221	34	1.31
10	306	34			1.25
15	289	51			1.21
20	272	68			1.18
25	255	85			1.11

从表4检测结果可以看出，随着粉煤灰掺量的增加，泡沫轻质土的抗压强度呈现逐渐下降的趋势，且在掺量较小时都表现出了较大的抗压强度；掺粉煤灰对应的泡沫轻质土的抗压强度满足了规范中泡沫轻质土在公路路床的最高强度要求（0.8MPa）。这是由于矿粉和粉煤灰中都含有一定量的活性SiO_2和Al_2O_3，可以与水泥水化过程中生成的氢氧化钙发生反应，产生较小碱性的硅酸钙，起到了增加黏结的作用。

3.4　泡沫轻质土配合比确定

根据上述不同水胶比、不同发泡剂掺量、不同粉煤灰掺量对泡沫轻质土的力学性能影响，依据离路面结构底面的距离对配合比进行计算，选用相应胶凝材料掺量：

（1）对于离路面结构底面距离0～0.8m高度，即抗压强度q_c≥1.05MPa泡沫轻质土配合比，选用0.65水胶比，发泡剂掺量按10%添加，为满足施工湿密度要求（550kg/m³≤R_{fw}≤600kg/m³），粉煤灰掺量按照10%、20%、25%进行试验，检测结果见表5。

（2）对于离路面结构底面距离>0.8m高度即抗压强度q_c≥0.84（MPa）泡沫轻质土配合比，选用0.65水胶比，为满足施工湿密度在500kg/m³≤R_{fw}≤550kg/m³之间，发泡剂掺量按12%添加，粉煤灰掺量按照5%、10%、15%进行试验，检测结果见表6。

表 5　离路面结构底面距离 0～0.8m 时泡沫轻质土配合比试验结果

编号	水泥 /(kg/m^3)	粉煤灰 /(kg/m^3)	水 /(kg/m^3)	发泡剂 /(kg/m^3)	流动度 /mm	湿密度 /(kg/m^3)	抗压强度 /MPa
1	306	34	221	34	165	595	1.23
2	272	68	221	34	170	590	1.19
3	255	85	221	34	175	592	1.14

表 6　离路面结构底面距离大于 0.8m 时泡沫轻质土配合比试验结果

编号	水泥 /(kg/m^3)	粉煤灰 /(kg/m^3)	水 /(kg/m^3)	发泡剂 /(kg/m^3)	流动度 /mm	湿密度 /(kg/m^3)	抗压强度 /MPa
1	275	15	189	35	165	515	1.16
2	261	29	189	35	170	511	1.07
3	246	44	189	35	175	510	0.90

根据表 5、表 6 配置的泡沫轻质土配合比检测结果，结合现场施工技术及经济效益，最终选定推荐配合比见表 7。

表 7　泡沫轻质土配合比试验结果

编号	离路面结构底面距离/m	胶凝材料/(kg/m^3)		水 /(kg/m^3)	发泡剂 /(kg/m^3)
		水泥	粉煤灰		
1	0～0.8	272	68	221	34
2	＞0.8	261	29	189	35

注　施工现场应在拌和站预制水泥浆，现场加气泡进行浇筑。

4　工程应用情况及效果

4.1　泡沫轻质土的质量控制

采用泡沫轻质土配合比进行桥背回填，施工现场浇筑设备包括发泡设备、搅拌设备、泵送设备。浇筑设备的生产能力和设备性能应满足连续作业要求；搅拌设备应具备水泥、水以及其他材料的配料与计量功能；搅拌设备的计量偏差均控制在±1%之内。

发泡剂及时与水泥浆混合均匀，确保泡沫与水泥浆的适应性稳定。新拌泡沫轻质土在泵送设备的停留时间不得超过 1h。同一区段上下相邻浇注层，当施工期气温不低于 15℃，最短浇筑间隔时间可按 8h 控制；否则，浇筑间隔时间应不低于 12h。泡沫轻质土单个浇注区浇筑层的浇筑施工时间应控制在 2h 内。应沿浇筑区长轴方向自一端向另一端浇筑；如采用一条以上浇筑管浇筑时，则可并排地从一端开始浇筑，或采用对角的浇筑方式。浇筑过程中，当需要移动浇筑管时，应沿浇筑管放置的方向前后移动，而不宜左右移动浇筑管；如确实需要左右移动浇筑管，则应将浇筑管尽可能提出当前已浇筑轻质土表面后再移动。浇筑过程中，浇筑管出料口尽可能置于当前浇筑面以下；在扫平表面等其他情况下，浇筑管出料口离当前浇筑面的距离不宜高于 1.5m。

泡沫轻质土浇筑区顶面浇筑至设计高程后，则应采用塑料薄膜进行表面覆盖，对轻质土路基进行保湿养护；或者采用无纺土工布覆盖结合洒水的方式养护。养护时间不低于 7d。在轻质土路基顶部路面施工前，严禁其上行驶工程机械；局部地段无法回避时，应在合适位置铺设厚度不小于 50cm 的临时保护层或采用钢板覆盖的方式作为临时便道，以供工程机械行驶。

采取上述质量控制措施，2019—2020 年津石高速七标共计 7 座桥台背采用泡沫轻质土进行施工，共计施工 15030m^3，施工过程中检测泡沫轻质土流动度、湿密度及抗压强度 185 次，检验结果均能满足规范及设计要求。流动度、湿密度及抗压强度检测结果汇总见表 8。

表 8　泡沫轻质土流动度、湿密度及抗压强度检测结果汇总表

编号	离路面结构底面距离/m	组数	流动度/mm			抗压强度 /MPa			湿密度 /(kg/m^3)		
			平均值	最大值	最小值	平均值	最大值	最小值	平均值	最大值	最小值
1	0～0.8	185	167	184	163	1.16	1.39	1.07	584	596	568
2	＞0.8		162	188	167	1.01	1.21	0.98	527	540	512

4.2　泡沫轻质土应用效果

（1）常规改良土回填施工周期大约为 3 个月，采用现浇泡沫轻质土回填施工周期仅为 10d，降低了桥头台背回填施工的时间成本。较常规路基土填筑，泡沫轻质土施工准备期短，常规路基填筑经常需要大量修筑施工便道，而泡沫轻质土填筑施工通过管道泵送实现垂直填筑，施工作业面小，可不修或少修施工便道；泡沫轻质土施工可每天连续进行，不会因碾压问题而间断路基填筑，施工质量较易控制，可靠度高。

（2）杜绝常规回填的粉尘污染。泡沫轻质土在高速公路跨线大桥工程的运用中，施工现场采用拌和站预制水泥浆，现场加气泡后进行浇筑，避免了水泥浆现场搅拌与灰土拌和、摊铺及碾压，进一步减少施工对环境的污染。

（3）避免了桥头路基沉降。泡沫轻质土因为流动度高、轻质、固化后自立性好，且容重和抗压强度可自由调节，不仅可以减少路基回填部分的自身压缩变形，还减少了地基附加应力，降低了地基沉降变形，使桥台与路基结合部及过渡段满足连续、均匀沉降要求，解决了桥头跳车难题。

5 结语

在津石高速七标桥台回填过程中使用泡沫轻质土填料，在确保回填质量的同时，依靠泡沫轻质土的轻质性、自立性、良好的施工性以及填筑速度快、工后沉降小的特性治理了桥头跳车病害，降低了公路后期维护费，提升工程质量，为后续津石高速工程顺利交工验收提供保障。

中国水利水电标准在蒙古额尔登布仁水电站的实践应用

韩振方　杨井国/中国水利水电第十一工程局有限公司

【摘　要】为推广中国标准在国外水电站中的应用，在蒙古额尔登布仁水电站的补充协议谈判中，针对本工程的面板堆石坝主要建筑物工程，对中国标准与国外标准的差异进行了对比，阐述分析了中国在高寒地区建设面板堆石坝的经验和优势，成功将工程建设标准由国际标准改为中国标准。本文可为后续类似海外水利水电工程建设标准相关研究及应用提供建议。

【关键词】中国水电标准　国际标准　对比分析　水电站　面板堆石坝

1　引言

随着我国综合国力的显著提升，我国建设了三峡、溪洛渡、向家坝、糯扎渡、乌东德、白鹤滩等一大批超大规模的水电站工程，并且在水利水电先进技术方面取得了很大成绩，具有国际领先水平。在经济全球化背景下，中国实施走出去战略，发起了“一带一路”倡议，中国水利电力企业在海外的水电工程建设比例越来越大。

但由于历史原因，国际标准、欧美标准是国际工程主流的技术标准。中国标准在国际上的推广起步晚、影响力弱、认可度和应用程度低，因为长期以来中国水利水电标准只在国内使用，很少考虑中国标准国际化发展需要，因此中国企业在海外项目大多数采用国际标准，给中国企业开展海外工程建设带来了一定的挑战和困难。

因此，国务院出台了一系列政策措施，明确要求加快推进中国标准国际化，使海外国家了解、认可和使用我国标准，实现中国标准的影响力提升，采用中国标准建设海外项目成为我国企业参与海外工程项目竞争的优势，促进我国在国际竞争中赢得主动权。

2　项目背景

额尔登布仁水电站位于蒙古国西部科布多省，工程任务主要为发电，可研设计水电站总装机容量90MW。电站枢纽建筑物由砂砾石面板堆石坝、左岸泄洪底孔和表孔、左岸取水口、左岸引水隧洞及地面发电厂房等组成。该水电站项目投资总额的95%来自中国进出口银行贷款，其余5%来源于蒙古国自筹。

关于项目建设标准，蒙方业主表示项目招标文件以国际标准开展，希望在建设过程中继续沿用国际标准。为了中国标准走出去、加快推进中国标准国际化，在后续的补充协议谈判中，我方坚持将项目建设标准由国际标准改为中国标准，并在同蒙方的谈判中，从中国标准和国际标准在本工程中的对比、中国在高寒地区建设面板堆石坝的国际领先技术水平等方面分析，最终成功将建设标准由国际标准变更为中国标准。

以下，本文将从中国标准在国际工程上使用的困难、中国标准和国际标准在本工程中的对比情况、中国目前在水利水电行业中的国际领先技术水平、中国标准和技术在本工程中的特点和优势等方面加以阐述。

3　中国标准在国际工程中使用的困难

中国近些年虽然在大型水电站建设方面取得了国际先进水平，中国水利水电标准也覆盖面广、专业门类多、功能序列全，但采用中国标准建设的海外水利水电工程还比较少，主要原因是国内外社会环境差异，中国标准文本的英文翻译不足，项目专业化的翻译人员不足，中外标准体系不对应，标准编制理念与定位不同等。

（1）国内外环境差异。国际间政治、经济、历史文化环境千差万别，开放程度和法律的完善程度各不相同，西方经济长期在世界经济中占主体和统治地位，特别是部分欧美国家针对知识产权和对外贸易制定了一些排他性条款，相当领域内仍以欧美标准为主导，中国标准在推广应用中遇到较大困难。

（2）中国工程建设标准外文版本不成体系，目前大多数中国标准只有中文版，国内虽有不同行业领域的标准外文版，但翻译版年代陈旧，缺少权威部门翻译的外文版，同时缺少成套的、形成体系的外文版标准。业主聘用的咨询工程师或项目管理公司对中国技术标准不甚了解，中方设计人员又提供不了系统的外文版设计标准，双方很难达成一致意见。

（3）工程项目建设过程中懂工程的专业翻译人员不足，目前的翻译人员基本是外语专业毕业而不精通工程专业技术，而工程专业技术人员对外语又不精通，造成了技术文件翻译、与业主日常沟通过程中存在专业术语表达错误、不符合外文常用表达方式等问题，造成国外业主人员对中国标准不理解甚至误解的现象。

（4）中外标准的编制理念和体系存在较大差异，造成中国标准与国际标准相对应的技术条款内容分散，不易查找和对照分析。中国水电标准体系完整，水电项目涉及的每个主要建筑物均有专用的设计标准，对单个建筑物的设计进行了系统的规定，方便使用以及查询。美国垦务局标准等国际标准也有自己的完整体系，但是内容较为分散，在标准编制理念上以集约化为主，需要从多本规范或者著作中查询，需要查阅的资料众多。

（5）中国水利水电标准分为推荐性标准和强制性条款，两者结合使用；美国垦务局标准等国际标准一般不具有强制性。中国规范中对面板堆石坝设计的相关条款规定更为严格细致，且规范的章节组织、条文及说明等更为清晰、合理，可在设计时直接方便使用，但其相关条款较为刚性，一般只提要求和具体做法，对其内在原理、方法等的解释相对较少。美国标准的编写风格则有较大差异，其以原则、原理及方法的讲解阐述为主，刚性条款相对较少。

4　中国标准和国际标准在工程中的对比

国际水电标准主要有中国标准、美国标准、欧洲标准以及其他标准，其中中美两国的标准完整、系统并且各成体系，是两种主要的国际水电标准体系。中美标准是在基本相同的理论基础上，在不同的建设管理体制下产生的两种不同的且自成完整体系的水电工程的勘测、设计、施工及监测标准。中美两国在各自不同的两种标准体系下都建设了数万个水电工程项目，其中，中国国内截至2019年年底已建成30m以上坝型与额尔登布仁水电站相同的混凝土面板坝324座，正在建设中的30m以上混凝土面板坝98座，所建设的工程能够保证安全长久运行，为国家经济建设和民生保障提供了重要的电力能源。

额尔登布仁水电站大坝为面板堆石坝，在与蒙方业主的谈判中，主要以面板堆石坝的中外标准对比为切入口，使蒙方充分了解中国标准的各方面优势：中国标准和国际标准只是编制体系不一样，但是在物理学、力学基础等计算公式上是一致的；中国在面板堆石坝方面的建设技术处于世界领先水平；充分介绍在我国的新疆、东北等与额尔登布仁水电站同纬度的极寒地区已建设的面板堆石坝工程经验。充分使得蒙方业主了解并接受了中国标准。

4.1　中外标准理论基础一致，细微差异对建筑物安全运行没有影响

中国水电设计标准，初期借鉴和参考了苏联标准，在20世纪90年代后又吸取了欧美标准的精华。土建工程设计全球所有标准的物理学、力学基础理论都是一致的。但水电站的设计除了采用完整的理论公式计算外，还存在一些经验性系数和经验性公式，这些经验系数和经验公式各个国家之间或者行业协会之间均有差异，其中同为美国的垦务局和陆军工程兵团使用的经验公式和系数即存在差异，中国的水利行业与水电行业之间也存在差异。这些小的差异会导致一些具体的做法或者单体结构尺寸之间存在一些小差别，但是对最终形成的建筑物整体影响很小，对建筑物的功能实现以及长久安全可靠运行没有影响。

两个体系的标准虽然在表述形式上存在一定差异，在某些具体的规定上存在一定差异，但是在保障结构安全、保护环境、节约投资、保障项目有效运行本质要求上并没有差异。也就是说，无论是采用中国标准还是采用美国标准，均能建设成合格的水电工程，在与之配套的项目运行管理体系下，均能保障项目长久安全运行。

4.2　中外标准对比，中国水利水电技术目前处于世界领先水平

额尔登布仁工程大坝为混凝土面板砂砾石坝，大坝设计中国规范有专门的《混凝土面板堆石坝设计规范》（DL/T 5016—2011）和《碾压式土石坝设计规范》（DL/T 5395—2007），美国标准中没有专门的面板坝设计规范，对应的美国标准分散在美国垦务局出版的《输水系统及填筑坝设计标准》、《填筑坝》、《小坝设计》以及美国陆军工程兵团出版的《土坝和堆石坝的设计与施工考虑》（EM1110-2-2300）等设计手册中。

欧美主要水电建设在20世纪60—70年代之前已经完成，形成的主要规范和设计手册基本是20世纪90年代之前的版本，虽然现在仍具有设计指导意义，但是其内容并没有整体体现近50年的全球水电行业建设以及研究成果。美国没有专门的面板堆石坝规范，面板堆石坝设计需参考多项相关标准，这些规定更注重设计方法及原则，要求具体工程具体分析。在美国现有的文献

中，面板堆石坝被列入填筑坝中，但没有详细的技术规范，只是停留在坝型选择等层面上。

近20年来，中国开展了大量的基础建设投资，新建了大量水电站，多座坝高超过200m的水电站相继建成并投入运营，中国水电行业及时进行了技术和经验总结，吸收了建设过程中的经验和教训，并及时对规范进行了大范围的更新，同时吸收了中国水电乃至全球水电行业（特别是国际大坝委员会ICOLD）的最新研究成果，具有国际领先的优势。中国的《混凝土面板堆石坝设计规范》（DL/T 5016—2011）于2011年颁布执行，编制过程中全面总结了中国多年来混凝土面板堆石坝建设中的经验教训，特别是纳入了已建的天生桥一级、洪家渡、三板溪、水布垭等200m级高混凝土面板堆石坝的建设实践经验。从目前看，中国面板堆石坝无论在数量上还是在坝高和规模上都处于世界前列，设计规范中规定了大坝设计各方面的具体要求和量化指标，可操作性和系统性相对更强。因此，可以认为中国《混凝土面板堆石坝设计规范》（DL/T 5016—2011）融入了最新的科研和实践成果，相关技术已代表世界领先水平。

根据标准对比，中美标准关于混凝土面板堆石坝设计的规定绝大部分是一致，仅在局部问题上有小的差异。因此，在实际国际工程面板堆石坝的设计应用中，可以用中国规范的详细条款开展具体的相关设计工作，针对具体工程的具体问题开展针对性的研究论证。

4.3 中国在极寒地区建设面板堆石坝的成功案例

由于外部环境温度存在较大差异，高寒地区的混凝土面板堆石坝的设计、施工和运行条件各不相同。鉴于此，必须在面板堆石坝的设计和施工中采取有针对性的技术措施，比如混凝土的抗冻耐久性、填筑材料的防渗和防冻胀特性、大坝填筑施工与低温季节的适应性等方面。

蒙古额尔登布仁水电站项目所在地最低温度约−47℃，属于极寒地区，高寒地区的主要建筑物抗冻问题和高寒地区施工是该工程的一个技术重点和难点。对此，我方对业主展示了我国已经在同纬度的新疆、东北等地区建设的数十座面板堆石坝工程的成功案例，围绕坝体结构材料、面板抗冻防裂、表层止水结构、施工填筑技术、后期维护修补等方面，做了有关高寒地区已建在建面板坝经验总结，介绍了中国在高寒地区面板堆石坝设计及施工方面已采取的先进技术，例如：①设计采用了高抗冻性能的混凝土，面板混凝土抗冻等级最高达到了F400，并且采用了有利于抗冻性能的结构或者增加设备除冰措施，采用了扁平的止水型式、对溢洪道闸门进行除冰等；②对于机电设备，采取抗寒抗冻措施，选择能适应蒙古项目区气候特点的机电设备，并表示在下一步的设计和施工过程中将会开展调研工作，对中国东北地区以及新疆地区的已建工程进行防冻抗冻措施调研，选择能适应蒙古项目区气候特点的材料及施工工艺；③对于混凝土施工，采取优化混凝土配合比、加强过程监控等质量控制措施，浇筑完成后及时养护，对于越冬停工时间段的已浇筑成品混凝土，采用保温棉被、塑料膜覆盖等加强保温措施，保证已浇筑混凝土的质量。

最终，蒙方业主接受了采用中国水利水电标准建设本水电站工程，面板堆石坝采用《混凝土面板堆石坝设计规范》（DL/T 5016—2011）等中国标准进行设计。

5 结语

我国实施“走出去”战略，中国企业承担的国际工程项目越来越多，项目建设的标准问题成了我国在海外建设中的一个难题。若采用中国水利水电标准进行设计施工，不仅在建设过程中对中国企业更加有利，更可以推广中国水利水电标准“走出去”。在与海外业主的谈判中，可以采用本文所述的方法，使海外业主了解中国水利水电标准的优势和世界领先的技术水平，另外可以利用中国的资金优势在谈判中争取更大主动权。希望本文为后续类似海外水利水电工程的标准采用和应用问题提供建议，让外方了解中国标准，认同中国标准，促进中国标准国际化。

审稿人：李　林

百万千瓦机组二次再热超超临界塔式锅炉炉后垂直烟道安装技术研究

李　开　张群超/中国电建集团山东电力建设第一工程有限公司

【摘　要】 塔式锅炉逐渐成为未来大容量、高参数机组的主力炉型，炉后垂直烟道无论工作量还是施工周期都是锅炉本体安装的主要工作之一。通过精确计算分段，为安全设施搭设创造有利条件，使用塔吊作为主吊机械，通过卷扬机配合滑轮组接钩，再利用链条葫芦调整对接护板、桁架施工方案，安全高效完成炉后垂直烟道的安装，同时减少了大型机械的投入，大幅提高了工效，为塔式锅炉炉后垂直烟道吊装提供了经验。

【关键词】 火力发电机组　塔式锅炉　垂直烟道　吊装

1　引言

随着国际上对环境保护及能源利用的重视程度越来越高，“十二五”期间，国内的新型、大型火力发电设备得到快速发展，燃煤锅炉作为火力发电厂的主机，近年来向大型化、新型化快速发展，华能莱芜百万项目采用的二次再热塔式锅炉在 BRL 工况下保证热效率不低于 94.88%，机组发电标准煤耗 256.16g/(kW·h)，全厂热效率 48%，属国际先进水平。

不同于Ⅱ型锅炉，二次再热塔式锅炉烟气自炉膛出口之后直接进入炉后垂直烟道，而不是进入包墙后竖井。Ⅱ型锅炉的后竖井四周分布着充足的钢架、平台，在吊装过程中可以充分利用，但炉后垂直烟道为全悬挂结构，仅前侧有两层钢架较为接近，其余位置皆是临空。而且，炉后垂直烟道的安装也不同于以往的烟道，其最大标高达 148.5m，而烟道相对于钢架、水冷壁等受热面比重更轻，同等重量体积及受风面更大，整个安装流程烦琐，从组合、吊装、吊挂到就位、焊接、临时设施拆除，每一个环节都要进行策划衔接，工作量及施工难度可见一斑。

2　二次再热塔式锅炉及炉后垂直烟道简介

莱芜电厂百万千瓦机组“上大压小” 2×1000MW 扩建工程锅炉主机为哈锅厂首次设计制造，锅炉为超超临界参数变压运行螺旋管圈水冷壁、单炉膛、二次中间再热、四角切圆燃烧、平衡通风、露天布置、固态排渣、全钢构架、全悬吊结构塔式燃煤直流锅炉。

塔式炉与Ⅱ型锅炉的主要区别是炉后垂直烟道的构造，其结构简单、造价低廉，但安装极为困难。整个炉后垂直烟道为全悬挂结构，仅通过 12 根吊杆将总重量 504t 的烟道等装置悬挂在炉顶钢梁上。其中：后侧 7 根 M155 吊杆生根在标高 148.5m 的炉后悬挑梁上，承担整个竖直段烟道、喷氨装置及脱硝入口膨胀节的重量；前侧 5 根 M75 吊杆生根在标高 147m 的炉顶大板梁间的连梁上，承担着炉膛出口膨胀节及其与竖直段烟道之间倾斜段烟道的重量。自炉膛出口至脱硝反应器入口，整个烟道落差达 54m。炉膛出口截面尺寸为 21.3m×6.6m，经过倾斜段烟道变径后，竖直段烟道截面尺寸变为 26.17m×5.2m。烟道内主桁架沿气流方向布置，5 列并行，中间一列桁架型钢材质为 15CrMo，其他桁架材质均为 Q345。在竖直段烟道最底部标高为 79m，从最底部至标高 92m 的烟道内部，分布着脱硝入口膨胀节、喷氨装置、测量接管等，该部分烟道在功能上是脱硝入口烟道，在构造上属于炉后垂直烟道。

3 炉后垂直烟道安装技术策划

莱芜项目锅炉主机作为国内首批采用塔式锅炉技术的新炉型，比Ⅱ型炉多出了炉后垂直烟道这一特有结构。炉后垂直烟道包括烟道护板、导流板、桁架、吊挂装置、限位装置、膨胀节、喷氨装置，总重量达504t。现场综合考虑组合场地、运输路线、组合效率、吊装载荷计算、烟道结构强度等条件，完成组合方案的制定。整个烟道分成10段吊装，以此为主线，穿插吊装吊挂装置、限位装置、膨胀节等部件，喷氨装置组合进第9段烟道吊装。

在满足炉后垂直烟道安全、高效安装的同时，需要从组合型式、安装工序上为穿过烟道的8根水冷壁集箱悬吊管留出安装空间与时间，使两项安装工作紧密配合，解决其相互制约的难题。

莱芜项目炉后垂直烟道安装采用的技术路线为：施工准备→组合场地平整浇筑→护板、桁架平面组合→设备运输→烟道立体组合→吊装工具、安全设施布置→烟道吊装吊挂→高空调整就位对接施焊→连续性吊装烟道→完成设备吊装→专用吊具拆除。

吊装顺序为：炉膛出口膨胀节吊装→M75吊挂装置吊装→第1段烟道吊装→第2段烟道吊装（水冷壁集箱悬吊管就位之后）→M155吊挂装置及其生根梁吊装→第3段～第10段烟道依次吊装→脱硝入口膨胀节吊装。

4 炉后垂直烟道安装技术要点

4.1 炉后垂直烟道组合策划

4.1.1 炉后垂直烟道分段线的划定

炉后垂直烟道需分段吊装，其分段界线需在烟道组合前确定，以提高组合效率，避免出现返工。分段的依据有以下5条：①根据吊车工况，每段烟道重量不可超过55t；②每段烟道应有足够的纵向、横向桁架，以防止吊装变形；③不能阻碍水冷壁集箱悬吊管的安装；④分段线即为两段烟道的接口部位，应尽量选择其下方附近桁架的位置，以供铺设脚手板、安全网，便于施工；⑤尽可能减少现场切割量，利用护板到货时的分片位置作为分段线。最终确定了9条分段线，将烟道分为10段。

第1段烟道为炉膛出口烟道弯头，从炉膛出口膨胀节接口至水冷壁集箱悬吊管的预留方孔后边缘，内部包含导流板48组，顶部护板上焊接了5件吊耳、1套限位装置，总重量55t。该段烟道的分段线在水冷壁集箱悬吊管的预留方孔后边缘上，组合完成后，上下护板上会留出8个凹形槽，围三留一，以便于水冷壁集箱悬吊管从第一段烟道后侧安装入凹形槽内，解决了悬吊管因下端吊耳巨大无法穿装的难题。为了满足第3条分段依据，第1段烟道在地面组合截断缓装了8套水冷壁集箱悬吊管的方形保护管以及部分护板，缓装件在前两段烟道吊装后逐个吊装到位。

第2段烟道是一段变截面烟道，其入口截面为21.3m×6.6m，出口截面尺寸为26.17m×6.6m，横向变大，纵向未变。其下部分段线设定在截面转折线上，该条分段线是依据第3段烟道设定的，从此处分割不会破坏第3段烟道顶部吊耳生根板的结构。第2段烟道仅重37t，其内部仅有顺气流方向的5列桁架，且吊点仅能选择一排以保证该烟道起吊后保持50°倾角就位，为避免烟道强度不足而变形，现场仿照炉后垂直烟道水平桁架的样式在第2段增加了一组桁架。

第3段烟道也是一个变截面烟道弯头，其入口截面为26.17m×6.6m，出口截面尺寸为26.17m×5.2m，横向未变，纵向变窄。其下部分段线位置的设定重点为了起吊重量不大于55t而考虑。经过计算下部分段线选定在前、后护板折角下0.5m，组合后烟道下部会形成一个倾斜的截面，且烟道的重量刚好是55t。烟道内部包含了64组导流板，顶部护板上焊接了7件大型吊耳。

第4、第5、第6、第7段烟道的分段线均选在水平桁架的上方1m处，便于铺设脚手板、安全网。其中第4段侧面为梯形，因为第3段下部分段线是倾斜的。第5、第6段烟道完全相同，均为长方体。第7段烟道比第6段烟道高1m，第7段烟道下部分段线设定在设备到货的护板、桁架接口处，即标高92m处。

第8、第9、第10段烟道两条分段线设定在中间两层水平桁架上方，能保证吊点处及烟道整体的强度，分开后每段烟道仅重24t，但第9段内部组合了25t喷氨装置，起吊重量达49t。

4.1.2 护板、桁架组合成片

锅炉厂提供的护板、桁架材料是定尺寸的半成品，现场需要拼装、组合，组合场地选择在60t龙门吊下的水泥地面上。首先按照图纸将护板拼成23个大片，由于组合场地有限，仅能同时铺设拼接2大片。每个大片铺设拼接时先点焊在一起，再划出分段线，分段线与拼缝重合的位置预留不焊，其他拼缝焊接与否需考虑焊接后是否能够运输，若焊接后超长、超宽，则预留补焊。拼缝焊接后将护板沿分段线切开，并编号。分片编号之后，在第1、第3段烟道的顶板上焊接吊耳。

5列桁架外形相同，先安装图纸拼出一列，再划出分段线，分段线与拼缝重合的位置预留不焊，其他拼缝焊接后，将桁架沿分段线切开，并编号。以第一列作为模具，其上再罗列4层，依次组合。桁架组合时应注意中间一列桁架材质为15CrMo，对合金钢材质打光谱确认后必须做好标记，以免材质混用。桁架对接位置需焊接加强板。

4.1.3 烟道组合成型

在锅炉附近，FZQ1700 塔吊吊装半径之内设立组合架，将组合成片的护板桁架运输到组合架，使用 M2250 履带吊配合，将烟道组合成型并焊接牢固。每组合完一段烟道，及时吊装，腾出组合架空间再组合下一段烟道。组合第 1 段烟道需缓装两侧护板及 8 跟方形套管，使得烟道重量刚好为 55t；第 1 段与第 3 段烟道倒置组合，以便于施工，吊装时需翻身；第 2 段烟道需增加管撑加固，防止吊装时变形；第 9 段烟道内部需装配喷氨装置，外部安装测量接管；合金钢的桁架组合在最中间；其他烟道按照事先划好的分段线以及护板、桁架编号组合。

4.2 护板、桁架的运输

虽然护板、桁架已经分割，但长达 26.17m 的护板需要从组合场运输到塔吊下的组合架上。护板挠度极大，需同时从 8 个吊点起吊，防止护板变形弯折。运输车辆的前后均增加外挑，现场制作专用的外挑支撑，焊接在运输车上，作为护板倒运的专用车辆。

4.3 吊装前的准备

炉顶后侧的大板梁顶部布置两台 10t 卷扬机，卷扬机底座用 L 型钢板固定在大板梁上，钢板仅与卷扬机焊接。钢丝绳通过导向滑轮牵引至炉后顶部的悬挑梁下，穿过定滑轮组，悬挂着动滑轮组，两滑轮组之间穿绕 4 股钢丝绳。炉左、炉右各布置一套卷扬机、滑轮组。

在烟道上方的每一根炉顶钢梁上拉设安全水平绳，以便于炉顶吊杆穿装、钢丝绳及链条葫芦的吊挂工作。在炉后 113m 层、86m 层外挑钢架上铺设安全网、安全水平绳，以便于第 4、第 9 段烟道接钩及调整对接施焊。

在大板梁后端的 BJ 排钢梁上提前悬挂一对钢丝绳，作为第 1 段烟道吊装的临时过渡吊挂绳以及第 2 段烟道就位调整吊挂绳。

在第 1 段烟道安装位置的上方悬挂两台 20t 的链条葫芦，炉左、炉右各一套。

每一段烟道组合完成后，在上接口附近铺设安全网、脚手板、安全水平绳。竖直安装的烟道水平桁架上要满铺安全网，护板内壁绕接口位置铺设脚手板。倾斜安装的烟道绕接口位置搭设安全通道。

4.4 炉后垂直烟道吊装

4.4.1 炉膛出口膨胀节吊装

炉膛出口膨胀节分两半到货，在塔吊下的组合架上组合成整体，焊接支撑杆、连接板。蒙皮内填充保温棉后使用氟胶黏合剂粘接蒙皮。对于膨胀节上的临时加固撑杆，仅保留顶部外侧、底部内侧的撑杆，其余部位的撑杆全部切除。将炉膛出口与膨胀节之间的烟道护板焊接在膨胀节上。使用 FZQ1700 塔吊将膨胀节立起，吊至炉后顶部的过渡钢丝绳下悬挂（见图 1)，吊车脱钩后起钩并向左摆杆，从钢梁另一侧再次吊起膨胀节，将其吊装就位，使用倒链进行悬挂，并将护板与炉膛出口焊接在一起，焊接量足够时吊车方可脱钩。膨胀节及烟道护板仅重 7t，但吊装路径与第 1 段烟道相同，膨胀节的吊装也是第 1 段烟道吊装前的演练。

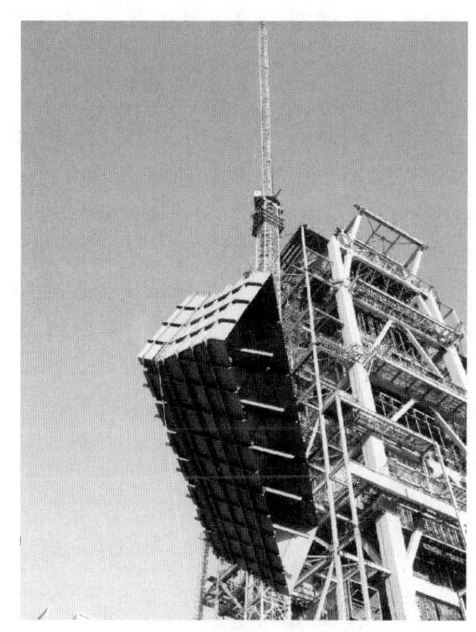

图 1　炉膛出口膨胀节吊装

4.4.2 M75 吊杆吊装

M75 吊杆长 13m，单重 1.1t，共 5 套，每套由 4 根吊杆组成，以销轴吊耳的型式连接，销轴为焊接式无开口销，吊杆摆动方向为前后向，底部吊耳已提前组合在第 1 段烟道上。吊杆与其生根梁在地面组合，组合时调节吊杆伸出梁顶高度，使用长卷尺测量梁顶至吊杆末端销轴孔中心的长度，保证该长度为 12.8m。吊杆与生根梁共有 5 套，使用 FZQ1700 塔吊依次吊装就位，打紧高强螺栓。

4.4.3 第 1 段烟道的吊装

炉膛出口烟道弯头的吊装路径与炉膛出口膨胀节相同。该烟道在炉后组合架上组合完成后，下截面底部铺设安全网、脚手板，顶部吊耳区域拉设安全水平绳。使用 M2250 与 FZQ1700 塔吊配合翻身，将烟道翻转 180°，翻身后 M2250 脱钩，FZQ1700 塔吊继续起钩，将烟道吊至过渡钢丝绳下吊挂，FZQ1700 塔吊脱钩后起钩并向左摆杆从钢梁另一侧再次吊起烟道，将其吊装就位。将 M75 吊杆与吊耳组合穿上销子，然后使用两台 20t 链条葫芦吊挂烟道后部，以避免烟道在重力作用下压迫膨胀节造成变形。M75 吊挂装置的销子是焊接式的，将 5 套吊杆的销子均焊接几厘米后塔吊即可脱钩，销子的焊接需持续直至满焊完成。使用链条葫芦调整对口，将烟道与膨胀节焊接在一起，同时使用槽钢越过膨胀节将炉膛出口底部与烟道护板内壁连接在一起，以防止膨胀节被挤坏。链条葫芦暂不脱钩，待前3段烟道安装完成后再脱钩（见图2）。

4.4.4 第2段烟道吊装

第2段烟道需在水冷壁集箱悬吊管就位之后吊装（见图2）。

第2段烟道是一段变截面烟道，其入口截面为21.3m×6.6m，出口截面尺寸为26.17m×6.6m，重37t。该烟道在炉后组合架上组合完成后，下截面四周铺设安全网、脚手板。吊点选在顶板偏上位置，以保证烟道吊起后向上倾斜约50°。使用M2250与FZQ1700塔吊抬起挪至塔吊许可负荷的作业半径内，再使用FZQ1700塔吊将其吊装就位，与第1段烟道对接，初步对接后使用两台20t链条葫芦接钩，再使用FZQ1700调节对口，进行少量焊接固定，然后使用卷扬机与滑轮组吊挂烟道后部，防止烟道在重力作用下压迫第1段烟道，造成变形。4点吊挂牢固后吊车脱钩，进一步调节对接并焊接。桁架型钢对接处需增加并焊接加强板。

图2 第1段烟道吊装

4.4.5 M155吊杆吊装

M155吊杆长24.2m，单重7.8t，共7套，每套由4根吊杆组成，以销轴吊耳的型式连接，销轴为焊接式无开口销，吊杆摆动方向为前后向，底部吊耳已提前组合在第3段烟道顶部。由于吊杆极长，不适合与吊杆梁同时吊装，现场采用单套吊装的方案。吊装前首先对M155螺母预组合，检查螺纹情况，并量出螺杆探出150mm的长度划线标记，吊杆顶部组装好锅炉厂供应的专用吊环，便于在炉顶部安装。使用FZQ1700塔吊将7套吊杆一次穿装。

4.4.6 第3段烟道吊装

第3段烟道重55t，最大截面尺寸为26.17m×6.6m。该烟道在炉后组合架上组合完成后，下截面底部铺设安全网、脚手板，顶部吊耳区域拉设安全水平绳。使用M2250与FZQ1700塔吊配合翻身，将烟道翻转180°，翻身后M2250脱钩，FZQ1700塔吊继续起钩，将烟道吊至M155吊杆下，将吊杆与吊耳组合穿上销子，每个销子焊接数厘米后吊车可脱钩，销子的焊接需持续直至满焊完成。使用卷扬机滑轮组吊挂烟道两侧后部，调节烟道角度，与上一段烟道对正、焊接。桁架型钢对接处需增加并焊接加强板。

4.4.7 第4段～第10段烟道吊装

烟道组合完成后，在上接口的桁架上满铺安全网，护板内壁铺设一圈脚手板，并拉设水平绳。为便于组合，烟道均以后侧护板铺在组合件上组合，吊装前需翻身90°。第4段～第10段烟道中最重件为第9段，重49t。

FZQ1700塔吊的吊点选择烟道桁架的4个点上，卷扬机滑轮组的接钩吊点选在烟道左右两侧护板的上部（见图3）。

图3 接钩吊点图

吊装时使用FZQ1700塔吊将烟道吊至炉后低于上端烟道约10m处，再使用卷扬机滑轮组接钩。吊装件低于上一段，可以减少卷扬机、塔吊钢丝绳斜拉的角度。但第9、第10段烟道底部是脱硝反应器，没有空件，此时FZQ1700塔吊的吊点应选在烟道横向中心线上配以链条葫芦调平，这样可使烟道有一半截面进入上段烟道正下方，减少卷扬机钢丝绳的斜拉量，使结构更加安全、平稳。

卷扬机滑轮组凌空挂绳十分困难、危险，现场采用炉顶汽车吊悬挂吊笼、人员配备速刹葫芦保险绳悬挂在钢架上的双重保险方案，将挂绳人员运至吊点，使用卸扣连接钢丝绳与吊耳。

挂绳后需使FZQ1700脱钩，这时需要安排人员进入吊装烟道上部桁架的安全网、脚手板上，人员进入前速刹葫芦悬挂在烟道外部钢梁上，进入后则挂在上段烟道的桁架上。在保证安全的前提下，拆下卸扣，解除钢丝绳与桁架的连接。

塔吊脱钩后，使用卷扬机配合链条葫芦调节烟道位置，将护板、桁架与上端烟道对接，并焊接牢固，然后进行下一件的吊装。

4.4.8　脱硝入口膨胀节安装

脱硝入口膨胀节尺寸为26.17m×5.2m×1.6m，总重8t，锅炉厂分4片发运到现场。由于膨胀节仅高1.6m，考虑到组合后刚度不足，现场采用散吊的方案，分4次吊装。

由于安装空间与膨胀节高度同位1.6m，安装前需将膨胀节压缩。将内部所有临时支撑拆除后，再将外部临时支撑螺杆逐个紧固，最终将膨胀节压缩到1.4m。使用炉顶汽车吊，将膨胀节吊装就位，塞入垂直烟道与脱硝反应器之间。

吊装后前将膨胀节组合成一个整体，焊接支撑杆、连接板，并与烟道、脱硝反应器密封焊接。蒙皮内填充保温棉后使用氟胶黏合剂粘接蒙皮。

5　结语

塔式锅炉将逐渐成为未来大容量、高参数机组的主力炉型，炉后垂直烟道无论工作量还是施工周期都是锅炉本体安装的主要工作之一。通过精确计算分段，为安全设施搭设创造有利条件，使用塔吊作为主吊机械，通过卷扬机配合滑轮组接钩，再利用链条葫芦调整对接护板、桁架施工方案，安全高效地完成了炉后垂直烟道的安装，同时减少了大型机械的投入，大幅提高了工效，为塔式锅炉炉后垂直烟道吊装提供了经验。

高水位差水库漂浮光伏安装技术

毛　勇/中国水利水电第十二工程局有限公司

【摘　要】 光伏发电作为国家“十四五”规划的重要发展领域，在新能源开发过程中占有非常重要的位置。光伏项目分为独立发电和并网发电，其中并网发电又分为滩涂光伏、渔光互补光伏、农光互补光伏、山地光伏等多种。本文就水位变幅较大的水库渔光互补光伏漂浮安装技术进行论述，可为类似工况的其他光伏电站提供借鉴。

【关键词】 水库　渔光互补光伏　漂浮　安装　锚泊

1　概述

贵溪流口光伏项目位于江西省贵溪市流口镇盛源村与官庄村，项目属于渔光互补类光伏项目，占地约 1400 亩，发电容量 50MW，涉及 2 个水库，即东山垅水库和界牌水库。

设计方案变动概况：原设计两个水库均采用 PHC（300）桩基基础，而其中的界牌水库因其独特的 U 型结构及地质结构，经设计核算，如采用原 PHC 桩基基础，则最大单根桩长度需 22m（单根 PHC 桩制造长度在保证强度的前提下只能做到 14m，需接桩，接桩强度较差）才能达到设计高程要求，且入土深度须达到 4.5m 以上。综上，原方案不符合现场实际施工条件，故提出水上漂浮方案，在深水区域使用漂浮替代原来的桩基。界牌水库各项参数见表 1，界牌水库光伏板布置图见图 1。

表 1　界牌水库参数

序号	水库参数
1	规模：小（1）型
2	等级：Ⅳ
3	功能：灌溉，防洪，养殖
4	正常蓄水位：86.4m
5	设计洪水位：87.42m
6	设计桩顶高程：88.4m
7	岩性：从上而下为①淤泥、②冲填土、③粉质黏土、④全风化粉砂岩、⑤全风化花岗岩

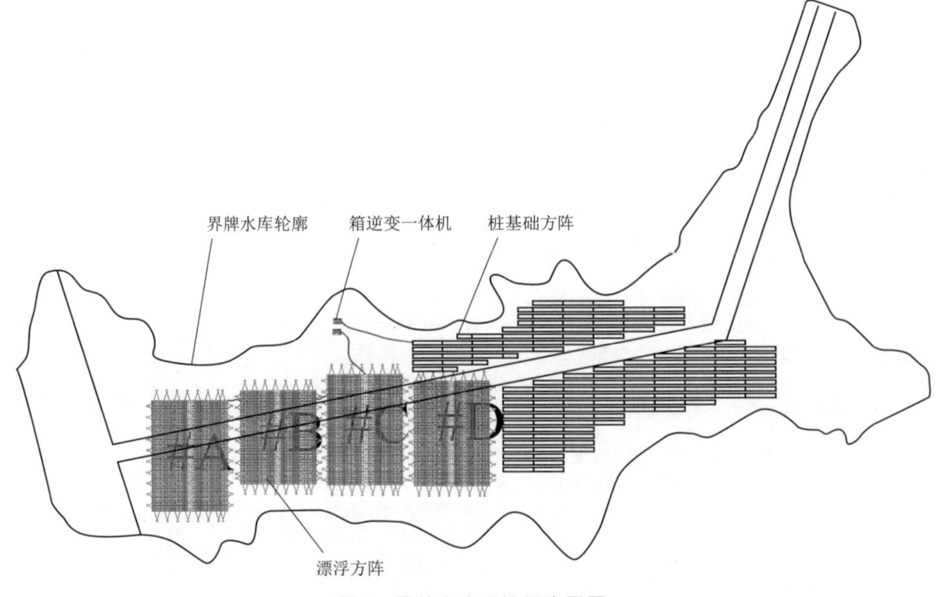

图 1　界牌水库光伏板布置图

2 关键安装工艺

2.1 安装工艺流程

漂浮安装是一个较为复杂的过程，主要分为锚块施工、浮体安装、支架组件安装以及电气施工，详细安装工艺流程见图 2。

2.2 安装难点分析

(1) 最高水位与最低水位差值较大。本项目的实施地水库年度最高水位和最低水位相差达 10m，水位上下浮动较大，需要较长的锚绳及锚块强度，且实施过程中要充分考虑水位的高落差给电缆敷设及自动调整带来的难处。

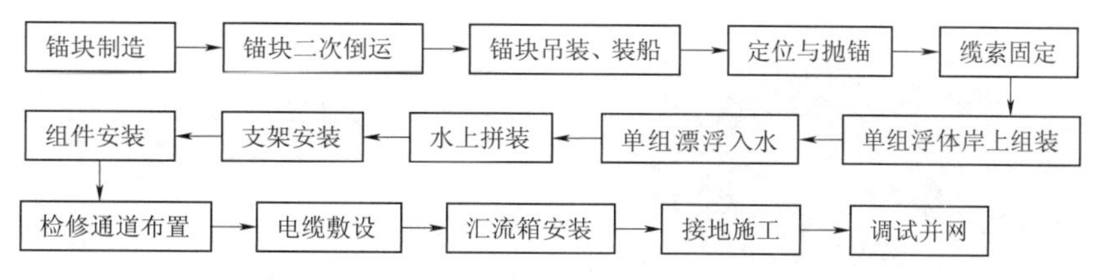

图 2　漂浮安装工艺流程

(2) 锚块抛置设备受限。由于 U 型水库两边高中间低，且地形高差较大，传统的船吊设备在部分潜水区域因吊装船只的吃水深度不足，无法进行锚块抛置。同时因浮吊船的台班费用较高，施工成本较高。

(3) 组装平台搭设：漂浮附体组装需要一个组装平台，本项目水库为灌溉水库，且水库的库容量本身不大，水位上下浮动大，如按传统制作固定式平台，会出现平台被淹或距离水面过远无法实施的情况。

(4) 锚泊绳长度确认。由于锚绳非时刻拉紧，安装过程中需考虑满水位状况下锚绳的全长，且长度误差不能过大，否则将出现锚绳部分拉紧、部分松垮的情况，不利于整个漂浮锚定系统的强度和稳定性。

(5) 汇流箱至箱逆变一体机电缆的连接。由于漂浮是随水位上升或下降的，但汇流箱至箱逆变一体机电缆是固定长度的，需使其能根据水位自动调节位置，以避免电缆挤压或悬挂造成的桥架及电缆的损坏。

2.3 关键施工技术

根据上述安装难点，本项目实施过程中设计并使用了一部分较为独特且关键的施工技术，具体介绍如下。

2.3.1 锚块抛置施工技术

锚块是保证漂浮系统稳定和强度的关键，其施工精度直接影响浮体的最终固定位置。锚块的抛置也是整个漂浮安装过程中非常重要的一个环节。锚块抛置流程为：锚块现地制作→吊装装船→水运至打桩船→穿锚绳绳索→起吊→定位→落锚→复核裁剪帽绳→与浮体临时绑定。

(1) 锚块现地制作。锚块可在工厂制作也可现地制作，本项目采用现地制作，节省运输成本。锚块尺寸为 1.1m×1.1m×0.7m，内部采用绑扎钢筋网，使用 C30 混凝土进行浇筑，单块锚块质量约 2t，顶部用直径 20mm 的圆钢预制吊环用于固定锚绳。锚块养护时间在 20d 以上，经回弹试验，强度达到 90%设计强度即可进行后续锚块抛置作业。锚块示意图见图 3。

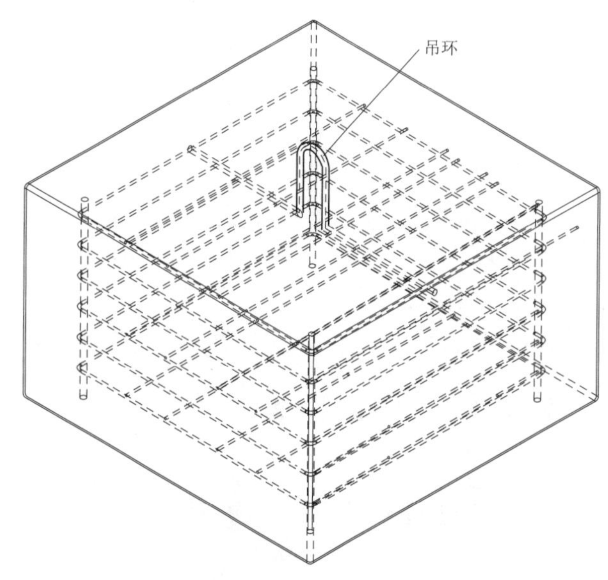

图 3　锚块示意图

(2) 锚块抛置设备的选择。因水库地形限制，小型浮吊船无法满足所有工位吊装需求，且本项目锚块只有 144 块，如使用浮吊船进行锚块抛置，则成本难以控制。综合考虑技术可行性及经济性，本项目选用现地的打桩船改造进行锚块抛置作业，原因是：①打桩船自带 RTK 测量设备，其精度满足锚块抛置作业要求，且其吊装能力符合单块锚块的起吊要求，技术上可行；②打桩船刚结束打桩作业，未退场可直接使用，无须外地借调设备，进度上可控；③打桩船较浮吊船，台班费较低，且因现有设备减少了吊装设备的进出场费用，经济上较优。

(3) 锚块定位。锚块定位作为锚块抛置过程中非常关键的一个环节，其精度直接影响后续锚绳长度确定以及漂浮锚泊强度。实施时，先将所有锚块的坐标数据输入 RTK 系统，校核后再进行锚块抛置作业；每块锚块定位及沉底后，记录锚块的实际坐标值及入水高度（方便后续计算锚绳长度）。锚块抛置装置见图4。

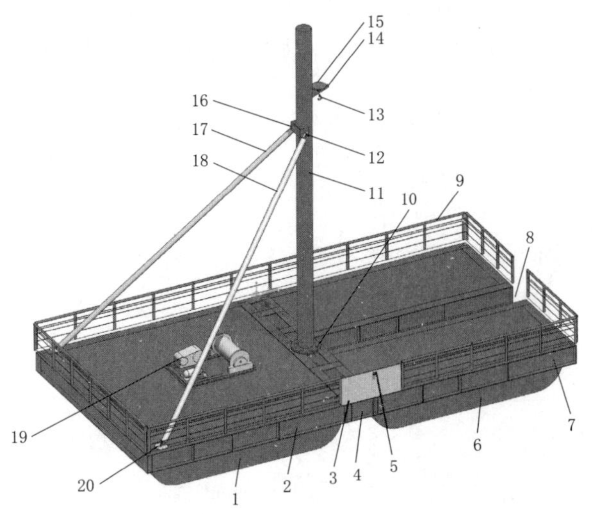

图4 锚块抛置装置图

1—浮箱1；2—圈梁2；3—吊装挡板；4—主梁；5—吊装导向装置；6—浮箱2（共2个）；7—圈梁2（共2套）；8—中部凹槽；9—围栏；10—连接法兰（分上下两只）；11—吊装立杆；12—斜拉杆上部连接装置；13—吊钩；14—吊梁；15—测量平台；16—斜拉杆固定架；17—斜拉杆1；18—斜拉杆2；19—卷扬机；20—斜拉杆下部连接装置

2.3.2 漂浮组装技术

漂浮单体（见图5）由4个浮体和支架构件组成，可安装4块光伏组件，每组由7个漂浮单体连接而成，中部为行走通道，方便组件安装及检修。

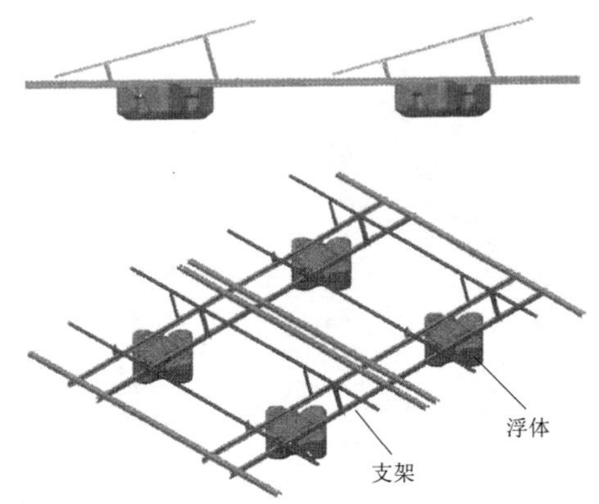

图5 漂浮单体示意图

（1）组成平台搭设。漂浮安装时，需将散件组装成单体漂浮，再推入水中进行单体与单体之间的连接。如直接在陆地上组成，在推入水的过程中容易造成浮体的损坏及支架的变形，故需要做个组成平台，又考虑本项目的特殊性（水位高差较大），如设置固定组装平台，无法根据水位调整高程，利用率较低，因此选用浮体搭设水上施工平台，以便于漂浮的拼装和入水。水平平台搭设时，使用方形浮体（该浮体体积小巧，可随意拼装成任何形状的平台，且浮力较大）进行拼装，共设置6个安装工位、2个入水口、3条临时通道。水上拼装平台示意图见6。

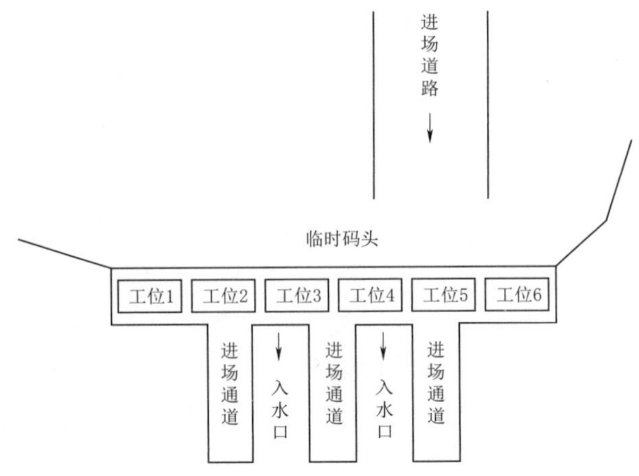

图6 水上拼装平台示意图

（2）单体组装与入水。作业时在安装工位拼装漂浮单体，并同时安装光伏板，成型后从入水口将漂浮推入水口，在水中7个单体组成一组后使用船只拖运至图纸安装位置进行安装。漂浮单体之间采用扣件连接（见图7），两扣件之间有较大的空间，便于安装及检修，同时可抵消一部分组件碰撞时引起的压力或拉力，使整个漂浮在水中更为稳定。

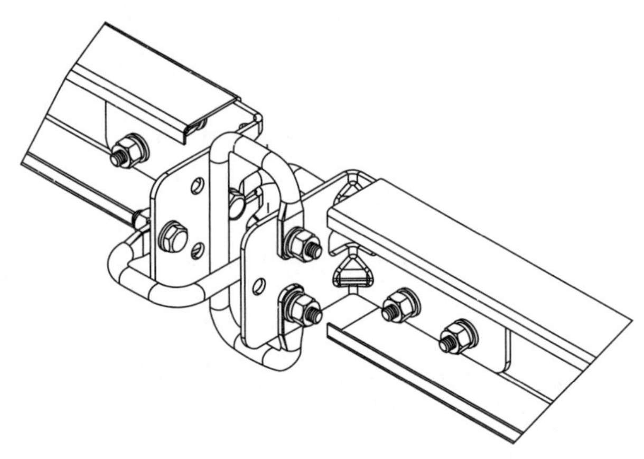

图7 扣件连接示意

（3）水上拼装。成组的漂浮运输至指定安装位置进行临时定位，定位复查后，将漂浮与锚块连接在一起，因每个方阵四个方向均有锚块，为方便安装，连接时先连三个方向的锚块，最后一个方向的锚块待所有漂浮就位后再进行连接。

2.3.3 电缆敷设技术

每隔一段距离在电缆通道上布置一个汇流箱，汇流箱需高出水面1.5m以上，防止水浪溅射至汇流箱，引起短路触电等问题。光伏板至汇流箱的电缆通过槽盒敷设至汇流箱，再由汇流箱通过桥架槽盒敷设至箱逆变一体机。A、B、C、D四个方阵的电缆汇至C方阵，由C

方阵统一汇入箱逆变一体机。由于浮体是随着水位升降，故汇入箱逆变一体机的电缆无法固定位置，需跟随浮体上下浮动，此处电缆亦设计成活动式。该段电缆直接敷设在浮体上（见图 8），通过浮体上的支架进行支撑，浮体可前后滑动调整。为保证电缆长度及浮体灵活滑动，该段电缆设置成 S 形。

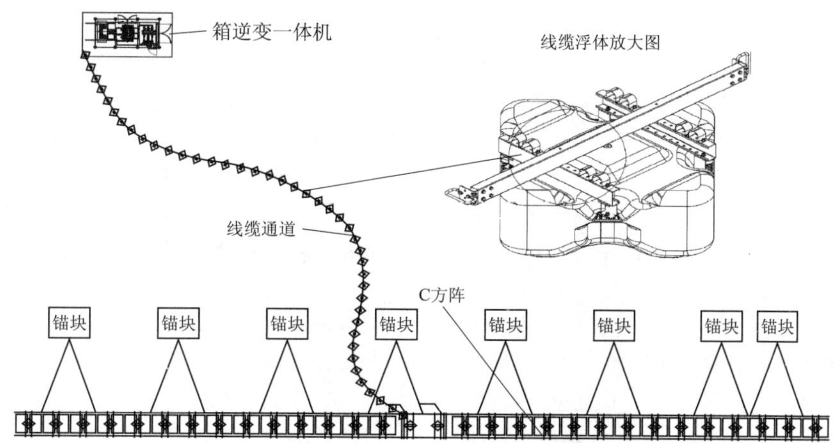

图 8　至箱逆变一体机线缆布置图

3　锚泊载荷计算

3.1　锚泊系统布置

本项目环境条件：水面浪高 1m；水流速度 1m/s；最大风速 29.9m/s，基本雪压 0.5kN/m²，基本风压 0.3kN/m²。由于水面漂浮式支架系统漂浮在水面无固定的基础，在水域复杂环境中受到风、浪、水流等影响，容易发生较大的偏移、偏转等问题。为了保证整个水面漂浮式支架系统在环境载荷作用下，方阵偏转在可控范围内且安全稳定运行，水面漂浮式支架系统需要设计锚泊系统。针对锚泊系统，通过对风、浪、水流等载荷的分项计算然后代数和求，整体仿真受力情况。

项目共 A、B、C、D 四个漂浮方阵，以 A 方阵为例（方阵尺寸为 120m×72m），对光伏浮体阵列形式的锚泊缆绳强度展开计算分析，计算时考虑风浪流载荷对浮体的影响。通过设置环境条件，计算模型相邻两缆绳间的间距为 6m，即实际安装间距 6m，计算光伏浮体阵列系泊尺寸（见表 2），计算模型及缆绳布置示意图见图 9。

表 2　光伏浮体阵列系泊尺寸

锚泊方阵	长/m	宽/m	长边缆线/m	宽边缆线/m
A	120	72	20	15

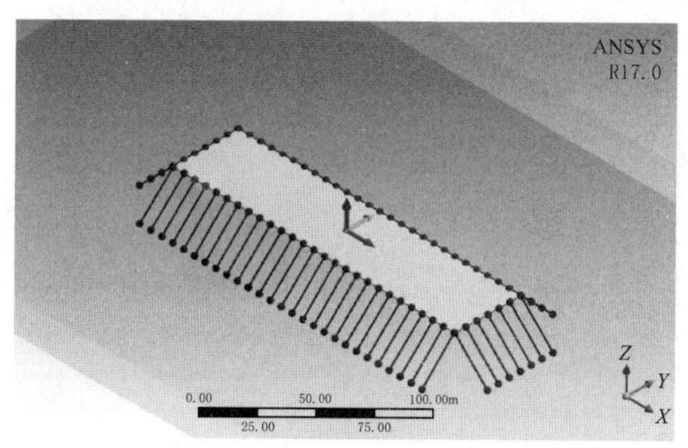

图 9　A 浮体阵列计算模型及系泊点布置情况

3.2　锚泊强度校核结果分析

当浮体阵列载荷为 0°方向时，缆绳最大点张力为 4.73kN，其缆绳的张力见表 3；当浮体阵列载荷为 90°方向时，缆绳最大点张力为 4.98kN，其缆绳的张力见表 4。

表 3　A 浮体阵列载荷为 0°方向的缆绳张力

位置	上边	下边	左边	右边
端部缆绳张力/t	3.6	3.65	7.1	0.05
中间缆绳张力/t	1.4	1.45	7.1	0.05

表 4　A 浮体阵列载荷为 90°方向的缆绳张力

位置	上边	下边	左边	右边
端部缆绳张力/t	0	7.84	7.48	7.48
中间缆绳张力/t	0	7.84	0.76	0.76

从计算结果可知，A 浮体在 0°（90°）方向的载荷工况作用下，其计算模型左边（下边）的缆绳张力较大，而右边（上边）缆绳张力为 0，这是由于模型受较大的水平风荷载作用，导致计算过程中模型在水平向右（上）有一定的偏移，左边（下边）缆绳较为“紧张”，右边（上边）缆绳较为“松弛”，缆绳张力左大右小（上大下小）。从表 3 和表 4 可知，在 90°方向的风浪流载荷作用下，计算模型下边的缆绳张力较大，其由于光伏板的迎风面在模型的 90°方向，而 0°方向光伏板几乎不受风荷载的影响，由于模型在 90°方向受到了光伏板风荷载的作用，在 90°方向风浪流载荷作用下计算模型下边缆绳张力较大。

通过对多组模型的计算，当把光伏计算模型一边的缆绳采用“两绳一锚块”连接后，其计算的缆绳张力将减小近一半，由于只加了一边，其他边缆绳的张力变化较小，在实际应用中可以认为缆绳张力和数量是成反比的，即各边缆绳数量与张力的乘积为恒值，可以据此布置各边缆绳的数量。

4　水上漂浮的优缺点分析

（1）优点：

1）检修通道距离水面仅有 30cm，每排组件都有维护通道（一般宽度为 0.4m），人员行走方便，运行维护简单，巡检清洗人员数量可以减少，大大提高了项目的运维安全性、便利性，同时可以降低运维成本。

2）项目设计时需满足防洪设计标准，一般取 25 年一遇或 50 年一遇水位，但仍然不能避免可能存在的高水位风险，导致组件泡水之类的危险，给电站带来安全风险。

3）施工安全，在本项目，如采用桩基础，安装高度最大的有 15m，施工时难度非常大且高空作业安全性较差，采用漂浮降低了施工难度，提高了施工及运维检修难度。

4）打桩形式与漂浮形式，就发电效率而言，漂浮光伏的发电效率相对较高。原因是漂浮一般与水面距离保持在 200mm 至 500mm 之间，水体对组件工作环境的降温增效作用比高桩方案更为显著。

5）对接桩基础光伏施工，由于其安装简便性，可实现流水式作业，安装效率约桩基础光伏的 2 倍。

（2）缺点：

1）如遇极端大旱气候，可能出现部分漂浮搁浅，可能损坏支架及组件。

2）相比普通高度的桩基础光伏，造价更高，本项目深水区桩均长约 18m，整体造价基本持平。

3）由于漂浮是整体式覆盖布置，不利于有行洪用途的水库。

水上漂浮的适用工况：①桩基础过高、施工难度大、安全性差的水上光伏；②没有行洪要求的水域，水流速度不得过大；③水位有一定落差的水域。

5　结语

漂浮式光伏电站在国内外已得到大量应用，本文针对其中的一种特殊工况（U 型河谷，水位落差大）进行研究。通过一种新的施工工艺及设计形式，解决水位落差大、河谷不平整的施工难题。文中的锚泊系统设计、锚块抛置技术、电缆敷设技术等均较为新颖并成功投入实践应用，可为后续类似工况光伏电站实施提供有效借鉴。

风力发电钢塔筒自动化制造关键技术

何 斌/中国水利水电第十一工程局有限公司

【摘 要】 风力发电钢塔筒自动化制造关键技术是通过研究现有塔筒生产线设计和制造工艺，采取自动化设备实现磁吸起吊、轨道搬运、数控切割、卷板成型、圆度校验、筒体焊接、液压组对、焊接法兰、无损探伤、喷砂、涂漆、成品检验、包装、存储等工序的全过程自动化制造过程。通过在锥形塔筒滚轮架、防腐处理工艺、厚钢板拼接接长焊接等技术进行升级研究，减少下料、防腐、转运的生产成本，提高钢塔筒加工制造精度和生产效率。以期对未来新能源行业的风电钢塔筒加工制造提供参考和依据。

【关键词】 大直径 风电 钢塔筒 自动化 制造

1 引言

近年来，在风力发电技术向精细化发展的背景下，风机呈现单机容量增大的发展趋势，增加风轮直径和轮毂中心高度是提升发电量的一种直接有效手段。风力发电塔筒作为风力发电设备的重要部分，支撑着整个主机、轮毂和叶片的重量，承受来自叶片的水平风力载荷、设备运转的动力载荷以及各种复杂的交变载荷，起着非常重要的作用。

根据风机功率及设备厂商的设计图纸，塔筒尺寸规格均有所不同，直径通常在4.0～5.5m之间，分4～6段不等，筒节通常由双定尺钢板数控切割后卷制、焊接成型，各筒节之间及筒节与法兰间采用焊接连接，单元节之间，在安装现场采用高强螺栓把整体锻造法兰连接起来。

本文结合广西新能源风电项目群的工程案例实践和相关研究，重点提出了一种风力发电钢塔筒自动化制造方法，包括流水线和工装设计、塔筒卷制、焊接、组对、喷砂防腐等，为以后新能源行业的风电钢塔筒加工制造提供参考和借鉴。

2 工艺流程与施工准备

2.1 工艺流程

风电钢塔筒主要制造工艺流程见图1。

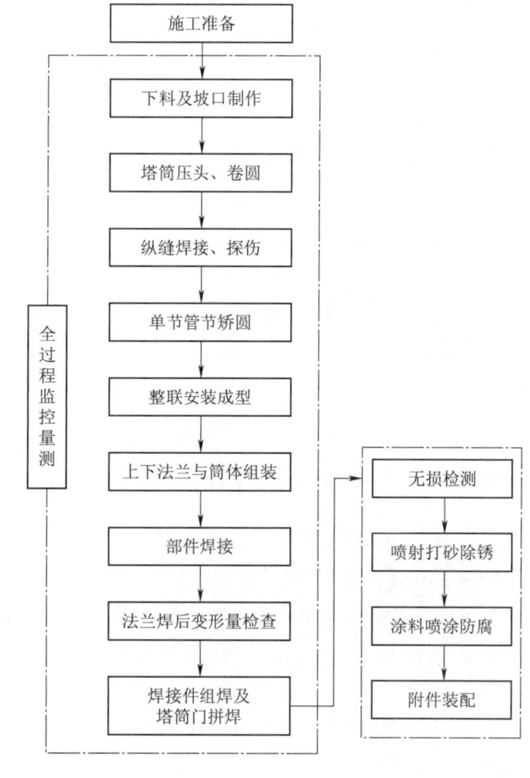

图1 风电钢塔筒主要制造工艺流程

2.2 施工准备

根据技术协议、设计图纸及规范，编制进度计划和技术方案，明确物资需用计划、塔筒质量检验计划等，制定零件制作工艺、拼装焊接工艺、无损检测工艺、防腐工艺等作业指导书和质量、安全和环保管理措施。

（1）法兰、钢板采购要求。法兰采购时应在技术协议中明确各法兰的原始平面度值、预留不同颈部厚度法兰的反变形内倾值，确定风电钢板采购过程中各项理化试验指标，钢板理化取样部位中心，以及制作低温冲击、弯曲、横向拉伸、焊道弯曲试样所需的最小宽度。

(2) 专用设备工装制作。按照图纸制作专用工装，包括数控切割专用平台、筒体纵环缝焊接平台、20t磁力吊、单管节转运专用吊具、专用液压组对机、专用滚焊台车等。

(3) 焊接工艺评定。开展焊接工艺评定试验，编制出满足塔筒制作的一系列焊接工艺评定及焊接规程文件，确定最优的焊接工艺参数，明确法兰采购坡口的具体型式要求。

3 管节制作

3.1 下料及坡口制作

采用高精度 8.0×30m 电脑数控切割机进行下料（见图2）。先在专用下料平台上将双定尺板摆放整齐，根据下料程序将数控切割机虚走一遍，查看切割余量，以确定双定尺板与下料程序符合无误，然后正式开始切割，每一节筒体瓦片在高度方向留 2mm 收缩余量以作调整。

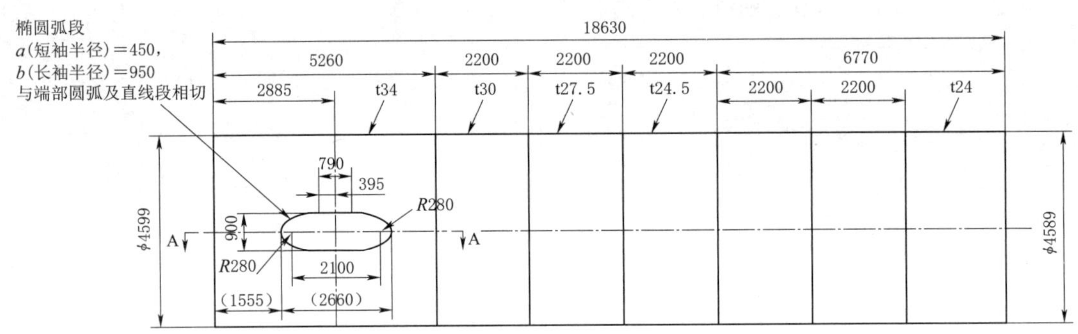

图2 风电钢塔筒筒壁下料图

管节数控下料后，检查外形尺寸，划出瓦片上、下、左、右四条中心线及坡口线和卷弧素线。钢板划线后，用钢印在距离瓦片端头 100mm 中心位置处标出塔筒分节编号和标识。

纵环缝坡口采用半自动切割而成，用砂轮打磨切割面熔渣、毛刺和切割缺口区，使切割表面露出金属光泽。塔筒管节瓦片修磨后，再用角度测量仪按检查线进行检查，要求坡口尺寸和钢板对角线差满足要求。

3.2 管节压头、卷圆、纵缝焊接

管节卷制方向应与钢板轧制方向保持一致，钢板卷制前应将表面的氧化皮和杂物清理干净。

用激光切割机制作不同弧度的样板（厚度 1.2mm 以上的不锈钢板），用样板进行检查确保筒节卷制弧度的均匀性。

钢板在搬运和卷制过程中应避免板材表面机械损伤，有严重伤痕的应修磨，并使其圆滑过渡。

纵缝拼装焊接：对接点焊前先用砂轮打磨去除坡口内及两侧 25mm 范围内的杂物、锈斑和油污等，直至露出金属光泽后进行施焊。纵缝组对控制筒体对接间隙小于 2mm，错边量不超过 1mm，错口量不大于 1.5mm，然后定位焊。纵缝焊接按先内后外的焊接顺序，采用埋弧自动焊，先焊接内缝，内部焊接完成后，转动滚轮，使焊缝处于顶部，然后在纵缝专用焊接平台上焊接外缝。焊接外缝时必须先用碳弧气刨清根。为了防止产生焊缝熔合不良、气孔、夹渣和裂纹等缺陷，在纵缝两端必须焊接引弧熄弧板。引弧熄弧板材质、厚度、坡口形式必须与筒体一致，宽度至少为 80mm，长度至少为 120mm。焊完后清除熔渣及飞溅并用切割机切除引弧和熄弧板，将切割处修磨平整。

3.3 单节管节校圆

管节纵焊缝充分冷却后进行二次校圆。校圆卷制过程中重点测量筒节弧度、大小口各方向直径差等，测量尺寸时要完全松开压辊，让筒节处于松弛自然放置状态。尺寸确认合格后，才能吊离卷板机，进入下道工序。

管节任意截面圆的不圆度要求为：$U=D_{max}-D_{min}\leqslant 5‰D$。

3.4 上、下法兰与筒体组装

法兰在拼装前应进行放样，与筒节组对时，螺栓孔应跨纵缝对中布置，并严格按照法兰节拼装工艺进行定位（见图3）。为保证同段塔筒扭曲值符合规范要求，应确保上、下法兰四条方位线重合。

3.4.1 筒节整体组装

筒节单元节组装在拼装流水线上进行。每条流水线包括：一台环缝组对机、一台埋弧焊机、电动行走及升降龙门环缝焊接平台、四套行走滚焊台车、一套带内环缝焊接小车的埋弧焊机。

拼装基线是瓦片的豁口中心，法兰上的四等分线标

技术要求

1. 材料采用Q355NEZ35锻造，满足JB/T 11218标准的要求，化学成分检测按GB/T 1591标准执行，Z向性能满足GB/T 5313标准要求。
2. 法兰采用整体锻造成形，符合NB/T 47009标准，锻件级别III级合格。
3. 锻件不允许存在白点，内部裂纹和残余缩孔。
4. 锻件应在有足够能力的锻压机上锻造成形，保证锻透。
5. 锻件不允许有肉眼可见的裂纹，折叠和其他影响使用的外观缺陷。
6. 锻件100%超声波探伤按NB/T 47013.3 5.5条，I级合格。
7. 其他按国家相关锻造标准执行。
8. 锻件需进行正火+回火处理。
9. 毛坯粗加工后进行时效处理，精加工后100%磁粉探伤，执行NB/T 47013.4，I级合格。
10. 圆孔锐边倒角1.5×45°，其余3×45°。
11. 未注公差按ISO 2768−mH要求执行。

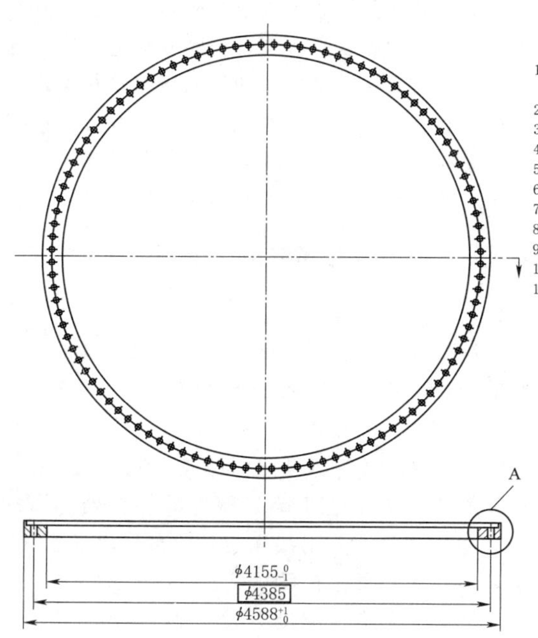

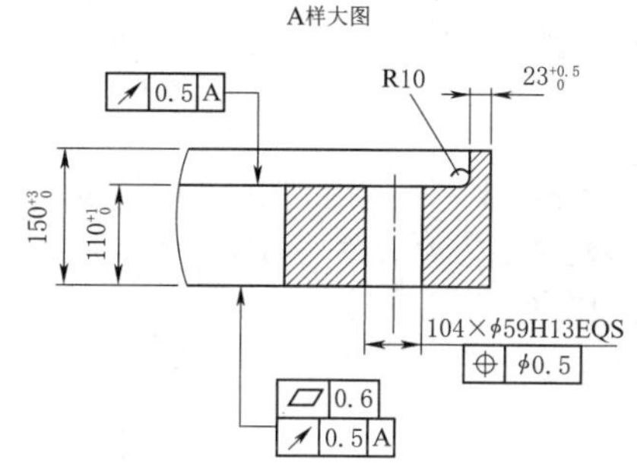

图 3　风电钢塔筒法兰结构图

记为 0°、90°、180°、270°，作为测量的基准点。拼装过程中塔筒轴心线呈水平状态，以管节方位线为基准进行组装，控制管口与法兰平行。在外壁点焊，要求相邻管节纵缝错开 180°，所有管节对齐，根据管节厚度不同，环缝对口错边量应小于或等于 0.1t（t 为薄板厚度，最大不超过 2mm）。

组装顺序：先将首个管节与法兰进行组装，然后依次拼装相邻管节（见图 4），最后拼装末端管节及其相邻法兰。首个管节与相邻法兰拼装完成后，将管节平放在滚焊台车上，再将待拼装的相邻管节平放在环缝组对机上，启动滚焊台车，利用环缝组对机进行环缝组装。对组装合格的环缝段在外环缝处用气体保护焊打底焊接加固，管节转动一周即拼装完成。环缝组对机托辊下调或向两边分开脱离筒节，可行走滚焊台车带动拼装完成的筒节前进，将下一节拼装的管节吊至环缝组对机上进行拼装，启动滚动台车，利用环缝组对机进行环缝组装，拼装工序同上，依次拼装，直至筒节完全拼装完毕。

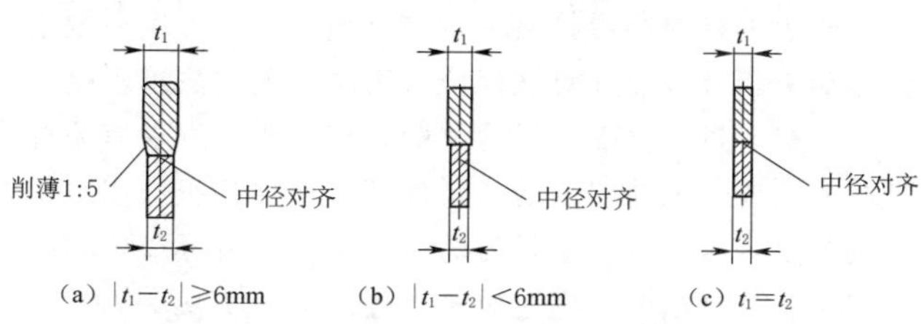

图 4　钢塔筒不同壁厚焊接示意图

上下法兰组装时必须对整个塔筒的尺寸进行检查，将 0°、90°、180°、270°及门等方位线做好标记。对单节塔筒进行调平，将钢卷尺挂于螺孔相对应部位，使用水平仪将一侧法兰调平后，对另一侧法兰水平值进行测量，最大值与最小值的偏差在 6mm 范围内为合格（即扭曲值为 3mm）。

3.4.2　管节组装要求

（1）管节环缝对口错边量 $h\leqslant 0.1t$（t 为薄板厚度，单位为 mm），且不超过 2mm。

（2）环缝对口间隙 $b\leqslant$2mm。

（3）用 $L=600$mm 直尺或样板检查环缝两侧棱角或筒体表面局部凹凸度。

（4）管节任意断面圆度公差应不大于 0.005。

（5）相邻管节纵缝错开 180°。

（6）不同板厚管节拼装时按图纸要求对齐。

（7）塔段高度焊前为-10mm$\leqslant H\leqslant$20mm，焊后为-20mm$\leqslant H\leqslant$20mm。

（8）单段塔筒两端面平行度允许偏差不大于 3mm，塔段同轴度不大于 3mm。

4　焊接与无损检测

4.1　部件焊接

焊机与焊材：采用埋弧自动焊机进行环缝焊接，焊丝采用 H10Mn2，焊剂采用 SJ101。

（1）内环缝焊接。先用内环缝焊接小车对筒体内环缝进行焊接，转动滚焊台车，自适应焊接小车对焊道进行焊接，焊接完一道环缝后移动至下道环缝处焊接。

（2）外环缝焊接。内环缝焊接完毕后，将电动行走小车及可升降龙门焊架移动至待焊的塔筒单元节的外环缝处，先用 $\phi 8$ 的碳棒对外环缝进行清根，以确保焊缝全焊透。

（3）环缝焊接接地。为防止焊接过程中法兰面因接地短路而形成损伤，应使用环缝焊接旋转接地装置。

4.2 法兰焊后变形量检查

在专用检测平台上使用 ProflangeV3 激光平面度检测仪，对法兰进行检测。允许数值如下：

（1）顶法兰平面度和内倾度 0～0.5mm。

（2）中间法兰平面度不大于 2.0mm（顶法兰除外），内倾度 0～1.0mm。

（3）T 型法兰需检测 3 圈（内、中、外），以三圈中最大与最小值得差值定义为法兰平面度，平面度不大于 2mm，法兰内倾度 0～1.0mm。

（4）法兰椭圆度：顶法兰不大于 3mm，其余法兰不大于 5mm。

4.3 内部焊接件组焊及塔筒门拼焊

4.3.1 内部焊接件组焊

内部焊接件在塔筒主体完工后进行。按筒体内附件的设计图纸要求，在塔筒内壁画出附件位置，并经技术质检人员确认后焊接。焊接位置距塔筒焊缝至少 100mm 处，焊缝要求光滑平整，无漏焊、烧穿、裂纹、夹渣等缺陷。

4.3.2 塔筒门拼焊

待下段塔筒其余焊缝焊接完毕且探伤检查合格后，开孔拼装塔筒门框加强板。

（1）塔筒门框加强板拼装。以门框或门框加强板外部轮廓及法兰的四等分线为基准画出切割线，组装后间隙小于 4mm。门框焊接采用 CO_2 气保焊。先焊内壁坡口，填充到坡口一半高度，再反面清根，外壁焊完后再焊余剩余内壁坡口。为控制下法兰的平面度，下法兰的环缝拼装完成后先不进行焊接，待门框或门框加强板焊接完成后，复查塔筒对角线差和素线差，对超标部位进行处理后，再进行焊接。

（2）塔筒门框及门框加强板焊接。厚板的预热温度为 80～150℃。预热范围为沿焊缝中心线每侧各 3 倍板厚且不小于 100mm。采用红外测温仪测量其温度，测量部位距离焊缝中心各 50mm 处对称测量，每条焊缝测量点间距不大于 2m，层间温度应不低于预热温度。采用远红外线加热板，对所有焊缝进行加热，同时配合温控柜，确保预热效果。为减少焊接变形及焊接应力，所有的对接焊缝应采用分段退步焊接，不能单独将单条焊缝接头一次焊接完成，各焊缝的填充应保持一致。

（3）塔筒门框及门框加强板焊后热处理。采用温控柜及远红外线加热板，覆盖石棉，控制后热温度为 300～400℃，保温 1h 以上。后热是为了去除焊缝中的扩散氢，防止氢致延迟裂纹，降低焊接接头中的残余应力，消除硬化，提高接头抗脆断和耐应力腐蚀的能力。

（4）时效振动消应。使用时效振动仪 LY-10Y（最大振动重量为 200t），通过调整触点，达到共振频率，振动时间 30min，对下段塔筒进行整体消应力处理。出具相应的曲线图，作为产品质量证明文件一同交付。

4.4 无损检测与焊缝缺陷处理

4.4.1 无损检测

筒体钢板、法兰原材料进厂要进行表面外观尺寸及厚度检验，并按照每批到货总量的 10%进行 100%超声检测（UT）复验。

筒体纵、环焊缝及门框焊缝必须进行无损检测。法兰和筒节、筒节与筒节 T 型焊缝接头处均布片射线探伤。每个 T 型接头射线探伤必须布片两张，纵缝和环缝位置各一张，每张检测的有效长度为 250mm，每张底片均能清晰反映 T 型接头部位焊缝情况。塔筒无损检测要求见表 1。

表 1 塔筒无损检测要求

检测部位	合格级别	探伤方法、探伤比例		
		UT	RT	MT
基础环下法兰	Ⅰ级（UT） Ⅰ级（MT）	100%	—	100%
筒体纵、环焊缝（含门洞加强板）	Ⅰ级（UT） Ⅰ级（MT）	100%	—	100% （δ>30mm）
T 型接头	Ⅱ级（RT） Ⅰ级（MT）	—	100%	100%
卷制门框拼接焊缝	Ⅰ级（UT） Ⅰ级（MT）	100%	—	100%
法兰与筒体焊缝	Ⅰ级（UT） Ⅰ级（MT）	100%	—	100%
卷制门框与筒体焊缝	Ⅰ级（UT） Ⅰ级（MT）	100%	—	100%

说明：超声检测（UT）、X 射线检测（RT）、磁粉检测（MT）。

4.4.2 焊缝返修

经无损检测的焊接接头，如有超标缺陷，应在缺陷清除后进行补焊，并对该部分采用原检测方法重新检查直至合格。进行局部无损检测的焊接接头，发现有超标缺陷时，应在该缺陷两端的延伸部位增加检查长度，增加的长度为该焊接接头长度的 10%，且不小于 250mm。若仍有超标缺陷时，则应对该焊接接头做 100%检测。

焊缝返修工艺应符合规范要求。同一部位的返修次数不应超过两次。X 射线检测（RT）返修部位的复验检验必须是 X 射线检测（RT）与超声检测（UT）的组合检验，两者均需满足标准等级要求，方能确认为返修复验合格。

5 除锈防腐

5.1 喷射打砂除锈

5.1.1 基本要求

(1) 表面预处理施工气候条件要求：空气相对湿度不超过85%，钢板温度高于露点3℃，对非喷砂部位进行遮蔽保护。

(2) 磨料必须有棱角、干燥、清洁无杂物，不能对涂料的性能有影响。钢砂粒径1.0～1.2mm。

(3) 喷射除锈所用的压缩空气须经冷却装置及油水分离器处理，并定期清理油水分离器。空气压力为0.4～0.6MPa。

(4) 外表面处理：喷砂处理达到Sa2.5或SSPC-SP6，表面粗糙度40～75μm。

(5) 法兰喷锌面表面处理：喷锌处理清洁度达到Sa3，表面粗糙度60～100μm。对于分段相接处和喷砂达不到的部位，采用动力机械工具打磨除锈，达到规定的处理等级。

5.1.2 喷射除锈前预备工作

(1) 金属表面上的焊渣、焊疤、凹坑、毛刺等缺陷应清理完毕。

(2) 彻底清洗金属构件表面上的油脂和润湿剂等杂质。

(3) 对非喷砂部位进行遮蔽保护。

5.1.3 喷射处理工艺参数

(1) 距离：喷嘴到基体金属表面宜保持200～400mm的距离。

(2) 角度：喷射方向与基体表面法线的夹角以10°～30°为宜。

(3) 喷嘴：孔口因磨损增大25%时应更换喷嘴。

5.1.4 成品保护

(1) 喷射操作过程中以及处理完毕后，均不得触摸或践踏已处理过的金属表面。需要接触、站立或行走已处理过的表面，应用干净的木板、塑料带等铺垫。

(2) 喷射处理后应用吸尘器或干燥、无油压缩空气清除构件表面上的浮尘和碎屑。

5.1.5 表面预处理检验

(1) 表面清洁度和表面粗糙度的评定，均应在照明亮度至少达到500lm，即为正常视力者在现场阅读报纸没有困难。

(2) Sa2.5级表面清洁度等级：钢材表面上应无可见的油脂、污垢、氧化皮、铁锈和油漆涂层等附着物，任何残留的痕迹应仅是点状或条纹状的轻微色斑。Sa3级标准：钢材表面无可见的油脂、污垢、氧化皮、铁锈和油漆涂层等附着物，该表面显示均匀的金属色泽。

(3) 表面清洁度评定：采用EN ISO 08501-1标准中的照片进行目视比较评定。

(4) 表面粗糙度评定：采用仪器法（123-A表面粗糙度检测仪）进行检查。

5.2 涂料喷涂防腐

5.2.1 喷涂基本要求

在表面预处理检验合格后，应及时进行涂料涂装，间隔时间最长不应超过4h。涂料涂装采用高压无气喷涂。涂装作业应在清洁环境中进行，避免未干的涂层被灰尘等污染。涂装前应对不涂装或暂不涂装的部位，如螺栓孔等进行遮蔽。

涂料涂装施工气候要求：空气相对湿度不得高于80%，钢板温度高于露点3℃以上，在不利气候条件下，采取遮盖、采暖或输入净化、干燥的空气等措施，以满足对工作环境的要求。

涂层的干燥时间要根据油漆厂家规定的最长涂覆间隔来控制，要在一定的时间内喷涂下一道油漆。如果间隔时间超过允许的范围，则应将前一涂层用粗砂布打毛后再进行涂装，保证涂层间的结合力。

涂装完成后，应对涂膜认真维护，在涂膜固化前要避免雨淋、曝晒以及践踏。搬运、吊装时应对涂膜进行妥善保护。

5.2.2 涂料质量检查

(1) 涂层外观检测：每道油漆完成后对其表面进行检测，表面应光滑、颜色一致，无针孔、流挂、龟裂、皱皮、橘皮、干喷等油漆弊病。

(2) 涂装过程中，应用湿膜测厚仪及时测定湿膜厚度。

(3) 测厚仪精度应低于±3%，使用前应先在标准样块上进行精度校正。

(4) 涂膜固化干燥后进行涂层厚度测定。用磁性测厚仪进行涂层厚度测量，塔段内外表面至少每5m^{2}为一个测厚区，每区不少于3个测量点，测厚区3点平均测量值作为该区干膜厚度值，塔段所有测区干膜厚平均值作为该塔架的干膜厚度值。干膜厚度测量按照两个90%执行，即最少90%测量点要达到规定的干膜厚度，余下10%测量点至少要达到规定膜厚的90%；总干膜厚度不超过设计总干膜厚度的2倍。

6 附件装配

附件安装时应对筒体内部的防腐层进行保护，注意矫正制造过程中的变形，关键控制好以下几点：

(1) 附件装配前应除去毛刺、飞边、割焊渣等。

(2) 门板装配应保证与筒体贴合紧密，密封良好，开合顺利，无阻塞现象。

(3) 梯子及梯架支撑应安装牢靠、上下成直线，接头牢固。

(4) 除塔架电气安装基础平台，所有附件连接螺栓均采用锁紧螺母，同时紧固前需涂抹螺纹抗咬合剂，若使用不锈钢，则紧固后使用含锌量不小于96%的冷喷锌（富锌喷剂）+镀锌上色剂进行二次防护。附件装配时螺栓紧固力矩按表2所示执行（强度等级8.8级）。

表2　　螺栓紧固力矩值

螺纹规格 d/mm	6	8	10	12	16	18	20	24
8.8级 螺栓力矩/(N·m)	8	18	40	65	155	225	300	530
不锈钢螺栓力矩 A2-70/A4-70/(N·m)	7	15	27	47	115	160	220	390
平台与平台支撑 8.8级连接螺栓力矩/(N·m)					100			
铝合金爬梯穿心螺杆/(N·m)					35			

(5) 塔架平台面板与支撑耳板间在装配时放置厚度为3～5mm的橡胶垫，橡胶垫在装配后方向一致。

(6) 电柜托架平台外围踏板采用螺母在厂内预装，确认无问题后做好标记，按套打包发往现场。

(7) 照明系统布线安装及灭火器支架、爬梯及防坠落装置等的安装，要特别注意相邻两个塔筒连接处的爬梯安装定位，不允许塔筒吊装后相邻两段塔筒爬梯连接处发生爬梯重叠、错位现象。

7　结语

将风电塔筒自动化生产制造方法和加工制造控制技术应用于广西新能源风电项目群，在其制造过程中对各环节进行有效控制，保证了塔筒的加工质量，其筒节加工质量、法兰平面度、内倾度等加工精度远高于规范要求，现场流水线工装设计有效提高了加工生产效率，自动化生产设备保证了产品质量。

探讨风机机组吊装专项施工方案编制细则

王尚钦　魏　康　张金虎/水电水利规划设计总院有限公司

【摘　要】 经过广泛收集资料，参考多个工程的风机机组吊装专项施工方案以及相应的专家论证意见，并经对比分析、研究探讨，提出了专项施工方案编制提纲和编制细则，以供风电场工程建设各方借鉴和参考。

【关键词】 风机机组　吊装　施工方案　编制细则

1　引言

近年来，我国新能源工程持续迅猛发展，风力发电工程业绩更加显著，2022 年新增装机容量 3763 万 kW，同比增长 11.5%，累计装机容量已达 36544 万 kW。风机机组的制造技术得到进一步发展，机组大型化趋势日益显著，陆上单机容量 6MW 级成为主流机组，单机容量 8MW 级也在陆续下线，陆上风电机组配套的叶片长度达到 100m 左右，超高钢混塔架已超过 160m，这给风机机组的吊装带来了更大的挑战。

《危险性较大的分部分项工程安全管理规定》（住建部令第 37 号）第十条规定，施工单位应当在危大工程施工前编制专项施工方案；第十二条规定，对于超过一定规模的危大工程，施工单位应当组织召开专家论证会对专项施工方案进行论证。2018 年，住建部修订了《超过一定规模的危险性较大的分部分项工程范围》（建办质〔2018〕31 号），将起重量 300kN 及以上的起重机械安装工程纳入其中。2021 年，住建部出台了《危险性较大的分部分项工程专项施工方案编制指南》（建办质〔2021〕48 号），对起重吊装及安装工程给出了编制格式和内容要求。

目前单机容量 6MW 的风机机组，单件起吊重量超过 100t，远超出一定规模，为此，必须编制风机起吊安装专项施工方案，并召开专家论证会对专项施工方案进行论证。《危险性较大的分部分项工程专项施工方案编制指南》（建办质〔2021〕48 号）没有考虑风机机组吊装的规模、特点和复杂程度，针对性不强，为此有必要探讨风机机组吊装专项施工方案的编制细则。

2　专项施工方案编制提纲

《危险性较大的分部分项工程专项施工方案编制指南》（建办质〔2021〕48 号）提出的编制提纲包括：①工程概况；②编制依据；③施工计划；④施工工艺技术；⑤施工保证措施；⑥施工管理及作业人员配备和分工；⑦验收要求；⑧应急处置措施；⑨计算书及相关施工图纸。

根据风机机组吊装的规模、特点和复杂程度，参考多个工程的风机机组吊装专项施工方案以及相应的专家论证意见，经对比分析、深入研究，提出建议的专项施工方案编制提纲，包括：①工程概况；②编制依据；③作业准备；④施工工艺技术；⑤施工质量管理措施；⑥施工安全环境保护措施；⑦验收要求；⑧附录等。

3　专项施工方案编制细则

风机机组吊装专项施工方案编制主要包括以下内容。

3.1　工程概况

（1）工程所在地理位置、工程规模、工程主要构成、工程发电送出方式等。

（2）施工当地的气候特征和季节性天气。

（3）参建各方责任主体单位。

3.2　编制依据

（1）起重吊装依据的法律、法规、规章及规范性文件。

（2）依据的国家及行业技术标准和规范等。

（3）工程项目文件，包括施工图设计文件、吊装设备设施操作手册、风机说明书、施工合同等。

（4）施工组织设计等。

3.3　作业准备

（1）提出风电场工程质量安全目标、工期目标。

（2）配备管理、技术人员，明确职责和分工。

（3）制定材料设备与劳动力计划，包括起重吊装工程选用的材料、机械设备、劳动力等进出场明细表。

（4）施工技术准备。

1）吊装计算，包括：①主吊和辅吊起重机受力分配计算、吊装安全距离核算、吊索吊具安全系数核算；②各节塔筒吊装负荷计算；③机舱吊装负荷计算；④叶轮吊装负荷计算；⑤辅助汽车吊机舱卸车负荷计算等。

2）地基承载力计算。

（5）施工环境准备，包括吊装场地要求、吊装站位地基条件、设备部件进场要求等。

（6）施工总体平面布置，包括临时施工道路及材料堆场布置，施工、办公、生活区域布置，临时用电、用水、排水、消防布置，起重机械配置，起重机械安装拆卸场地等。

3.4 施工工艺

（1）风机卸车及存放。按照相关规定对塔筒、叶片、机舱等进行检查验收，检查卸货的现场条件是否满足要求，按照规定的要求进行卸货，并满足存放的要求。

（2）基础验收。要求接地电阻达到 4Ω 以下，灌浆材料强度高于 80MPa。

（3）地面支撑架、地面控制柜和开关柜的安装。

（4）塔架安装。吊装第一节塔架，主起重机单独起吊第一节塔筒，根据锚栓基础上塔筒门方向的标记，确保塔筒方位正确，缓慢下放塔筒。塔筒接近基础法兰处时解除牵引绳。安装人员扶住塔筒，对齐螺栓孔。下放塔筒，使所有锚栓都穿过法兰孔，与基础法兰贴合。塔筒就位之后手动将所有垫圈及螺母安装在锚栓上，按照作业指导书要求紧固力矩。依次吊装第二节、第三节、第四节塔架。

（5）机舱安装。沿与起重机吊臂垂直方向吊起机舱，将其定位于距塔筒上部法兰至少 1m 的位置，缓缓放下机舱，至两个接触面间距为 50cm 的位置，手动将螺栓旋入偏航轴承螺纹孔中，以此作为定位机舱的向导，通过吊车放下机舱，并插入塔筒上部法兰的导向螺柱，将所有螺栓插入螺孔后，手动安装所有垫圈和螺母。

（6）叶轮组装。按已确定的叶片安装角对准标记，分别把三只叶片与轮毂连接，确认安装角的零刻度，按对角法分两次将连接螺栓上紧至规定力矩。安装角误差一般不得超过半度。叶片定位块必须在柱头螺栓引导下同时安装，穿过叶片轴承孔。当叶片已经被装配到叶片轴承上时，必须将所有螺母和垫圈都装上。

（7）叶轮安装。用主吊吊起轮毂，辅吊进行溜尾，待叶片垂直于地面且叶尖高于地面 2m 以上，辅吊摘钩，主吊将叶轮吊起至机舱位置进行就位安装，将叶轮缓慢靠近机舱并与机舱对接。

（8）电气安装及调试。

（9）风机调试、验收、试运行。

3.5 施工质量管理措施

（1）施工质量管理包括工艺质量的控制、工程验收和评定。

（2）关键工序的质量控制。关键工序包括：①法兰面高强度联接螺栓紧固；②机舱吊装；③风机叶片组装及吊装。

（3）质量通病的控制措施。

（4）强制性条文执行情况检查。

（5）监测监控措施包括监测点的设置，监测仪器、设备和人员的配备，监测方式、方法、频率、信息反馈等。

3.6 施工安全环境保护措施

（1）风险辨识、评价及控制措施。对所有施工活动进行危险因素辨识和风险评价，确定危险因素的等级及主要危险因素，制订危险因素预防控制的具体措施，形成项目施工危险因素清单。

（2）风机吊装专项要求。

（3）文明施工要求。施工现场必须设置明显的标牌，包含吊装机构图、警示标识牌、吊装作业标识牌、操作规程等。对吊装施工区域进行警戒隔离。

（4）环境保护措施。风机安装施工中主要环境因素有施工废弃物（设备包装材料、工器具包装材料等）、生活垃圾、施工机械设备噪音等。

（5）应急处置措施。包括：①应急处置领导小组组成与职责、应急救援小组组成与职责，包括抢险、安保、后勤、医救、善后、应急救援工作流程、联系方式等；②应急事件（重大隐患和事故）及其应急措施；③应急物资准备等。

3.7 验收要求

（1）确定风机安装过程中各工序、节点的验收标准和验收条件。

（2）验收程序及人员。包括各验收流程，确定验收人员组成（建设、设计、施工、监理、监测等单位相关负责人）。

（3）验收内容。包括：①进场材料、机械设备、设施验收标准及验收表；②吊装与拆卸作业全过程安全技术控制的关键环节验收；③基础承载力是否满足要求；④起重性能是否符合要求；⑤吊、索、卡、具是否完好；⑥风机起吊重心确认；⑦吊运轨迹是否正确、信号指挥方式；⑧检验批、分部分项、单位工程验收等。

3.8 附录

（1）主、辅起吊设备等性能表。

（2）各类计算书。包括：①主吊和辅吊起重机受力分配计算、吊装安全距离核算、吊索吊具安全系数核算；②各节塔筒吊装负荷计算；③机舱吊装负荷计算；④叶轮吊装负荷计算；⑤辅助汽车吊机舱卸车负荷计算；⑥地基承载力计算等。

（3）相关施工图纸。包括：①施工总平面布置及说明；②现场设备布置图；③各塔筒卸车图；④叶片卸车图；⑤各塔筒吊装图；⑥机舱吊装图；⑦叶片吊装图等。

（4）起重机特种设备证书。

（5）特种人员、专职安全人员证书等。

4　结语及建议

风机吊装是风电场工程建设的重要环节，风机吊装是危大工程，塔筒、叶片、机舱尺寸大，结构复杂，起重量吊装远远超过 100t，吊装作业非常复杂，难度很大，尤其在山区、在空间受限的地方尤为艰难。为此，住建部出台多项文件要求编制专项施工方案，并召开专家论证会对专项施工方案进行论证。

经过广泛收集资料，参考多个工程的风机机组吊装专项施工方案以及相应的专家论证意见，经对比分析和深入研究，提出建议的专项施工方案编制提纲和编制细则，供风电场工程建设各方借鉴和参考。

2021 年住建部出台了《危险性较大的分部分项工程专项施工方案编制指南》（建办质〔2021〕48 号），对起重吊装及安装工程给出了编制格式和内容要求，但没有考虑风机机组吊装的规模、特点和复杂程度，针对性不强，不适用于风机机组吊装。建议编制行业规范《风机机组吊装专项施工方案编制指南》，进一步规范风机机组吊装专项施工方案的编制格式和内容，提高编写质量和编制效率，也有利于专家论证。

高山风电场道路下边坡零扰动施工技术

曹军兴　万　蝉　曾祥华/中国电建集团江西省水电工程局有限公司

【摘　要】　开发建设高山风电场就需要挖山修路，难免会破坏道路下边坡的原有生态。本文以华能打鼓寨风电场道路建设为例，通过优化道路施工方案，在施工过程中将道路开挖边线向山体内侧平移，采用道路“下边坡零扰动”施工技术，所有余土外运至弃土场，避免道路下边坡植被扰动、水土流失，以维持下边坡原有的生态环境。

【关键词】　高山风电场　下边坡零扰动　生态环保

1　引言

在风电场的建设中，场内道路施工将形成大量的下边坡，道路下边坡面积大、范围广。如果施工控制措施不当，在施工过程和后期运行过程中，容易造成边坡水土流失、路基失稳、边坡垮塌等祸端。同时泥沙的流入将直接影响风场下游水系水质，给周边及下游居民的生活带来一定程度的负面影响。

对于半挖半填施工方法形成的下边坡，由于道路下边坡土质均是开挖之后产生的深层岩土，土壤土质极差，给后续道路下边坡绿化及水保验收造成了极大的麻烦，因此下边坡处理是目前各风电场最大的难题。为了解决这一难题，施工项目部总结了多个工程下边坡处理方式，最终形成“下边坡零扰动”施工方法。该方法有效避免了水土流失及次生灾害，有效缓解了高山风电场道路建设对当地生态环境的破坏，同时可减少工程建设投资。

2　工程概况

打鼓寨风电场是江西省重点建设工程，是广昌县推进绿色发展战略，打造生态旅游建设“广昌样板”的重要工程。风电场工程场址位于广昌县和南丰县境内，风电场山脊长度 20km，呈南北走向，海拔 700～1100m。打鼓寨风电场的装机容量为 94MW，共安装 28 台单机容量 3MW 和 4 台单机容量 2.5MW 的风力发电机组，新建一座 110kV 升压站，是江西省单体容量最大的风电场。

3　施工方案优化

所谓“下边坡零扰动”，就是在施工过程中将道路开挖边线向山体内侧平移，除沟壑、道路内弯半径不满足大件运输车辆转弯半径等处必须要进行回填外，所有余土外运至弃土场，最大限度保护下边坡原有植被不受扰动，维持下边坡原有生态。

为了保证道路施工后的水保绿化满足环保水保验收要求，避免下边坡水土流失，节约成本，响应国家水保绿化“三同时”的号召，施工项目部积极与业主方、设计方协调，并组建专门的攻关小组，制定合理的节点深化方案。经历反复修改、协调、试验，最终确定现场道路施工采用“下边坡零扰动”的施工方法。

“下边坡零扰动”的施工方法，可以使得下边坡原始地貌基本不受破坏，保持原有的绿色环境，避免了下边坡水土流失导致的环境污染，解决了下边坡绿化及需要大量修建路堤挡土墙的难题，同时有效节省了成本，加快了工期。

通过施工方案优化，将传统挖填平衡法（半挖半填）改为“下边坡零扰动”施工方法（见图 1）。

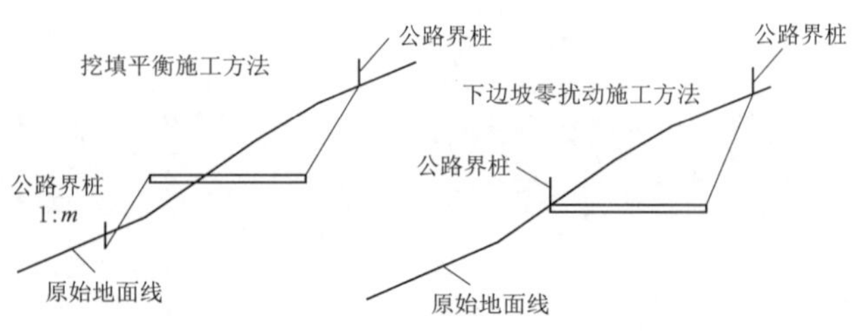

图 1　施工方案优化示意图

4　下边坡零扰动施工技术

4.1　测量放样

测量时按照测量规范，遵守先整体后局部和高精度控制低精度的工作程序，在合理的天气条件下测量。通过GPS仪器按照设计图纸将道路上、下征地红线放出，并按照上边线绿线，下边线红线原则进行放线。架设全站仪时带上高程。先根据图纸大致算出坡脚距中桩的距离，放样该位置，测出高程。根据测出的高程结合设计坡比，反复调整位置，直至该位置的高程和偏距符合设计要求。

4.2　道路清表

道路清表包括植被清理和表土清挖。清理开始之前，按施工测量确定的上、下征地红线范围进行清理，其范围包括路基、上边坡、下边坡需要清理的全部区域地表。清理采用推土机和挖掘机配合施工。对于能用推土机直接清理的，采用推土机直接清理到位；对于推土机无法清理的地方，采用挖掘机装自卸汽车运走。

4.3　道路开挖

施工时机械行驶至道路开挖处，从上边线往下开挖。边坡开挖采用机械配合人工开挖，要求严格按照从上至下的顺序逐级开挖，并逐级加固维护，直至全部道路开挖结束。在开挖过程中，根据边桩位置，预留0.2～0.3m的保护层，以利于人工修坡。施工时逐层控制，每10m长边坡范围插杆进行人工修整。当边坡为石方时，采用带炮头挖掘机破碎为主的综合开挖法施工。在接近设计坡面1m范围以内，应采用人工配合机械开挖，以保护边坡稳定和开挖面整齐。

道路宽度严格按设计宽度5.5m控制，挖至道路5.5m宽后，停止开挖，预留下边坡原始地貌。挖出的土石方均需运至设计指定的弃土场。对于道路宽度不够的，可以视现场情况往上边坡开挖，原则上尽量不损害下边坡原始地貌。道路下边坡零扰动面貌见图2。

图2　道路下边坡零扰动面貌

4.4　上边坡修整

破碎后的悬凸危岩、破裂块体应及时清除整修。坡面削坡清理浮石时，应符合设计图要求。清理范围延伸到最大清理边界。对局部陡倾坡段进行适当削方及强风化层挖除，清除规定区域内的全部垃圾、杂草、树根、废渣、表土和监理工程师认为必须清除的其他障碍物。

上坡面清理不得有较大的凸起和凹陷，尤其是清除危岩体坡面应与周围平顺连接。针对破碎松动岩体和危岩体，削坡和清理浮石时采用自上而下、分区跳段的方式进行，每段施工长度一般控制在15m，任何部位均不得采用自下而上的开挖方式施工。强风化层挖除采用人工或小型机械进行清理，坡面破碎松动岩体采用人工或机械撬挖。清理的土石采用挖掘机和装载机挖装，自卸汽车运输至弃土场。

4.5　临时排水沟开挖

边坡开挖后，路面排水工程尚未真正展开，需开挖一条临时排水沟。开挖基槽前应合理确定开挖路线及开挖深度，以满足工程的需要。土方开挖宜分层分段依次进行。在开挖时应随时检查基槽和边坡的状态，以防坍塌。机械挖掘不到时，应配合人工挖掘，用手推车把土运到机械能作业的地点，以便用机械清走。

5　经济效益分析

以往高山风电场道路开挖，基本采用半挖半填的施工方法，例如华能灵华山风电场道路施工基本采用此方法。打鼓寨风电场道路施工采用下边坡零扰动施工方法。两种施工方法的工程量及投资分析对比结果见表1。这两个风电场场内道路长度均在20km左右，海拔、地势差别不大，因而具有可比性。

由表1可知，采用道路下边坡零扰动施工方法，项目可减少投资约1687万元，且下边坡无水土流失，避免了因水土流失带来的社会负面影响。

6　工程应用及成效

道路下边坡零扰动施工技术已在打鼓寨风电场道路建设全过程应用，下边坡水土保持效果显著，保持了原有的绿色环境，避免了下边坡水土流失导致的环境污染，解决了下边坡绿化及需要大量修建路堤挡土墙的难题，同时有效地节省了成本，加快了工期。工程建成后的效果如图3所示。打鼓寨风电场工程荣获2021年度“华东地区优质工程奖”、2021年度“中国电力优质工程奖”。道路下边坡零扰动施工技术在下边坡水土保持治理中具有可推广性。

表 1　半挖半填与下边坡零扰动施工方法投资比较

项　目	半挖半填（以灵华山为例）			下边坡零扰动（以打鼓寨为例）		
	投标单价/（元/m^3）	工程量/m^3	投资小计/元	投标单价/（元/m^3）	工程量/m^3	投资小计/元
挖方	7.64	557500	4259300	7.64	1115000	8518600
填方	4.25	557500	2369375	4.25	0	0
外运	4.03	0	0	4.03	1115000	4493450
绿化	6.01	302400	1817424	6.01	0	0
挡土墙	276	100000	27600000	276	30000	8280000
弃土场征地费用			0			1116116
水土流失损失费用			3240000			0
合　计			39286099			22408166

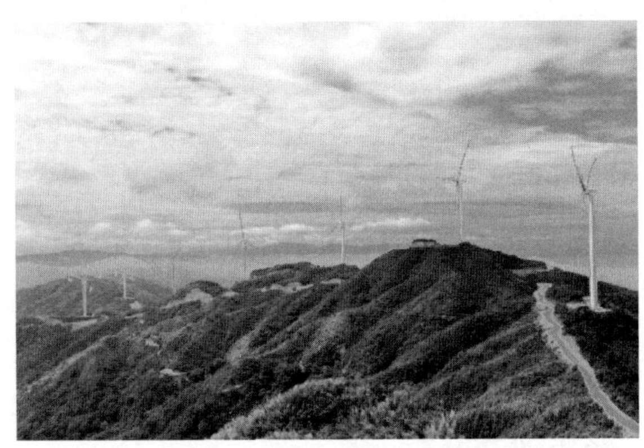

图 3　道路下边坡零扰动建设示范

道路下边坡零扰动施工技术在打鼓寨风电场成功应用，该方法主要有以下优点：

（1）下边坡的原始地貌没有受到破坏，很好地保留了原始地貌，也没有产生水土流失，避免给周边居民的生活带来负面影响。

（2）下边坡零扰动施工工艺简单，挖掘机、自卸汽车和管理人员配合即可完成。

（3）采用零扰动施工工艺，主体完成后基本不需要对下边坡进行绿化和挡墙处理，大大减少了项目的投资成本，大部分业主都会接受。

7　结语

道路下边坡零扰动方案虽然增加了土方开挖量，道路施工进度有所影响，但保证了路基全断面强度，从根本上保障大件运输安全。同时，道路下边坡无须再进行挡墙设计及绿化，总体施工工期相对减少。施工范围基本可以控制在征地红线范围内，最大限度规避林地，避免违法违规占地风险，也基本避免了下边坡塌方、水土流失等问题。

近年来，风电场建设项目较多，产生的下边坡面积较大，各建设单位和水土保持设计单位均考虑了多种多样的边坡生态恢复措施，取得了较好的生态和社会效益。根据目前高山风电场边坡的特点和水土保持设施验收的要求，项目采用道路下边坡零扰动施工技术，取得了更好的生态效益、经济效益和景观效果，为高山风电场边坡生态修复积累了工程实践经验，可供类似工程借鉴。

审稿人：张正富、陈振华

上海某退役纺织品企业地块土壤污染状况调查及风险评估

王　磊/中国水利水电第九工程局有限公司
周　文/中国电建集团环境工程有限公司

【摘　要】 为了解上海某退役纺织品企业历史生产活动对厂区土壤和地下水环境的影响，对项目地块进行了土壤污染状况调查和健康风险评估，并对关注污染物锑的来源和形态进行了分析。结果表明，该地块地下水污染物锑对人体的健康风险在可接受范围内，无须进行修复，可以按照规划进行下一步的土地开发利用。

【关键词】 锑　土壤　地下水　风险评估

1　引言

工业企业长期的生产运营可能对地块内的土壤和地下水造成潜在污染。在企业关闭、搬迁时，如不能规范准确地识别相关环境污染风险，可能对地块周边环境和居民生活造成影响。

土壤和地下水的污染具有一定的隐蔽性，如何科学准确地表征土壤和地下水污染状况及污染物的扩散趋势、如何更好地处理并展示数据结果，是土壤与地下水污染防治工作的重要环节。因此，查明污染源、污染范围、污染物质等，对我国土地的合理利用和开发具有重要意义。

本文以上海某退役纺织品企业地块为例，依据国家相关导则，在土壤污染状况初步调查基础上，通过详细调查和健康风险评估，研究了土壤和地下水中污染物的污染程度和污染范围，并对污染物的来源和形态进行了分析研究，为地块的后续开发提供了依据。

2　调查方法

2.1　地块概况

本研究地块位于上海市，占地面积约为 51000m^2，地块未来作为工业用地使用，地块内的企业已经搬迁。该地块历史上曾经作为农业用地和工业用地使用，退役企业主要从事生产、加工汽车坐垫面料等工业用特种纺织品，所属行业类别为化纤织物染整精加工，行业代码为 1752，为上海“12＋3”行业企业。

2.2　地块土壤污染状况调查

本研究地块按照专业判断布点法，初步调查共布设 33 个土壤监测点和 16 个地下水监测点位（见图 1），深度为 6.0m，地块内共送检土壤样品 109 个、地下水样品 18 个。

初步调查结果显示：地块内所有土壤样品中各因子检出浓度均未超过《土壤环境质量 建设用地土壤污染风险管控标准（试行）》（GB 36600—2018）中的第二类用地筛选值；地下水井 MW8、MW13 中锑的检出浓度超出《地下水质量标准》（GB/T 14848—2017）中Ⅳ类水标准。

详细调查阶段，结合地块实际情况，在超标点位原点附近 0.5m 范围内设置 1 个关联井，在周边四个方向上各设置 1 个地下水监测井，监测网格不大于 20m×20m，四个方向布点同时考虑地下水的流向、废水管渠和厂区土建设施分布。详细调查阶段共设置了 9 个 6.0m 的地下水监测井和 2 个 15.0m 的深层地下水关联井（见图 2），共采集了 13 组地下水样品，分析参数为锑。

根据土壤污染状况初步调查和详细调查结果，地下水中锑的超标点位为 MW8、MW13，超标深度主要集中在地下水水位至地面以下 6.0m 范围内，超标点位对应的关联井和加密井地下水样品中锑浓度均未超标，以 GB/T 14848—2017 中的Ⅳ类水质标准为边界，采用 Surfer 软件插值绘制锑的超标范围（见图 3）。按照国家和上海市相关要求，需对地块内地下水中锑超标点位开展人体健康风险评估工作。

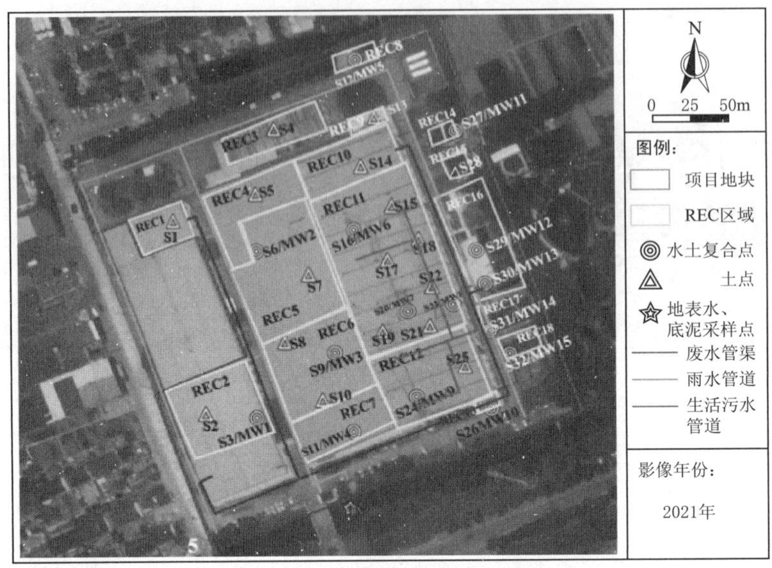

图 1　初步调查点位布设图

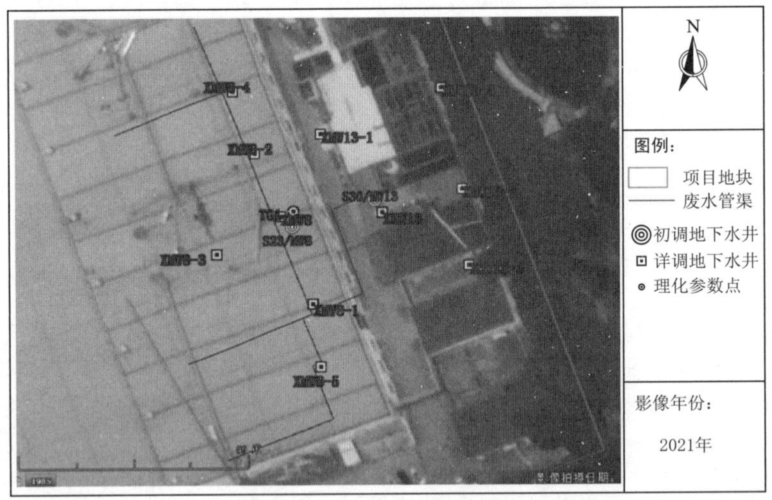

图 2　详细调查点位布设图

2.3　地块内锑污染来源分析

地块内历史企业的生产过程不使用含锑化学品，但土壤污染状况调查显示地块内地下水存在锑超标情况，这可能是由于锑系催化剂反应活性较高，能减少副反应的进行，提高主反应的转换率，同时价格低廉，因此在合成纤维的工业生产过程中被广泛作为缩聚反应的催化剂。企业纺织品制造的主要原材料为聚酯合成纤维，在后续生产过程中涉及印染工艺，而印染工艺主要包括退浆、碱减量、漂白、染色和后整理等工序。根据对印染行业各生产流程及工艺特点的分析，聚酯合成纤维中残留的锑系催化剂可能通过退浆、碱减量、染色等工艺段的废水释放出来。

退浆的目的是去除织物上的浆料和表面的杂质，使染料与纤维保持良好的亲和力。退浆工艺中加入的烧碱可引起合成纤维表面的酯键发生水解断裂，此时残留在织物中的锑会随之释放到废水中。染色是纤维和染料通过物理或化学的结合使织物具有一定的颜色。印染过程

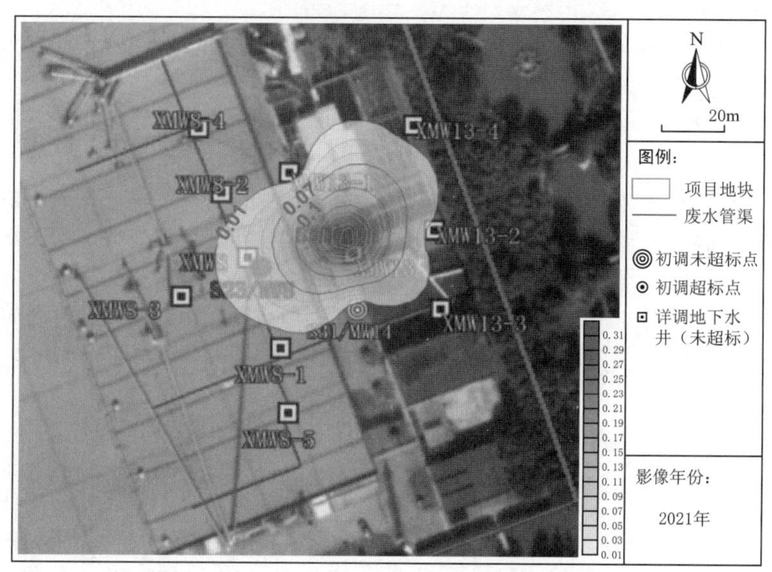

图3 地下水超标范围图（锑、6m 地下水井）

需要消耗大量的染料和助剂，染色起始温度一般为 50～60℃，约 1h 后逐渐升温至 130℃，染色 1～2h 后充分水洗，锑可能随着水洗进入废水中。

3 健康风险评估

地块土壤污染状况初步调查和详细调查发现，地下水中锑存在超标。需要针对该地块地下水的关注污染物进行人体健康风险评估，评估方法依照国家和上海市相关技术规范实施。

3.1 危害识别

本研究地块规划为工业用地，属于《土壤环境质量 建设用地土壤污染风险管控标准（试行）》（GB 36600—2018）中第二类用地，本次风险评估按第二类用地类型对研究地块的土壤和地下水进行评估。该土地利用方式下，主要的暴露人群为成人，相较于儿童、老年人，成人的暴露期长、暴露频率高，因此根据成人期的暴露来评估污染物的致癌风险和非致癌效应。

3.2 毒性评估

本次关注污染物致癌毒性的判断是根据国际癌症研究机构（International Agency for Research on Cancer，IARC）的相关研究成果判定的。

IARC 依据致癌性资料将化学物质分为以下四类：

第一类（Group 1）：致癌物，对人类的致癌性证据充分。

第二类（Group 1）：潜在致癌物，又分为 Group 2A 和 Group 2B 两个小类。Group 2A 指对人类致癌性证据有限，对实验动物致癌性证据充分；Group 2B 指对人类致癌性证据有限，对实验动物致癌性证据不充分。

第三类（Group 3）：无法判别是否为致癌物。

第四类（Group 4）：非致癌物。

本地块关注污染物为地下水中的锑，属于 IARC 分类中的 Group 3。关注污染物毒性效应分类见表 1。

表 1　关注污染物毒性效应分类

关注污染物	CAS 号	致癌效应	非致癌效应	IARC 分类
锑	7440-36-0	×	√	3

3.3 暴露评估

本研究地块的污染物暴露情景为第二类用地方式暴露情景，在建设期和运营期，涉及的主要敏感受体为成人。地下水有 3 种暴露途径：饮用地下水、吸入室外空气中来自地下水的气态污染物和吸入室内空气中来自地下水的气态污染物。

由《上海市饮用水水源保护条例》（2021 年 10 月 28 日）可知，上海饮用水水源地均为地表水水源，因此地块所在地的地下水不作为饮用水使用，本研究地块地下水无饮用地下水的暴露途径。

地下水中锑的形态分析：锑为第五主族元素，性质与砷相似，是一种典型的有毒有害重金属元素。锑在环境中主要以五价形式（氧化环境）和三价形式（还原环境）存在，以无机形态为主。潮湿环境中，Sb_2S_3 可转化为 Sb_2O_3、$Sb_3O_6(OH)$ 以及少量 Sb_2S_4，Sb_2S_3 可通过直接氧化溶解以及先形成 Sb_2O_3 再水解等两种途径转化为 SbO_3^-。在氧化性条件下水中的 Sb 主要以 Sb(V)［即 $Sb(OH)_6^-$］形态存在，还原性条件下则以 $Sb(OH)_3$、$Sb(OH)_2^+$ 及 $Sb(OH)_4^-$ 形态存在。

根据前期详细调查地下水采样记录，地块 pH 范围约为 7.0～8.7，氧化还原电位约为 0.10～0.25V，结合锑的 *Eh*－pH 图（见图 4），本地块地下水锑的存在形态以 $Sb(OH)_3$ 为主。另外，根据《建设用地土壤污染风险评估技术导则》（HJ 25.3—2019）中表 B.2 可知，锑的无量纲亨利常数、空气扩散系数、水中扩散系数均无相关推荐参数值，因此关注污染物锑不挥发，地下水中关注污染物锑无暴露途径，受体暴露量为 0。

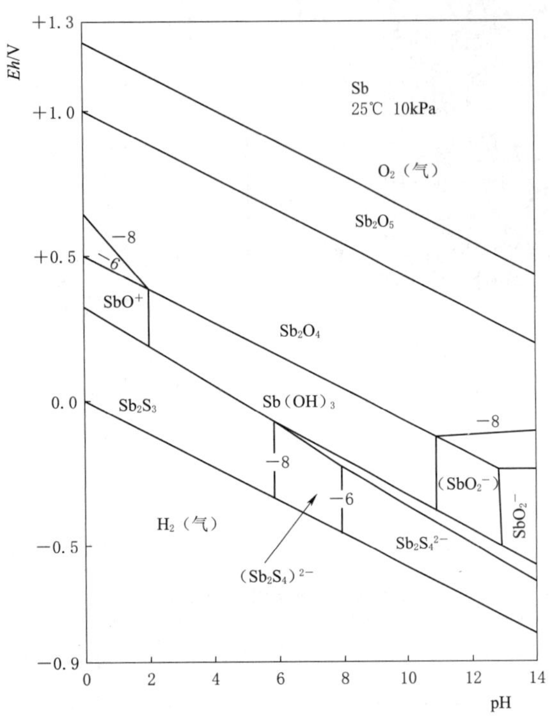

图 4 锑的 *Eh*－pH 图（可溶 Sb 化学形式的活度为 10^{-6} 和 10^{-8}，图中以－6 和－8 表示）

3.4 风险表征

重金属锑在本研究地块地下水中主要以 $Sb(OH)_3$ 形态存在，地下水中污染物锑不挥发，无暴露途径，暴露量为 0，因此对人体健康风险在可接受的范围内。

4 调查及风险评估结果的应用情况

本次调查及风险评估工作收集了该地块的相关资料和数据，掌握了地块土壤和地下水中关注污染物的浓度分布情况，明确了土地规划利用方式，分析了可能的敏感受体，并进行了危害识别、暴露评估、毒性评估、风险表征。所形成的结论可供环境管理部门和自然资源规划部门参考，作为该退役纺织品企业退场后土地开发利用和管理的依据。

5 结论和建议

本研究地块未来规划为工业用地，为《土壤环境质量 建设用地土壤污染风险管控标准（试行）》（GB 36600—2018）中的“第二类用地”，本地块土壤污染状况初步调查和详细调查结果表明：本地块内土壤环境质量符合第二类用地类型使用要求，地下水中锑存在超标，超标深度主要集中在地下水水位至地面以下 6.0m 范围内。

人体健康风险评估结果表明：地块内地下水关注污染物为锑，地块所在地的地下水不作为饮用水使用，关注地下水污染物锑不挥发，无暴露途径，暴露量为 0，因此对人体健康风险在可接受的范围内。综上，本地块地下水污染物锑对人体健康风险在可接受范围内，无需进行修复，可以按照规划进行下一步的土地开发利用。

建议业主做好项目开发前的地块保护工作，在地块周边设置人员看护，避免外来土或垃圾倾倒等行为导致地块土壤和地下水污染，在后续的地块开发过程中谨慎利用地下水。另外还需要落实各项土壤和地表水的环境保护措施，防止土壤和地表水污染。如地块用地性质发生改变，在开发前应根据实际情况进行适当的补充调查，对地块污染状况进行重新评估，以确认地块内的污染情况是否发生变化。

大跨度双层钢桁梁拱桥安装关键技术研究

来淑梅　刘郭周　亓艳生/中国电建市政建设集团有限公司

【摘　要】双层钢桁梁柔性拱桥具有跨度大、双层桥面、施工场地空间狭小，施工工期紧、保持通航等工程特点，本文介绍了大跨度双层钢桁架桥按照先梁后拱的施工顺序、利用跨河栈桥龙门吊进行安装的施工技术，为类似双层钢桁架桥的安装施工提供借鉴。

【关键词】双层钢架桥　栈桥　桁架　拱肋

1　引言

上下双层结构的钢桁梁拱桥承载能力大，有上、下双层桥面、多车道，随着城市交通流量不断增加，这种桥梁形式逐步被广泛应用。双层钢桁架结构形式较为复杂，合理选择施工方法尤为关键，若施工方法不合理则会增加施工风险，影响桥梁结构及施工人员的安全。钢桁架拱桥常用的施工方法包括支架安装法、整体提升安装法、缆索吊装悬臂拼装法、转体施工法、扣塔悬臂吊装法。实际施工中根据工程安装施工环境条件和经济合理性因地制宜，从施工条件、工期和成本控制多方面分别对不同方案详细比较，选择合理的施工方案。

2　工程概况

新建岐江河大桥设计为双层桥面简支钢桁梁拱桥，主桥跨度为150m，宽37.3m，总重约8000t，主梁采用全焊接双层桁架，如图1所示，拱肋采用二次抛物线型式，矢高为37.5m（距离下层跨中系统中心线）。桥面系采用大横梁＋小横肋＋纵梁的正交异性桥面板，上、下层桥面均设双向2%横坡。主桁杆件间不设桥门架及横联，拱肋G3～G11之间设上平联，采用十字叉形结构；吊索在主桁的锚固采用了耳板结构，耳板焊接在上弦杆件顶板，与腹板对应。根据双层钢桁梁拱桥的结构特点，将钢桁梁拱桥划分为主弦杆、桥面板、横梁、钢拱肋四大单元。其中主弦杆、横梁、钢拱肋均为整体分段构件，保证现场焊接仅留有少量环缝焊接；上、下桥面板则制作成分段模块形式，即小横梁、小纵梁与桥面板在工厂焊接成大段模块，现场直接吊装。

工程斜跨Ⅳ级航道岐江河，综合考虑桥梁施工环境条件，采用河道搭设钢栈桥，龙门吊跨整个河道，龙门吊受干扰因素少，沿轨道行走方便，可以同时解决大构件水上吊装和小构件陆上吊装问题，施工效率高。

图1　新建岐江河大桥效果图

3　双层钢桁梁拱桥安装工艺流程

跨河设置临时施工支架，主桥钢结构工厂内构件制作的同时，现场进行安装支架工作。首先在主桥横向两侧搭设栈桥，采用50t履带吊“钓鱼法”施工栈桥，并安装河道内支架体系。拼装支架在主桁下方沿桥长方向通长设置，河道与桥斜交，要保证通航孔宽度，支架错位布置，跨中20m范围内无拼装支架，龙门吊轨道与底板齐平，陆地上轨道相应抬高。

利用龙门吊，从两端向跨中依次安装下弦杆、下层钢横梁和下层钢桥面板，重复上述工序依次安装腹杆、上弦杆、上层钢横梁和上层桥面板。钢桁梁安装合龙完成后，再以上层桥面板为施工操作平台，分层安装拱肋施工支架，并通过履带吊机上桥从拱脚向拱顶依次安装拱肋节段直至拱肋合龙，最后安装风撑、吊杆及其他结构构件，拆除施工支架，完成梁拱体系转换。钢桁梁拱桥安装工艺流程如图 2 所示。

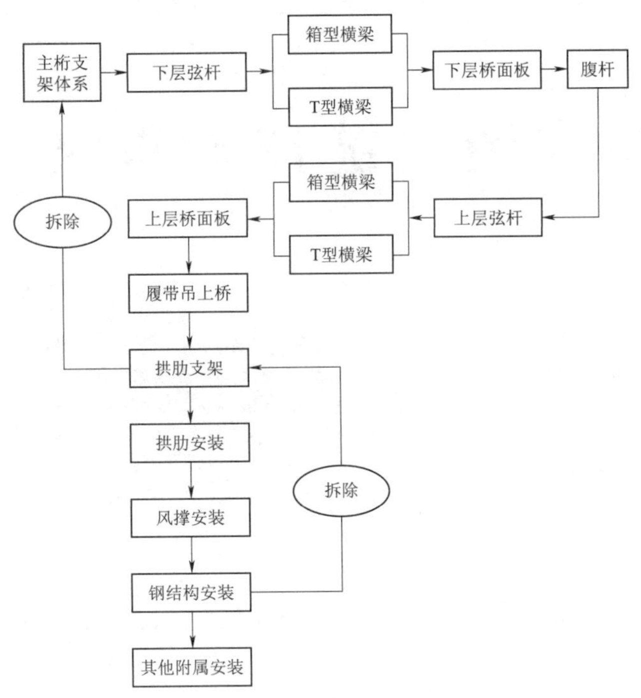

图 2 钢桁梁拱桥安装工艺流程图

4 主桥支架体系安装技术

施工过程中，利用有限元仿真模拟大跨度双层钢桁梁安装施工全过程，明确施工进程中的结构受力特点，确定不同施工工况下的关键受力部位，提出施工中的重点监测截面。同理，利用数值模拟研究拼装支架的拆除方案，优化大吨位双层钢桁梁拱桥先梁后拱施工的落架顺序，实现指导施工过程的目的。

4.1 支架体系计算

施工前，利用 Midas 软件建立钢梁及钢拱拼装支架整体计算模型，其计算模型及加载示意图如图 3 所示。分别对龙门吊栈桥、拼装支架、钢桁梁等进行详细的受力状态模拟计算分析。

4.2 支架安装关键技术

主桥支架基础包括龙门吊栈桥支架陆地扩大基础、龙门吊支架钢管柱基础、主桁拼装支架钢管桩基础、下层横梁拼装支架钢管桩基基础。

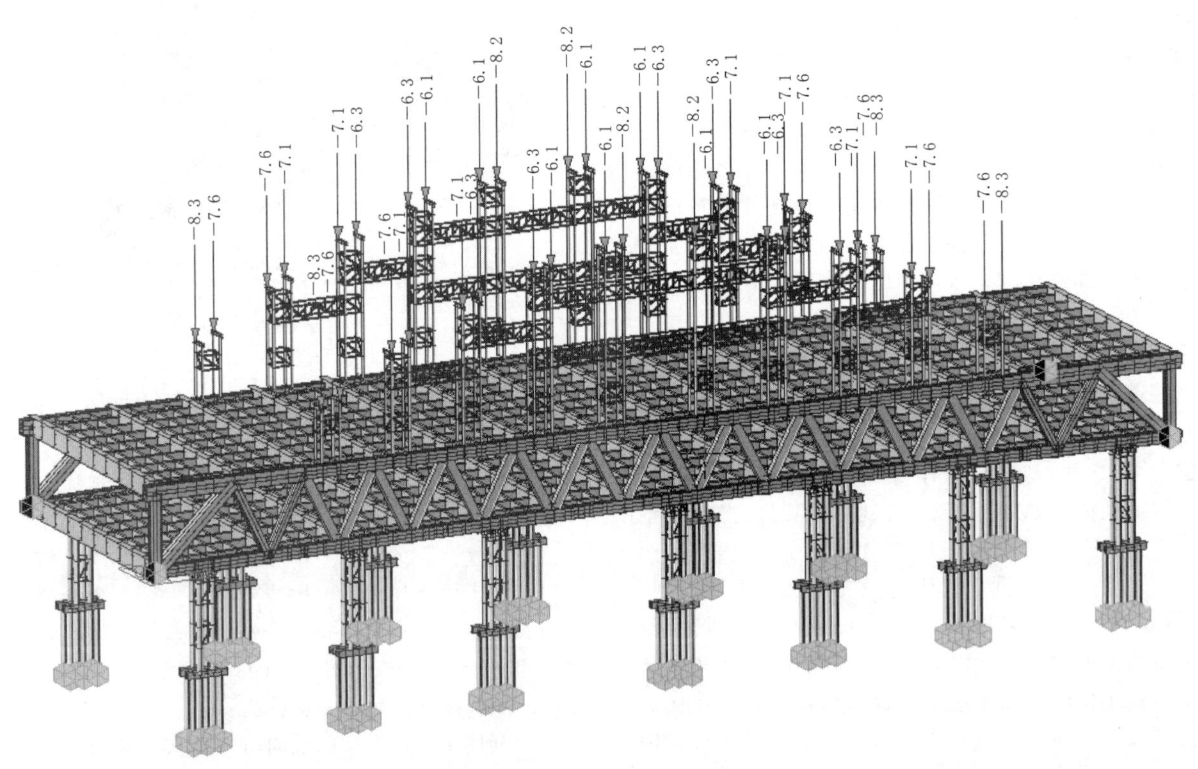

图 3 拼装支架计算模型图（单位：t）

4.2.1 钢栈桥支架施工

栈桥按所处位置分为滩地施工和跨水面段施工两部分。滩地施工直接利用 50t 履带吊配合 DZ－90 振动锤在临时便道上施打。钢管桩插打到设计位置后，焊接桩间连接系，履带吊安装桩顶分配梁、贝雷梁、横向分配梁及桥面板。为加快施工进度，贝雷梁在后场拼装成型，现场成组吊装。跨水面段部分采用“钓鱼法”工艺逐跨施工。

4.2.2 龙门吊栈桥支架施工

主桥双层桁架两侧设置龙门吊栈桥支架，钢桁梁单元件最大重量为58.2t，龙门吊覆盖全桥主桁，采用两台60t龙门吊从两岸向河中心安装，河道内支架桩基采用ϕ630钢管桩。门吊支架横向间距4m，纵向间距9m，梁端和中间位置设置制动墩，间距3m。立柱$\phi630\times9$，连接系采用[20槽钢，柱顶布置三拼56b工字钢，型钢上部通长布置“3＋4＋3”组合型贝雷架，中间4榀贝雷架用于龙门吊轨道，贝雷架上部节点位置布置双榀工25b工字钢垫梁，用于龙门吊轨道及履带吊行走，布置间距均为750mm，通航孔轨道梁采用三榀HN1000×300型钢，顶端通长布置43kg轨道，龙门吊通航孔轨道采用HN1000×300×19×36三榀型钢制作，型钢纵缝采用间断焊接，通航孔轨道梁采用2台50t履带吊抬吊，单件重32t，轨道梁通过运输船运输到起吊位置。

4.2.3 主桁拼装支架

主桁拼装施工支架在各施工环节起着承担各配件及其介质重量、约束和限制结构构件不合理位移以及控制部件振动等功能，对建筑设施的安全运行具有极其重要的作用。施工支架搭设完成后，在使用前均须严格检查，确保支架质量可靠后方可采用，同时在布置支架时预留通行航道，确保施工期间通航。

主桁拼装支架基础分为主桁拼装全部在岐江河内和利用桥跨两端主墩承台两种情况。主桁拼装全部在岐江河内，均需要采用钢管桩基础，主桁支架桩基在栈桥侧面安装导向架进行桩基定位，如图4所示。钢管桩每处6根，采用$\phi800\times9$钢管桩，通过计算，入土深度不小于19.6m，实际深度需要做静载荷试验，考虑当前平均水深3m，钢管出水面2m设置。钢管桩顶部设置垫梁，垫梁上布置支架立柱，每处4根。

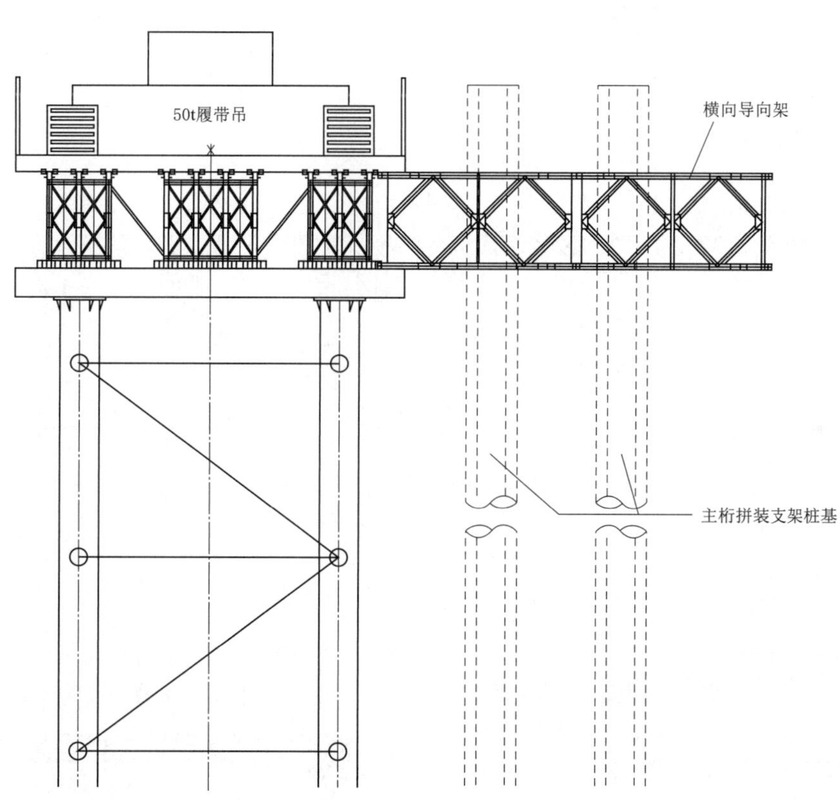

图4 横向导向架示意图

下层箱型横梁分三段安装，需要设置临时支架，支架布置均在河道内，采用钢管桩基础，利用水上浮吊，振动锤施工，桩基一通到顶。

5 钢桁架桥安装技术

5.1 主桁架和钢桥面安装工艺流程

主桁架为全桥最主要的受力构件，包括下弦杆、上弦杆、腹杆、横梁和整体节点。安装工艺流程为：下弦杆安装→端部箱型横梁安装→T型横梁整体安装→下层桥面板安装→腹杆安装→上层主桁弦杆、箱型横梁、T型横梁和桥面板安装。

5.2 钢桁架安装

5.2.1 下弦杆安装

主桁拼装支架安装后，进行下弦杆安装，按照从两端向跨中安装的顺序进行。安装前复核支架调节短管标高，下弦杆首段安装重点控制。××1a 尺寸为 1970mm×2520mm×8360mm，单件重量为 41.4t；××1b 尺寸为 1970mm×3260mm×5120mm，单件重量为 23.5t。采用 70t 汽车吊进行吊装，重点把控支座部位螺栓孔对位，端口测量点坐标及标高精确控制，高程允许偏差±5mm，里程允许偏差±10mm，偏距允许偏差±10mm；再进行××1b 构件吊装，重点控制顶面标高。利用龙门吊依次安装剩余下弦杆节段，如图 5 所示直至下弦杆完全合龙。

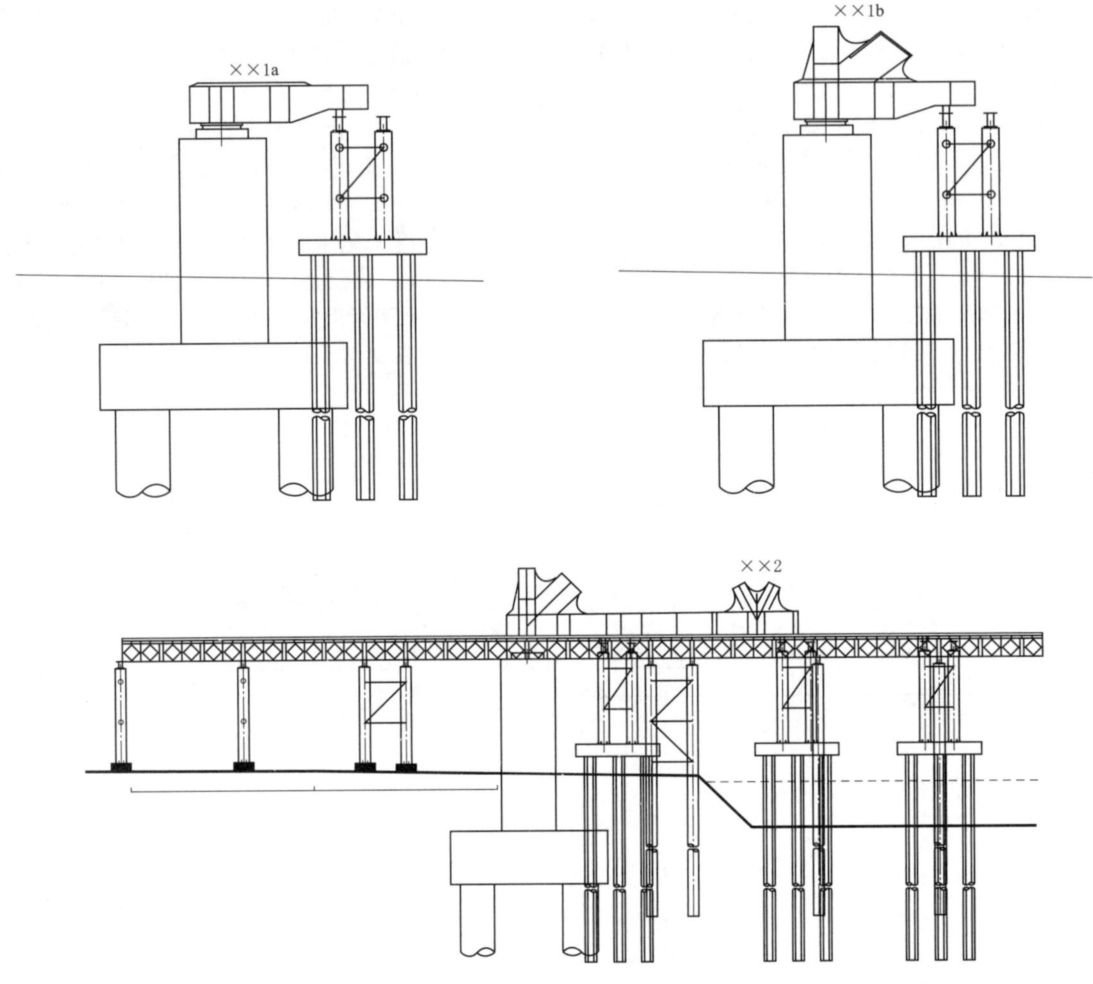

图 5　下弦杆安装示意图

5.2.2　下层横梁及下层桥面板

桥梁沿桥纵向设计 4 件箱型横梁，中间为 T 型大横梁。下弦杆安装 2 段后，利用龙门吊安装两端箱型横梁，箱型横梁下方设置两组拼装支架，每根箱型横梁分 3 段吊装（见图 6）。

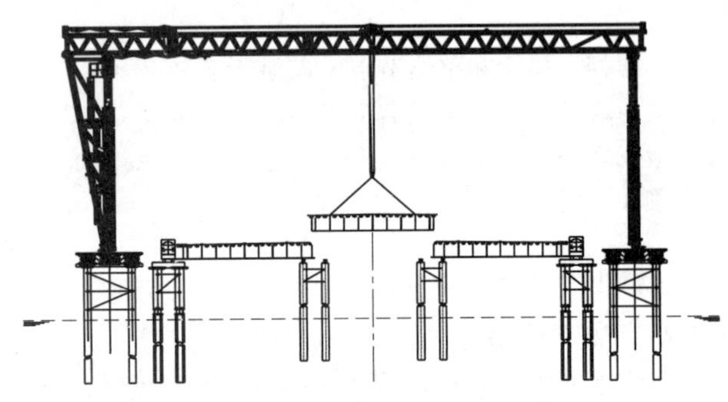

图 6　端头箱型横梁安装示意图

中间大 T 型横梁需在现场进行三拼一，形成整体进行吊装（见图 7），安装顺序为由两端向跨中逐次安装。

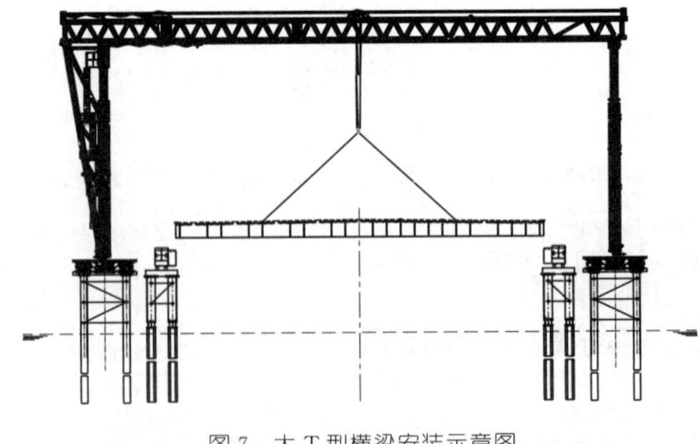

图 7　大 T 型横梁安装示意图

桁架安装具有足够桥面安装空间后，开始下层桥面安装，吊装下层桥面板节段模块，桥面板为组合板块，厂内制作时桥面板单元件含纵横梁，现场安装无顺序要求，可任意部位进行吊装，提高现场施工效率。其纵向安装顺序为由两端向跨中，横向由两侧向中间安装，直至下层桥面完全合龙。

5.2.3 腹杆、上弦杆及上层横梁安装

斜腹杆外倾受压，内倾受拉，为确保斜腹杆安装，腹杆临时对接环口连接件在制作前进行计算，对腹杆连接板尺寸、螺栓规格进行规定，厂内腹杆与上、下弦杆在厂内进行整体预拼，对接环口设置临时连接件，分别在腹杆翼板及腹板上设置，工地安装定位通过临时连接件精准定位，待上弦杆安装定位后，进行焊接。钢桁架端头斜腹杆最重，安装时，侧面配合手拉葫芦，调整到与下弦杆对接口角度，为了保证腹杆定位，最大斜腹杆增加支撑钢管。其他腹杆安装，根据下弦杆及桥面安装进度配套适时安装。

根据腹板安装进度配套适时安装上弦杆。为减少现场吊装频次，根据吊装能力，地面上合理对分段弦杆对大组装。上弦杆安装时，利用龙门吊进行吊装安装，先将上弦杆根据腹杆接口位置进行安装，临时固定，对上弦杆上顶面控制点进行测量定位，核对上弦杆实际中轴线偏距及里程、高程值与设计差，粗调、微调直至弦杆位于设计位置。因斜腹杆在自重作用下，会产生较大的向下挠度和水平位移，安装时利用导链与待安装的上弦杆连接，拉动导链斜杆及弦杆，对斜杆、竖杆与上弦杆的角度进行调整，拼接到位；偏差过大时，斜腹杆与下弦杆的对接口螺栓松开进行微调，直到斜腹杆与上弦杆、下弦杆拼装到位。腹杆及上弦杆安装如图 8 所示。

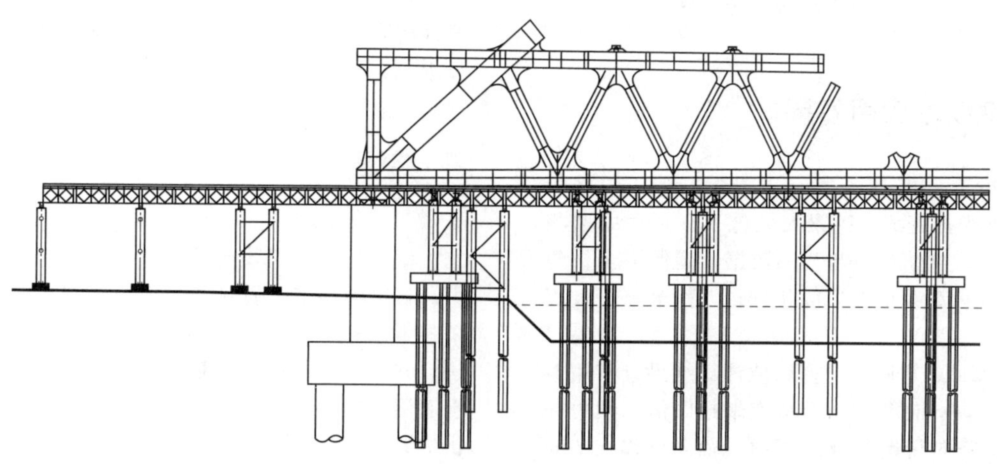

图 8　腹杆及上弦杆安装示意图

钢桁梁及下层桥面安装合龙后，以下层钢桥面板为施工平台，利用龙门吊布置上层横梁拼装支架，平衡上层横梁及上层桥面板施工时的结构荷载，保障施工安全。上层横梁拼装支架采用 ϕ377×7 钢管立柱，连接系为工字型钢管立体支架，柱顶设置 HM440×300 型钢分配梁。

5.3 拱肋安装工艺流程

拱肋采用支架法架设，从拱脚向拱顶依次安装拱肋，采用 4 台 100t 汽车吊在上层桥面，拱两端作业吊装（见图 9）。拱肋在厂内预装，匹配件定好位置，接口用工艺码板临时固定，接口间隙直接影响合龙精度，各节段对称安装直至合龙。拱肋安装完成后进行风撑，再安装系杆，然后进行张拉，最后完成其他附件的安装。

5.4 施工监控

5.4.1 桩基变形监测

施工过程中，对钢管桩每天进行 1 次沉降观测；钢桁架安装过程中，观测钢管桩的挠度；记录最大变形，确保施工质量。

5.4.2 应力监测

通过应力监测可准确掌握主梁安装过程中控制截面的应力值，判断各种工况下施工载荷的变化，保证钢桁架结构施工安全。监测方法为在钢桁梁 1/4 跨和跨中、钢梁两侧截面，桥面板 1/4 跨及跨中，拱肋的拱顶、拱脚、拱脚截面等关键部位粘贴应变片，监测应力变化情况。针对桥梁结构特点及施工方法，施工安全监测控制中的应（内）力监测的内容主要包括：主梁关键截面的应力监测，拱肋关键截面的应力监测，拱肋与主梁结合处的复杂应力监测，吊杆索力的测量，端横梁纵向应力（横桥向）监测。

5.4.3 线形监测

主梁中线的测量采用全站仪测出主梁轴线控制点的平面坐标，与设计值进行对比，得出实际偏差值。线形监测主要包括：

（1）主梁、拱肋拼装节点的放样及支架变形（沉降）监测。

（2）拼装完成后，后续施工过程中主梁、拱肋线形变化的观测。

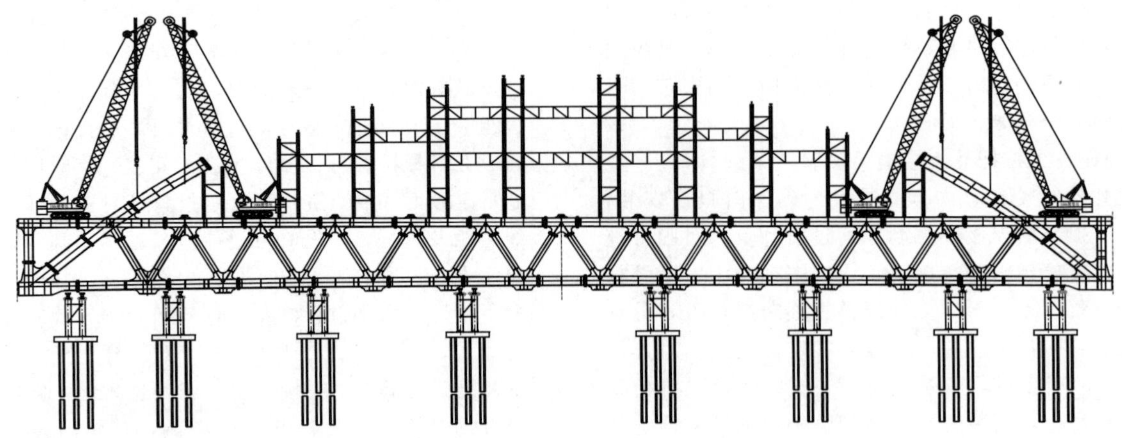

图 9　拱肋安装示意图

（3）短期温变对主梁及拱肋线形的影响。

（4）墩顶沉降。

6　安装关键技术应用效果

岐江河大桥于 2022 年 1 月 16 日开始安装，2022 年 12 月 12 日吊索张拉完成。桥梁安装施工全过程中监测各阶段吊杆张力、拱肋内力与变形数据，确保了全桥建成以后桥梁的内力和线形设计值相符合，整个施工过程安全、可控。

通过使用 Midas 有限元计算软件计算结果，应用索力自适应评估方法，使得应力及应变未超限值，索力偏差在 5%以内，竖向高程在 3cm 以内，轴向位移在 1cm 以内；在下层支架拆除后，对拱肋、上弦杆、下弦杆、桥面沉降持续观测，支架拆除后高程对比设计值在符合要求。

7　结语

钢结构桥梁安装技术复杂，高空作业多，安全风险大。桥梁整体施工质量必须严格控制，依据相关桥梁施工技术规范，结合施工条件，综合运用不同的施工方法，并在施工过程中不断优化施工技术。本文介绍大跨度双层钢桁架桥梁先梁后拱的施工工艺，为类似施工提供借鉴。

钢筋混凝土箱涵下穿铁路顶进施工技术

何　辛/中国电建市政建设集团有限公司

【摘　要】我国城市基础设施建设进程发展迅速，导致多数公路与铁路交叉路口的交通供给越来越难以满足不断增加的人流及车流需求。由于铁路运输的不中断运营这一硬性要求，就需要采取高技术含量的顶进施工技术。为此，本文以淮北煤化工基地青芦铁路立交桥工程为例，探究钢筋混凝土箱涵下穿铁路实施顶进施工技术的应用原理。

【关键词】钢筋混凝土箱涵　下穿铁路　顶进施工技术　安全性

1　引言

近年来，我国下穿铁路顶进施工项目的数量不断增多，且基本都是采取钢筋混凝土箱涵下穿顶进施工，随着城市化进程持续加快、铁路列车行驶不断增速，对顶进施工技术的要求也越来越高。在实际施工中，多数钢筋混凝土箱涵下穿铁路顶进施工，基本都是采取填筑土为路堤，但仍然面临一定的坍塌风险，如基坑坍塌、顶进箱涵黏结滑板、顶进出现明显翘头、箱涵接缝处渗水等。为了切实保障顶进施工中的铁路正常运营，要求必须持续完善顶进施工技术，切实保障箱涵顺利顶进，达成预期的顶进施工效果。

2　工程概况

本工程设计双孔框架桥（16+16)m下穿青芦铁路，结构为2座同比等高的单孔框架，单孔充填细石混凝土，孔间距控制在0.1m范围内。两孔16.0m框架桥轴线与青芦铁路中心线的夹角为74.10°，框架桥斜交斜做。框架桥分南北两段顶进，中间预留2m宽后浇带，框架总长80.5m，如图1所示。工程附属设施包括桥面双侧电缆槽及钢筋混凝土板式护栏、线路加固系统、电气化系统、桥面排水系统等。本工程的建成使用，将淮新北路和南路连接在一起，塑造一条南北竖向连通的长廊，为促进安徽淮北新型煤化工合成材料基地发展提供有力支撑。

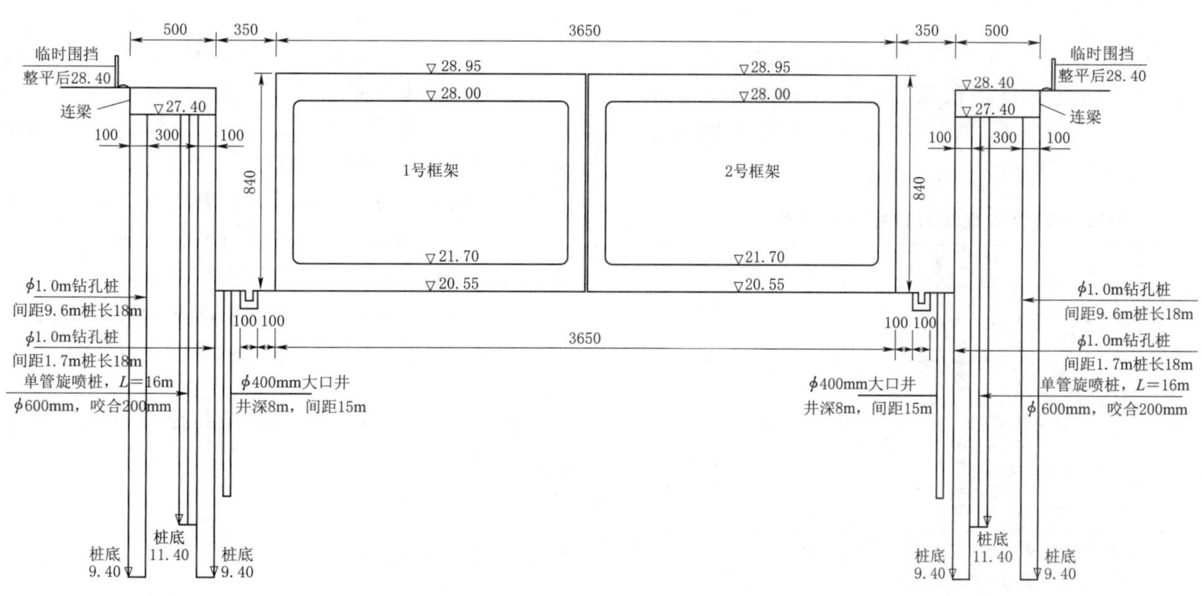

图1　青芦铁路下穿工程箱涵断面示意图（单位：cm）

3 工程地质条件分析

3.1 岩土层结构及类型

场地位于淮北煤化工基地园区内，场区大部分为耕地，局部为乡间土路，场地整体地势较平坦、开阔，属于第四系淮北冲积平原地貌。根据本次勘探揭露，按照土的工程性质，地基土自上而下可分为以下几层：

①填土（Q_4^{ml}）：褐色，黏性土为主，结构松散～稍密，大部分为耕土，含植物根系，局部含少量碎石。该层在孟沟内为淤泥，厚约1.0m，铁路南有一条田间排水沟，南北走向至终点，沟宽约3～5m，深约2m，沟内有淤泥（厚约0.5m），施工时应注意清理至老土。层顶标高28.10～29.25m；层厚0.70～1.80m；

②粉质黏土（Q_3^{al}）：青黄色，湿，硬塑，含Fe、Mn、Ca质结核，含砂礓，局部较富集，切割面稍显光滑，中等干燥强度，中等韧性，局部有白垩砂薄层。层顶设计高程27.30～27.90m，层厚2.50～4.5m。

③粉砂（Q_3^{al}）：黄色、灰黄色，饱和，中密，摇振反应迅速，无光泽反应。局部为粉土夹薄层黏性土。层顶标高23.30～24.95m；层厚0.70～1.90m。

④粉质黏土（Q_3^{al}）：棕色，棕黄色，硬塑，潮湿，切面光滑，含有Fe、Mn、Ca质结核以及少量的沙子和砾石，局部夹杂有薄薄的粉质黏土层。层顶设计高程21.65～24.15m，层厚控制在0.80～1.70m。

⑤粉土（Q_3^{al}）：色泽呈灰黄色，非常潮湿，中等密度，摇振反应速度快，局部夹杂着薄薄的粉状沙和黏土层。该层以上标高值为20.45～22.95m；该层未被覆盖，最大可见厚度为12.40m。

3.2 承载力及力学指标

根据预先开展的土工试验成果、标准，并充分运用于现场检验、鉴定，严格依照《建筑地基基础设计规范》（GB 50007—2011），结合区域特性来确定场地内各土层的承载力特征及力学指标（见表1）。

表1 地基承载力特征及力学指标参考表

地层	数值参数			地基承载力特征 f_{ak} /kPa
	压缩模量 /MPa	黏聚力 c_k /kPa	内摩擦角 φ_k /(°)	
②粉质黏土	7.6	45.4	13.1	180
③粉砂	8.0*	5.0*	20.0*	180
④粉质黏土	7.8	46.7	12.5	200
⑤粉土	8.3	6.8	18.0	200

注 1. 表中数据依据室内土工试验成果，结合地区经验综合确定。
2. 表中带“*”数据为地区经验值。
3. 填土压缩模量和基床系数最终以平板载荷试验为准。

3.3 地下水情况

在勘察过程中，所勘测的深度及地下水水位26.30m（黄海高程，下同）处于自然地表下约1.80～2.20m，均分属于潜水类；水源主要是自然降水、地表渗水及径流水流入补给等。地下水水位很容易受季节性影响，根据水文地质调查资料，水位全年变化幅度约为1.5m，主要含水层为②粉质黏土及以下土层。工程场区地下水水位埋深相对较浅，考虑到丰水期局部时段水位的上升，抗浮设计水位建议取高程27.50m。

4 施工重难点分析及对策

4.1 施工重难点分析

（1）顶进框架桥工作坑开挖施工保证既有线路基础的稳定性成为保障安全的重点工作内容（既有线包含“行车”状态）。

（2）便梁完成安装后，需进一步做好养护工作，以此来切实保障行车的安全性。

（3）框架桥顶进就位时中线偏差、箱顶标高的精度控制是难点。

（4）既有线施工安全风险较高，行车组织协调难度较大。

（5）线上钻孔桩，受铁路工作影响，工期不确定性较大。

4.2 相应对策

（1）在既有线路基坡脚设置沉降观测点，测量组每天负责对既有线路基观测点进行测量，每天测量的数据进行统计分析，同时委托工务段对既有线轨道几何状态进行检查，确保既有线行车安全。

（2）设专人对便梁定期养护，确保便梁工作状态良好。

（3）在框架涵顶进过程中加强对顶进中心线、高程的测量，当顶进涵顶进超过允许偏差时及时进行纠正，确保顶进过程中框架涵均处于允许偏差内。

（4）既有线施工前，编制线路封锁和限速计划，报铁路相关部门审批后，照计划执行；另外，施工前，施工单位要和设备管理单位签订安全协议。

（5）及时沟通，保证在封闭时间内完成相应的施工步骤，并在施工过程中加强安全管控。

5 青芦铁路下穿工程顶进施工技术及工艺流程

5.1 便梁架设施工

便梁材料主要通过专门的铁路用平车和起重机运输

到施工现场，在场地卸下并放置在枕木之间。在架设便梁的过程中，要求列车行驶速度必须限制在 45km/h，在装卸梁的过程中必须封锁相关线路，在装卸梁之前必须向起重机司机详细介绍情况，阐明主要内容和注意点，并且还需在此基础上指派一名保护性的跟进人员，防止吊装过程中与操作人员产生触碰风险。

5.1.1 施工流程

便梁架设施工流程：制定施工封锁计划并上报申请→计划得以批准实施→执行封锁的前期准备工作→封锁阶段做好登记→收到站台调度指令后，吊车入场→起吊施工→落梁施工控制→吊车按调度命令离开施工现场→线路开通前检查确认→销记。

5.1.2 便梁架设施工

便梁架设采用独立支墩和条形支墩。安装便梁侧线的位置需控制精准，侧线的中心距离要求严格控制为 67cm，安装侧线的位置应在枕木间，其间距需做好预先调整工作。其中一条铁轨下需要垫上一个大体积绝缘橡胶板，以来避免轨道电路产生短路问题而影响到实际信号和交通情况。横梁衬垫需做好与对接主梁联接板的衔接工作。可以垫上一块橡胶垫，放置紧固件来进行稳固。具体横梁布置如图 2 所示，便梁与基坑平面位置如图 3 所示。

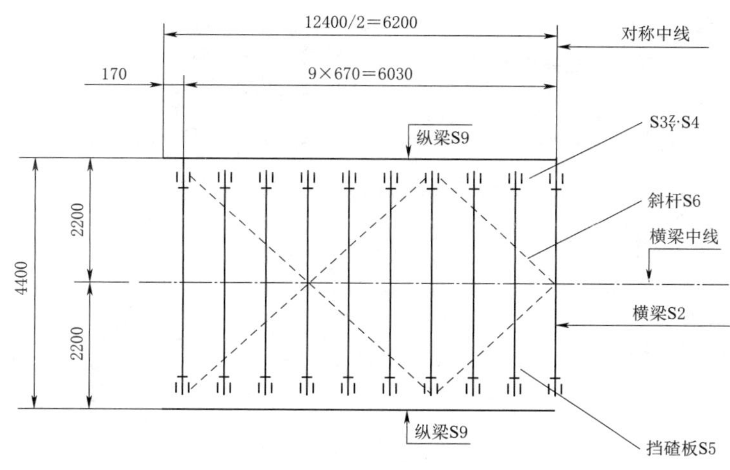

图 2　横梁布置图

5.2 基坑支护情况

本工程场地较平坦、开阔，地下无重大障碍物，具备放坡开挖条件。设计雨污水管线时，若基坑开挖深度小于 3.5m，可采用放坡法开挖并结合简单支护，明排法排（降）水。因基坑开挖较深，对水位降深要求较高，为防止饱和粉砂、粉土产生流土等不良作用，建议采用管井法降水，采用锚杆＋挂网喷浆支护体系或排桩支护体系进行支护（桩基形式可采用旋挖成孔钻孔灌注桩）。基坑支护参数见表 2。

表 2　基坑支护参数表

层号	土层名称	地层土容重 /(kN/m³)	强度指标		放坡坡比
			c_k /kPa	φ_k /(°)	
②	粉质黏土	19.9	45.4	13.1	1∶1.25
③	粉砂	20.0	5.0＊	20.0＊	1∶1.5
④	粉质黏土	20.0	46.7	12.5	1∶1.25
⑤	粉土	19.6	6.8	18.0	1∶1.5

注　表中带“＊”数据为地区经验值。

5.3 基坑开挖施工

穿越既有铁路线路的基坑往往与常规基坑工程存在明显的差异。此类基坑工程的施工应着眼于保证轨道正常运行的安全和铁路底板的稳固性。具体施工过程如下：先在基坑周围挖一道截留沟；基坑开挖至 3.5m 深，采用水泥砂浆（1∶3）挂网强化保护；实施钻孔桩施工和水泥搅拌桩防水帷幕施工。基坑位置需设置于环形封闭区域内，采用 600mm 的大口径井管进行灌水施工，灌水的深度直达底部。

5.4 滑板、后背施工

滑板属于工程中箱涵预制的重要垫层，也可理解为箱涵顶升过程中的润滑绝缘层。滑板的施工，通常采用在底部设置地锚梁的方式来加强滑板顶部的润滑绝缘层。这样一方面保证了滑板垫层施工过程中避免箱涵自动滑落的风险，同时也进一步减小了箱涵与滑板以及各箱涵之间的摩擦。具体施工方法为：首先沿顶进施工的主方向进行开挖，具体依照每 3m 开挖一个水平防滑地梁槽的标准，系好地面连接墙钢杆后，采用工字梁设置模板，然后用 C25 混凝土浇筑滑板。

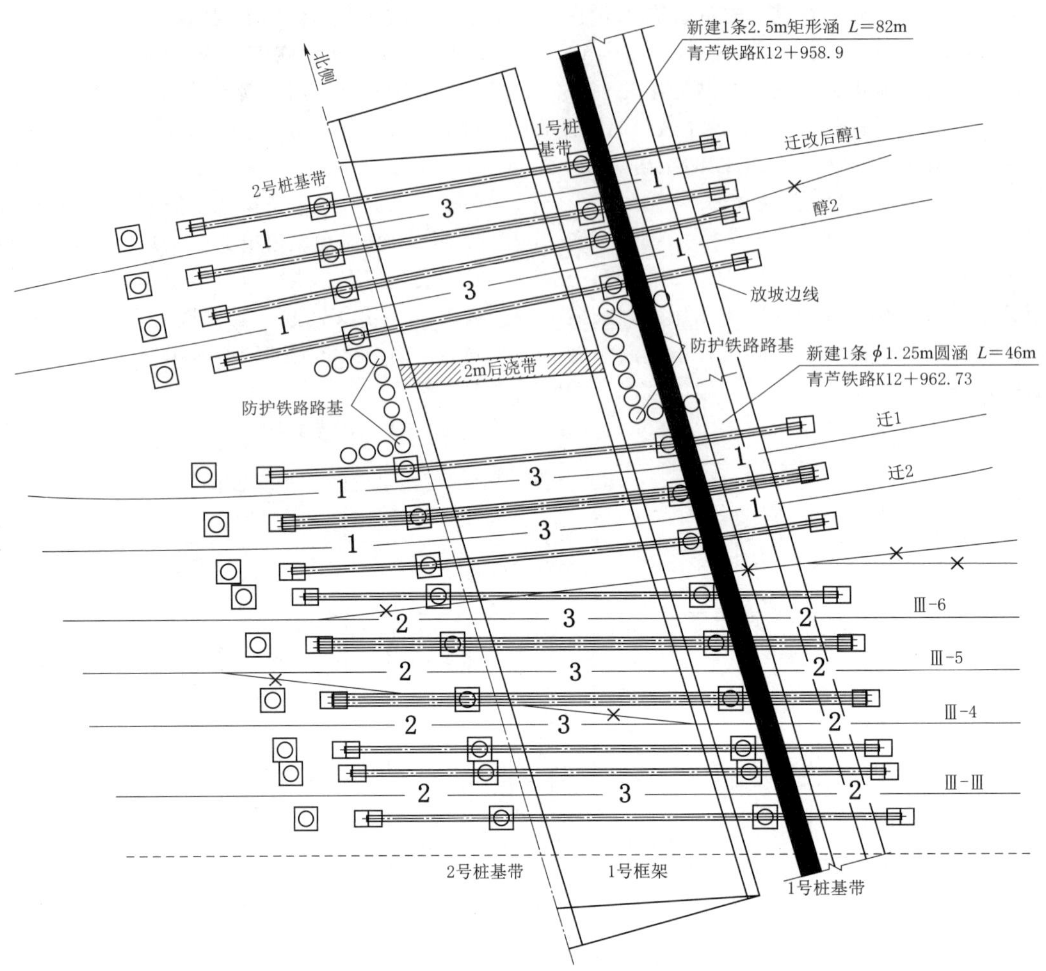

图3 便梁与基坑平面位置示意图

1—D16 型托梁；2—D12 型托梁；3—D24 型便梁

后背梁是为框架桥顶进提供反力的临时结构物，应具备足够的强度、刚度和稳定性。本工程箱体顶进后背采用 ϕ1.5m 钻孔桩及 ϕ1.0m 钻孔桩连梁，后背梁采用 C30 钢筋混凝土后背。

5.5 框架桥预制施工

预制模板主要采用 1.5cm 厚的竹胶合板材料，箱涵之间需采用 2.5cm 厚的泡沫板材料进行施工，并且需在竹胶合板的接缝处使用相应的黏胶，以防止漏浆。可采用条带、粘胶针对模板接缝内侧进行处理，由此来提高模板拼缝质量，保证脱模后混凝土的外观质量。边墙模使用墙体螺栓来强化固定，在墙体螺栓两端可采用带螺母的可拆卸螺栓进行固定连接，螺栓中间应装好相应的止水带。装设完成后，拆下可拆卸螺栓，用防水砂浆封闭螺栓两端。支架采用碗扣支架结构，钢管采用内径 40mm、外径 48mm 的国产标准钢管。杆间垂直距离为 65cm，步距为 1m。在杆的底部位置，直接在预制地板上增加了一个 15cm×15cm 的底部支撑结构，间距需严格控制为 60cm，横截面尺寸需控制在 10cm×10cm 的范畴。在立杆顶部包覆一块间距为 25cm、横截面尺寸为 6cm×8cm 的方形木质材料。另外，为保证整个支架的稳定性，水平方向每 6m 安装一个全长剪式支架，垂直方向每 3m 安装一个剪式支架，这样才能切实保障整体支架的稳定性和安全性。

5.6 框架桥防水及保护层施工

采用聚氨酯涂层防水层+6cm 厚的 C40 细石聚丙烯纤维网混凝土保护层，采用氯化聚乙烯防水卷材，在桥体两侧、顶部和外侧 U 型槽上全面铺设涂有两层聚氨酯的防水材料。箱涵顶进就位后，安排专业人员对箱身防水性能进行检测，对防水层损坏部位及时进行清理，重新涂刷聚氨酯防水材料进行修复，避免后期渗水。

5.7 框架桥顶进施工

根据施工平面布置图可知，框架桥箱身顶进总长度为 80.5m，顶进方式为双向顶进，通过框架桥自重、与土层及滑板之间的摩擦系数等进行计算，箱体最大顶力约 84473.27kN（东半幅南段），采用 400t 千斤顶 32 台，备用 5 台。其他箱涵段根据重量不同，布置不同数量千斤顶。千斤顶布置如图 4、图 5 所示。

5.7.1 框架桥顶进施工方式

本工程施工时采用吃土顶进作业。框架桥顶进施工工艺流程图如图 6 所示。

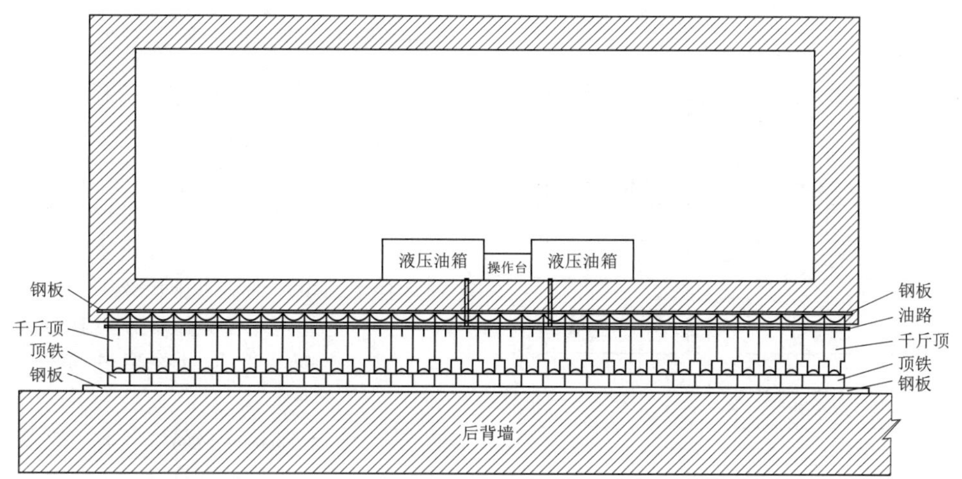

图 4　千斤顶平面布置图

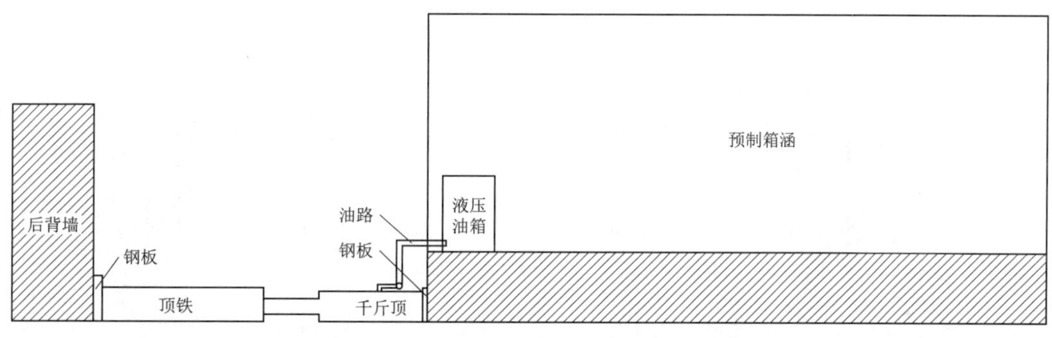

图 5　千斤顶剖面布置图

5.7.2 框架桥顶进力计算

经计算，本工程（16＋16）m 两孔箱涵顶进结构，箱涵分为东西两幅，每幅分为南北两段箱涵进行顶进。顶进施工前采用 D24 型便梁架空既有运营铁路线，使用 400t 千斤顶进行吃土顶进作业，因此箱涵上部基本不受力。经计算，本工程顶进箱涵施工中最大箱涵段重量为 7788.3t，最小箱涵段重量为 3351.9t。箱涵顶进时最大箱涵段最大顶进力为 8447.3t，中孔箱涵段最大顶进力为 3674.1t。

根据箱涵最大顶进力计算，施工需在最大箱涵段对称安装 32 台规格为 400t 的千斤顶，最小箱涵段对称安装 14 台规格为 400t 的千斤顶（顶力按照千斤顶满负荷的 70％考虑），并安装操作平台同步控制所有千斤顶。

5.7.3 框架桥顶进施工控制

在顶进施工前对预制框架桥的中心线进行测量和复核，以设计中心线确定封顶方向，同时设置高程控制点；框架内的高程和中心线控制桩，在底板中心线上预埋控制桩，最外侧两套在框架一侧 50cm 处，其余几套沿板中心每隔 2m 有一条中心线，在开挖面控制点前的顶涵外每隔 2m 有一条中心线。根据基坑底部预留土方开挖施工的标高控制，封顶过程中严禁超挖，同时做好标高和方向性测量的记录工作，并要按照以下准则进行：中心线 100mm（2 个端点），高程 1％的顶点，但偏差不得超出＋150mm，最低不得超过－200mm。

5.7.4 框架桥顶进左右偏差纠正举措

增加千斤顶一侧的顶升力，进行调整。即增加一侧油泵的油量，以此来增强一侧的顶升力，或减少对侧油量，来调整对策顶升力所形成的左右偏差，以此来纠正顶升差异。如果要求车头向左移动，则增加右侧的顶升力，或减少左侧的顶升力。可通过顶铁背面来实施优化调整。在增加或更换顶铁时，可根据实际的偏差情况，在顶铁的一侧增加一块钢板。例如，如果前端需要向左移动，就在顶部铁端右侧增加一块钢板。在导向墩和框架桥之间加一个顶铁来调整。无论方向偏向左右哪一边，都要在相反的一边加上一个顶铁。也可以选择增加千斤顶前端预留土的高度，用前端阻力调整偏差（见图 7）。

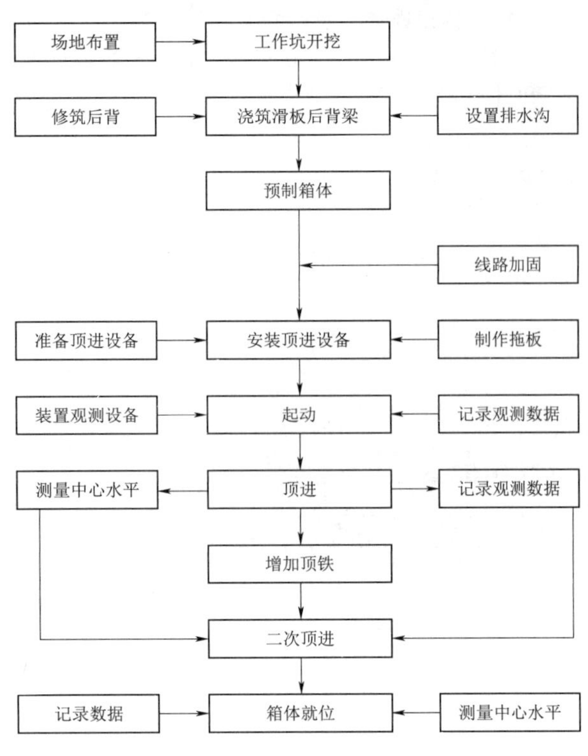

图 6　框架桥顶进施工工艺流程图

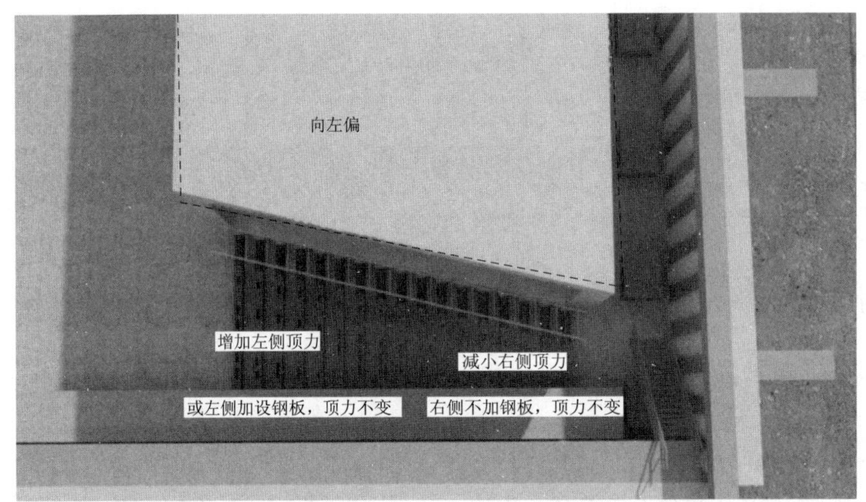

图 7　框架桥顶进过程中调节顶力纠偏示意图

5.7.5　防止箱体“上倾”和“下斜”的方法

（1）矫正箱体“上倾”的方法。如果箱体的“上倾”角度不大，可以在开挖面之前挖出箱体，并将箱体的底部整平或略微超挖。如果“上倾”角度量大，可以多挖一点，用千斤顶逐渐调整。

（2）矫正“下斜”的方法。发生“下斜”的原因：首先是沿滑板前端顶出过程中，当箱体顶部放在滑板前端时，由于箱体的重量，导致滑板的土壤被压实，此时箱体的边缘线，滑板的边缘出现裂缝，由于受力不均而进入水槽，箱体的重心移动比工作坑的底头出水更加显著，开始低头。而当箱体继续从前后防滑板上移动尾部时，往往防滑板断裂，使箱体尾部向下，坡度逐渐回升，更加平稳地向前推进，直至到位。这个过程需要认真预防以及及时矫正，此外还要加强观察，防止方向和高度出现误差。

5.8　混凝土后浇带施工工艺

本工程框架桥分南北两段顶进，中间预留 2m 宽后浇带，框架总长 80.5m。后浇带设置在框桥架两股道之间。

（1）后浇带箱体施工采用现浇施工，采用桩基防护两侧铁路。基坑开挖至基础垫层下 50cm 后采用 C20 抗渗混凝土回填达到基底止水效果。

（2）南北两端预制箱体顶进到位后，先将混凝土接触面凿毛、冲洗，并对变形缝进行飞马度防水材料处理。

（3）后浇带箱体钢筋绑扎时，钢筋应与预制箱体钢筋锚固处理，搭接长度符合相关规范要求。

（4）后浇带箱体混凝土采用与预制箱体混凝土相同的水泥材料配合比，但要加入适量的微膨胀混凝土，预防混凝土收缩后在新老混凝土间产生新的裂纹。

5.9　线路恢复

顶进施工完成后，需尽快恢复线路的正常运行。后续项目主要包含桥侧夯填、补渣、撤梁和整修线路。西侧箱身两侧顶进三角区永久部位（西侧）采用 C20 素混凝土填实，采用小型机械振捣密实，临时部位（东侧）采用碎石回填。

6　顶进施工技术实施效果

本工程是国内最大长度箱涵顶进工程，涵盖专业面较广，施工技术难度较高，需要结合项目设计要求及现场实际情况进行施工。本工程箱涵顶进实施工期从 2021 年 9 月至 12 月，共计 4 个月，箱涵顶进距离为 2m/d，通过施工前充分的施工专项方案策划、质量管控及顶进施工过程中轴线、标高的精确控制，使得箱涵一次精准顶进就位。在箱涵周围布置了基坑变形监测，现场基坑位移监测结果表明基坑沉降量最大值未超过 6cm，满足设计和规范要求。

7 结语

在实际的钢筋混凝土箱涵下穿铁路顶进施工中，要充分把控工程场地内的水文地质条件，制定符合实际情况的混凝土箱涵顶进施工技术方案。本文以安徽淮北青芦铁路下穿工程项目为例，首先阐述了该工程的具体地质条件，然后据此详细论述混凝土箱涵顶进施工技术的工艺流程，期望能够为同类工程提供参考价值。

大跨度倾斜式双拱桥塔定位施工方法

陈永刚 李 强 邢 勇/中国电建市政建设集团有限公司

【摘 要】 本文介绍了霍山生态新城路网工程PPP项目双湾大桥钢结构倾斜式双拱形斜拉式桥塔定位施工实践，总结了利用双拱斜塔自平衡设计，对拼装后钢箱拱及时安装拉索，完成钢箱拱高空对接、定位、拼装、焊接、合拢，减少塔柱高长悬臂的沉降变形，以维持双拱间宽幅及平衡的施工经验。

【关键词】 桥钢结构 斜拉式桥塔 双拱斜塔

1 引言

随着跨越江河湖泊的特大桥增多，更多的大跨度斜拉桥逐步在市政、公路、铁路等工程中应用。斜拉桥是以塔、索、梁三种基本构件组成的高次超静定结构体系，桥面体系以加筋梁受压或受弯为主，支承体系以斜拉索及桥塔受压为主；从索塔使用若干斜拉索将梁吊起，使主梁在跨度内增加了若干弹性支点，从而降低主梁截面弯矩，减轻自重，提高了梁的跨越能力。斜拉索拉力的水平分力对主梁起着轴向预应力作用，增强了主梁的抗裂性能。借助计算机设计的密索体系的斜拉桥，可避免稀索体系的斜拉桥主梁重、配筋多等缺点。

2 工程概况

霍山生态新城路网工程PPP项目双湾大桥全长923.8m，桥宽36.5m，桥梁8号与19号墩为钢结构倾斜式双拱形斜拉式桥塔，主塔外观横向呈斜伸双拱形结构，与竖直方向立面呈18°的倾斜角，桥塔竖直高度为59.44m。为了不影响钢箱拱高空对接、定位、拼装、焊接、合拢等，充分利用双拱斜塔自平衡设计，对拼装完成的钢箱拱及时安装水平拉索，减少塔柱钢箱拱高长悬臂的沉降变形，维持双拱间宽度及平衡，将斜拉索分别锚固于钢塔柱及桥面人行道外伸悬臂上（见图1）。

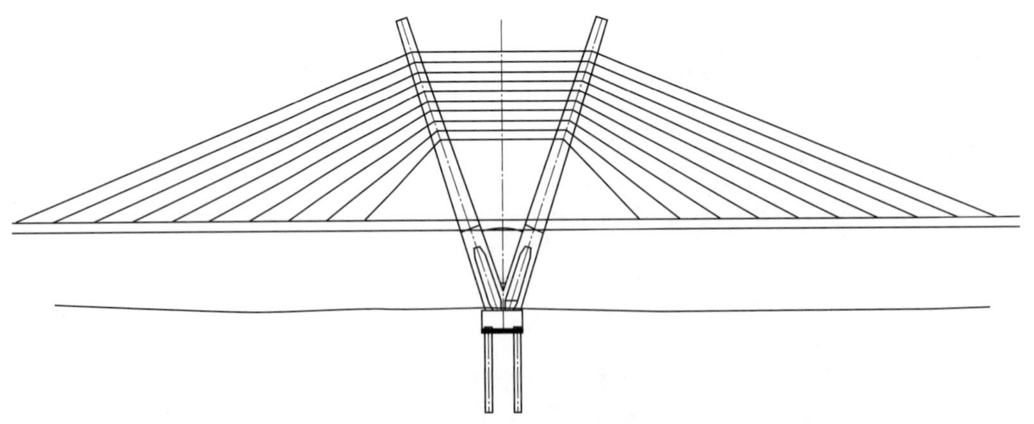

图1 桥塔拉索布置图

3 工艺原理

(1) 索塔使用若干斜拉索将梁吊起，使主梁在跨度内增加若干弹性支点，从而降低主梁截面弯矩，减轻自重，提高了梁的跨越能力。

(2) 斜拉索拉力的水平分力对主梁起着轴向预应力作用，增强了主梁的抗裂性能。

（3）充分利用双拱斜塔自平衡设计，对拼装后钢箱拱及时安装水平拉索，完成钢箱拱高空对接、定位、拼装、焊接、合拢等，减少塔柱高长悬臂的沉降变形，以维持双拱间宽幅及平衡。

4 实施过程

4.1 施工工艺流程

施工工艺流程见图2。

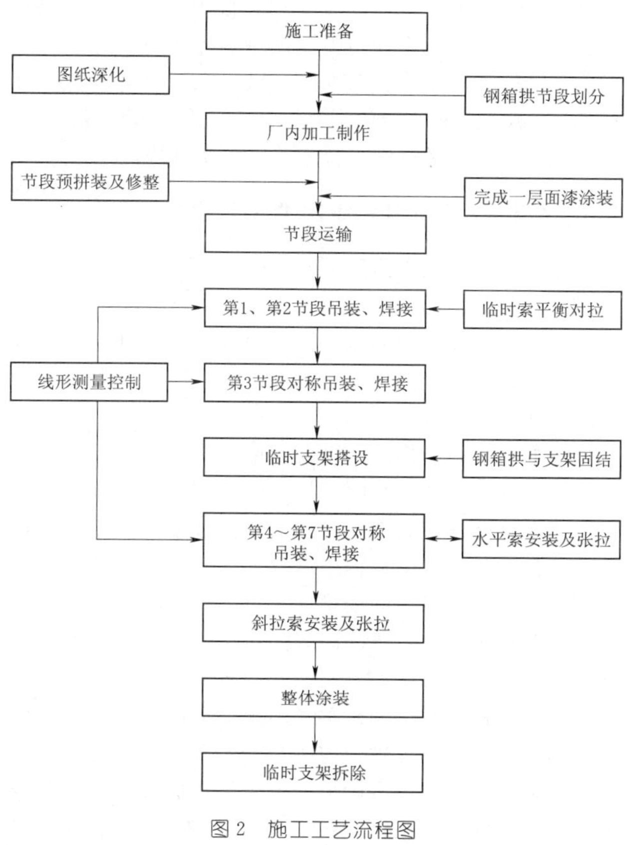

图2 施工工艺流程图

4.2 施工准备

（1）现场专职技术人员依据设计图纸、地勘报告、水文资料等相关资料编制基坑降水专项施工方案。针对专项施工方案，尤其是方案中的技术关键部位和关键点，对施工人员进行技术和安全交底。

（2）根据专项方案和施工图纸对技术人员和施工人员进行交底培训。

（3）合理配置现场管理、施工以及机械操作、特种作业等人员，以满足施工需求。

（4）钢箱拱、钢管、拉索、配套附件、辅助性焊接钢板、焊条等相关材料应准备到位并检验合格，汽车吊、运输车、电焊机、千斤顶、油泵等设备机具提前准备到位。

4.3 钢箱拱节段划分

结合上塔柱钢拱塔结构构造特点并兼顾工厂加工、运输、安装施工的优越性，将单个钢箱拱划分为13个节段。选择壁厚10mm的Q345D钢材在工厂分段加工成型，各节段尺寸及重量见表1及图3。

表1 单个钢箱拱分段表

节段号	尺寸/m			数量/节	净重/t		备注
	高	宽	长		单重	总重	
1节段	3.5	4.0	6.0	2	17.0	34.0	螺杆阻蚀密封膏处一面钢板现场焊接
2节段	3.5	3.7	5.4	2	7.8	15.6	
3节段	3.3	3.5	10.5	2	14.0	28.0	
4节段	3.2	3.2	7.5	2	9.5	19.0	
5节段	2.9	2.9	8.8	2	10.2	20.4	
6节段	2.7	2.7	9.6	2	10.0	20.0	
7节段	2.5	2.5	10.6	1	11.1	11.1	（合拢段）
合计				13		148.1	

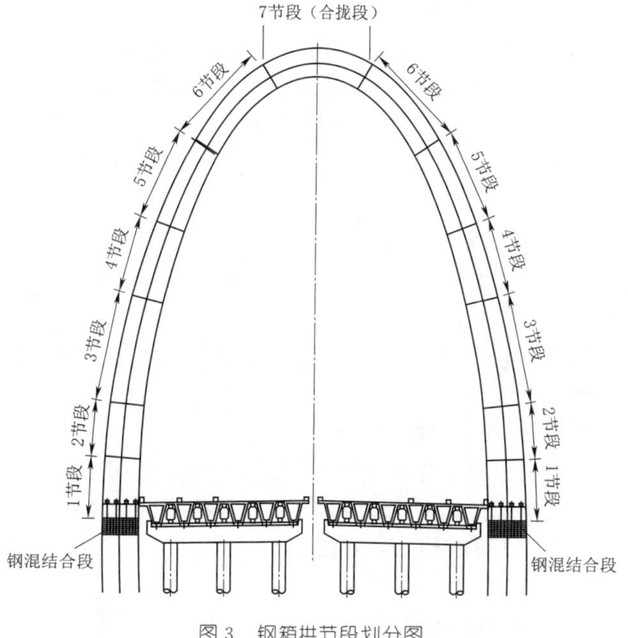

图3 钢箱拱节段划分图

4.4 临时支架设计

结合钢箱拱分段尺寸及桥面投影位置，考虑现场节段环向拼装接口、施工连续性及安全稳定性，加之桥面施工作业面狭窄，又考虑吊车的吊装半径、行走路线和构件的进场，因此，临时支架采用井字型支架，中间合拢段支架架设在横向桁架上，横向桁架与两侧第5、6节段接口处以竖向桁架相连，竖向桁架间采用剪刀撑与横撑连接成一个整体。竖向桁架外侧设有斜向加强支架，并在钢拱的第 3、4 节段接口处架设横向门式支架，此支架与外侧支架连接成一个整体。临时支架采用 ϕ152×5 立柱主钢管组合成 2×2.5m 的井字型支架，支架横向及斜向撑杆采用 ϕ89×3 圆管。临时支架位置及结构如图 4 所示。

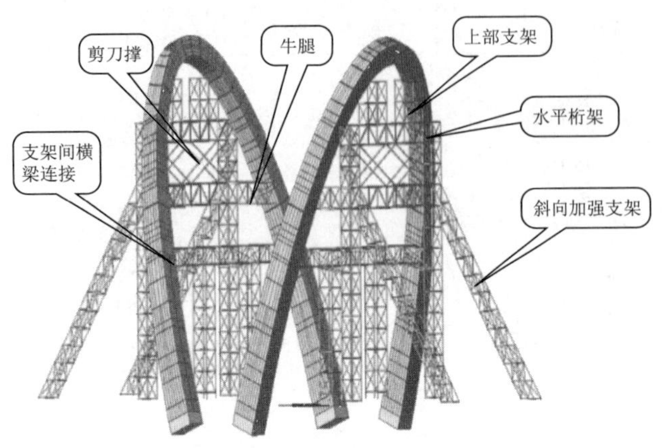

图 4　临时支架位置及结构

4.5　临时支架测量控制

4.5.1　平面控制

结合现场实际安装情况，对临时支架进行现场定位。运用全站仪将双拱桥塔纵横向中心线投影引测在桥面上，并做好标记。中心线投射完毕后，沿桥纵向按照临时支架布置图把每一组临时支架的定位标识在桥面上。

4.5.2　临时支架上部控制

临时支架安装整体稳定后，根据控制点坐标，用全站仪将之前布设的桥墩中心线、钢箱拱边界线引线等在支撑上标示出来，便于控制钢箱拱在支架上的对接位置。

4.5.3　临时支架高程控制

临时支架安装后要测出拱段环扣的实际高程，通过计算机放样计算出钢箱拱每个环扣四角的设计高程，然后减去千斤顶升降调节高度，即为所需的临时支架高度。

4.5.4　支架桥面锚固

临时支架与桥面连接采用箱型底座过渡到桥面腹墙部位，箱型底座与桥面采用 M20 化学锚栓连接。支架底部为井字型组合 H 型钢，箱型底座与桥面临时固接。

4.6　支架吊装及拼接

根据支架设计图，采用汽车吊按节段从下往上进行支架的吊装和拼接，先进行竖向井字型支架安装，再进行横梁、斜撑安装；支架节段拼装采用法兰盘进行连接。支架立面高度搭设至梁段现场拼接缝处，由于中间合拢段及两侧现场焊缝距离较近，因此中间采用横梁上架设短支架，中间增加剪刀支撑，下部留有 5.5m×6 m 洞口以保证车辆通行，方便施工。顺桥方向，为保证整个支架系统的稳定性，在支架背桥侧架设斜向（约 45°）剪刀撑，横桥方向现场临时支架搭设。支架安装完成后，应由各方共同进行验收，验收合格后方可投入使用。

4.7　钢箱拱节安装

钢箱拱第 1～6 节段采用 2 台 100t 汽车吊进行左右侧对称吊装，第 7 节合拢段采用 1 台 100t 汽车吊吊装。节段吊装过程中，充分利用双拱斜塔自平衡，减少塔柱高长悬臂的沉降变形，以维持双拱间宽幅及平衡。在第 2 节段安装时设置临时索线，在第 3～第 6 节段安装时，每安装一节及时进行水平拉索的安装及张拉。

4.8　钢箱拱现场测量线性调整与焊接

以每处塔柱承台顶部中心为原点建立坐标系，X 坐标为距离承台中心线的纵向距离，向大桩号方向为正；Y 坐标为距离桥梁中心线的横向距离（取正值）；Z 坐标为距承台顶的竖直距离（取正值），并对一个双拱塔柱四个截面进行编号。

根据节段划分情况，以设计单位提供各节段接口断面坐标，计算出各节段两端接口断面四个角坐标值、接口边中点坐标进行高空定位。坐标值计算时，应考虑预偏量，在施工过程中根据监测变形情况进行微调，以保证钢箱拱安装完成后的线型。

在钢箱拱每个节段环向焊接接口处焊接八字形定位钢板，每个边设置两处，高出接口 5cm，钢板宽 15cm，八字口两钢板间最小间隙为 12mm。将待安装的钢箱拱节段插入八字形定位钢板内进行初步定位，再通过手拉葫芦调整吊索长度，微调待安装钢箱拱的姿态；对钢箱拱上口的四角坐标进行校正，直至坐标满足设计要求后，对接口先进行点焊固定，再进行环向连续焊接。钢箱拱上口四角坐标采用全站仪进行测量，起吊前在钢箱拱上口的四个角粘贴反射片，以便于高空测量定位。

4.9　拉索安装与张拉

拉索分为水平拉索和斜拉索。水平拉索与钢箱拱节段安装同步施工，斜拉索在钢箱拱合拢后，两侧对称安装及张拉。

4.9.1　拉索的安装

（1）拱肋端拉索安装。采用汽车吊与升降车进行拱肋端拉索安装，连接拉索叉耳与拱肋端耳板。索体安装时，先挂固定端再挂调节端。

（2）梁端拉索安装。安装梁端拉索时，首先对钢箱拱连接耳板与桥面预埋件上连接点进行现场实际测量，确定耳板与桥面倾斜角度后，现场焊接梁端连接耳板，以保证梁端拉索连接叉耳板与拉索锚头之间的连接。

4.9.2 拉索张拉

调索应遵循水平索两根同时张拉并对称、斜拉索四根同时张拉并对称的原则，并按预定级次的相应张拉力，通过电动油泵进油或回油逐级调整索力。

拉索在张拉过程中，水平索两根索对称同时张拉，斜索四根对称同时张拉。张拉时，油压表油压上升应均匀缓慢，油泵操作人员在操作油泵的同时，要注意索体调节螺栓与千斤顶拉力的协调性，便于拉索索力的正常建立。油泵操作人员在操作油泵的同时，要注意油泵是否有异响或千斤顶有无异常情况，以便及时控制。

5 实施效果

霍山生态新城路网工程 PPP 项目双湾大桥上塔柱斜拉索施工，共设置 160 道斜拉索及 40 道水平拉索，于 2020 年 2 月开始，2020 年 12 月完成。施工过程中利用水平拉索防止塔柱高长悬臂的沉降变形，以维持双拱间宽幅的间距及平衡，解决了高空定位、对接、焊接、线性控制等技术难题，使钢箱拱合拢更加流畅，线型更加美观。本施工技术的实施使塔柱比原计划提前 13 天完工，节省了费用约 34.8 万元。因其独有的设计，双湾大桥建成后成为霍山县的标志性建筑。

6 结语

本文介绍了霍山生态新城路网工程 PPP 项目双湾大桥上塔柱斜拉索施工，实施过程中通过对拼装完成的钢箱拱及时安装水平拉索，来维持双拱间宽度及平衡，确保钢箱拱高空对接、定位、拼装、焊接、合拢的顺利进行和斜拉索完成张拉后线条的美观。该工艺为类似工程提供了较为可靠的借鉴经验。

浅析高速铁路浅埋隧道穿越水塘的施工方法

李　涛/中国电建市政建设集团有限公司

【摘　要】 铁路隧道工程在施工过程中会遇到地质条件较差、外部环境改变等难点，这种特殊地质对隧道工程的施工安全产生严重威胁。本文结合潍烟高速铁路控制性工程灵山隧道建设实践，探讨浅埋隧道穿越水塘的施工方法，对浅埋段施工进行技术与安全分析，提出安全隐患控制措施，为类似工程提供参考依据。

【关键词】 浅埋隧道　穿越水塘　安全施工

1　引言

潍坊至烟台铁路是国家“八纵八横”高铁主通道中沿海高铁通道的重要组成部分，是山东省北部沿海地区对外客运交流的主要通道。项目部负责施工的里程为DK92＋993～DK110＋833，线路总施工长度为17.84km，工作范围包括征地拆迁、路基工程、隧道工程、桥梁基础、桥梁下部结构、桥面系、附属工程、无砟轨道等的施工。其中，灵山隧道全长1981m，是全线最长的隧道，是整个线路控制性工程和重难点工程，因此该隧道能否按时贯通将成为制约全线按时通车的关键因素。在施工过程中项目部根据不同围岩和特殊地质地段，合理组织、精心安排，做好各工序衔接，确保了隧道安全、优质、按期贯通。

2　工程概况

2.1　灵山隧道简述

灵山隧道位于山东省烟台市招远市灵山蒋家村和西山王家村附近，为单洞双线隧道，起讫里程为DK95＋097～DK97＋078，全长1981m，最大埋深64.76m，进口里程为DK95＋097，出口里程为DK97＋078，进出口均采用帽檐斜切开孔式缓冲洞门，隧道纵坡为人字坡，进口至DK96＋150为3‰的上坡，DK96＋150至出口为4.5‰的下坡，隧道Ⅲ类围岩630m、Ⅳ类围岩520m、Ⅴ类围岩831m，隧道围岩以Ⅳ类、Ⅴ类围岩为主，围岩较为破碎，施工难度大。

2.2　隧道施工条件

隧址区地貌形态总体属于丘陵地区，地形高低起伏，进口地面标高117.61m，出口地面标高120.22m。中间地段为丘陵，海拔一般在117.61～177.80m之间，相对高差为60.19m。

隧址区地下水主要为基岩裂隙水，基岩裂隙水赋存于花岗岩中，受岩石风化程度及节理裂隙的影响，地下水分布不均，局部水量较丰富。地下水主要由大气降水补给，地下径流主要为排泄途径，地下水水位、水量随季节变化明显，水位年变幅为3.0～5.0m，雨季水量较大，旱季水量相对较小。

本隧道施工按新奥法原理组织，严格按照“先探测、管超前、弱爆破、严控水、强支护、早衬砌”的原则组织施工。施工基本遵循着“短进尺、弱爆破、少扰动、早喷锚、勤量测、早封闭”的原则进行，对于围岩较差的地段按照“先支护、后开挖、短进尺、快封闭、勤量测”的原则组织施工。特别注意地表冲沟、陷穴对隧道的影响，要加强调查和处理。根据节点工期及隧道长度的不同特点，隧道的掘进采用进、出口双向掘进。

隧道穿越水塘段位于DK96＋610.05～DK96＋522.60洞段，全长87.45m。围岩等级为Ⅴ级，洞身围岩为花岗岩，褐黄色～灰白色，呈角砾碎石状松散结构，洞身下部强风化花岗岩呈碎石压碎结构，浅埋，洞身顶板以上为全风化～强风化花岗岩。

2.3　穿越水塘段基本情况

隧道由出口向进口方向掘进，水塘位于开挖掘进方向右侧，水面高程126.26m。水塘主体水面边缘距隧道右侧墙水平距离17.5～20.5m，但有两个冲沟延伸到隧道顶部附近。冲沟A位于DK96＋603.00，水面侵入右侧边墙内2.3m，水深0.13～1.0m，水面在隧道顶部与隧道垂直相交段水面宽度6.2m，桩号DK96＋607.00～DK96＋600.80。冲沟B位于DK96＋537.00，水面未侵入隧道开挖边线内，距右侧边线 2.50m。隧道与水塘相对位置见图 1、图 2。

对冲沟 A、冲沟 B 进行现场地表勘察：冲沟 A 顶部覆盖层厚 5.611m，冲沟 B 顶部覆盖层厚 7.941m。两个冲沟部位的隧道顶部围岩以弱风化岩为主，贴近地表面为强风化岩，沟底覆盖土层应在 0.5m 左右。隧道与顶部冲沟剖面见图 2。两个冲沟部位隧道与水塘相对位置见图 3、图 4。

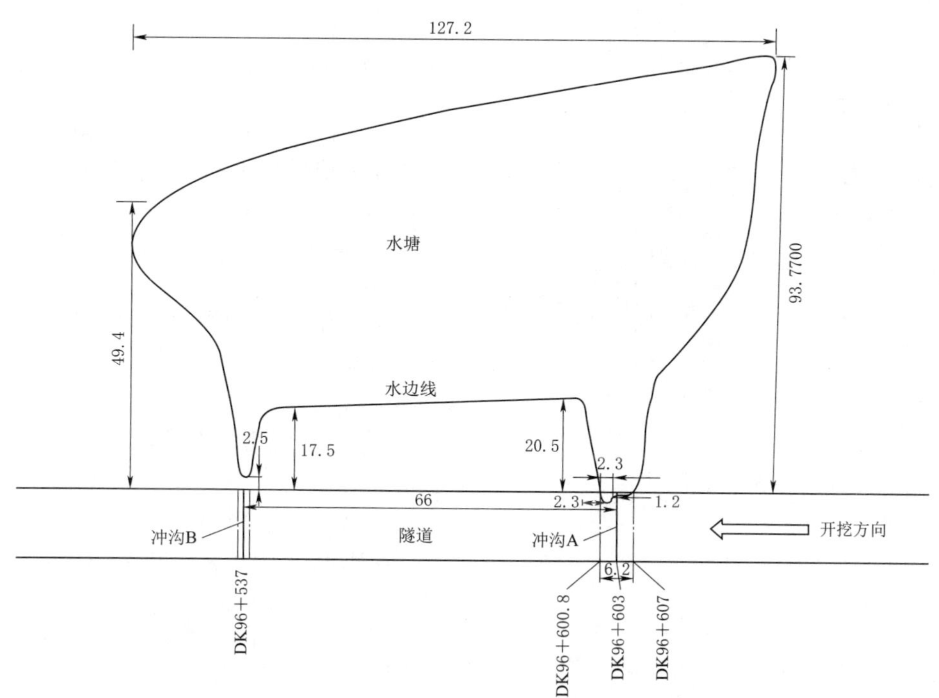

图 1　隧道与水塘相对位置平面图（单位：m）

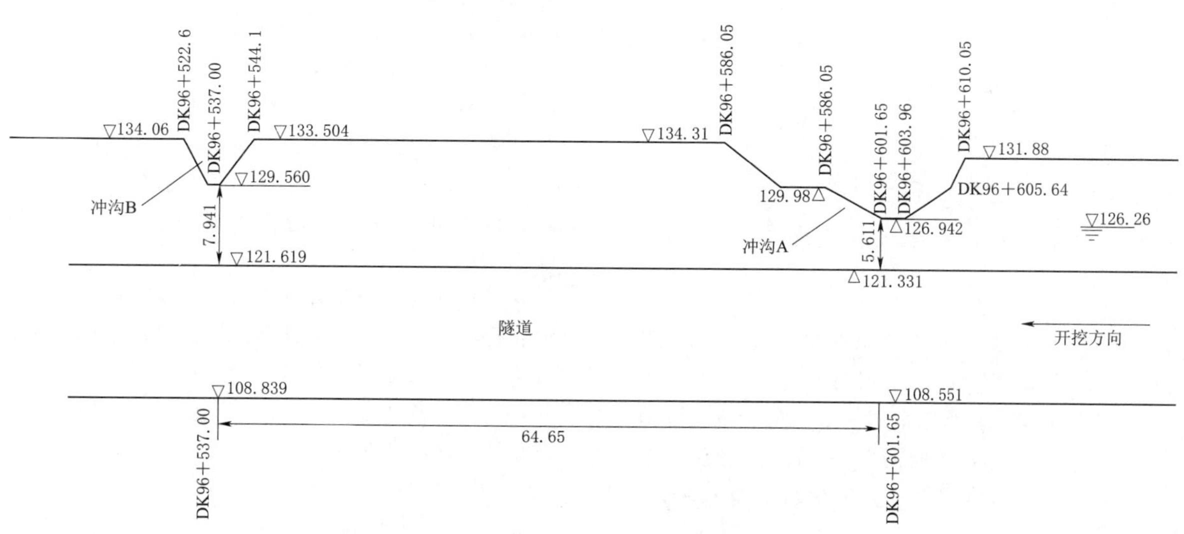

图 2　隧道与顶部冲沟剖面图（单位：m）

3　施工方法

根据现场地表勘察情况，隧道顶部围岩以岩石为主，并且围岩相对较好。根据作业面 DK96＋626 开挖情况，掌子面和顶拱均干燥无水，开挖工作正常。该浅埋段施工要加强超前地质预报和监控量测工作，对围岩的破碎程度进行预测和验证，及时进行信息收集、处理、反馈，以调整施工方案和施工方法。各分段具体开挖方法介绍如下。

3.1　DK96＋610～DK96＋595 浸水洞段施工方法

（1）尽快与当地相关村镇联系，对水塘内的水进行抽排，尽量将水塘内水位下降 1.0～1.5m，使水位下降

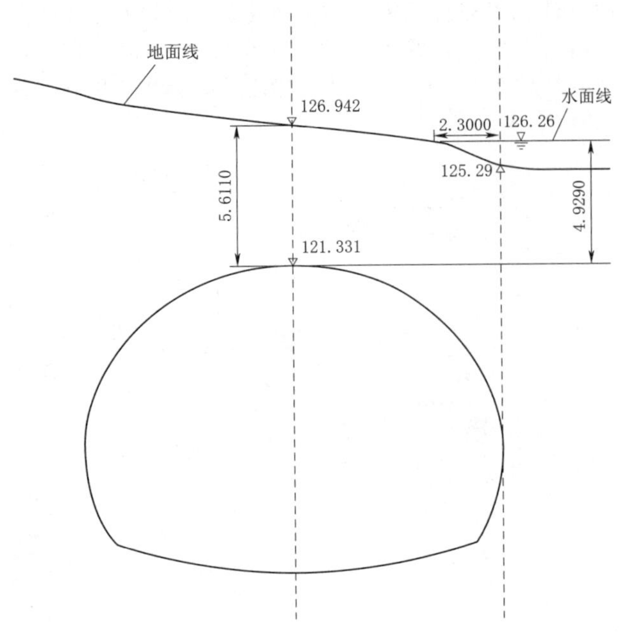

图3 冲沟 A DK96＋601.65 剖面图

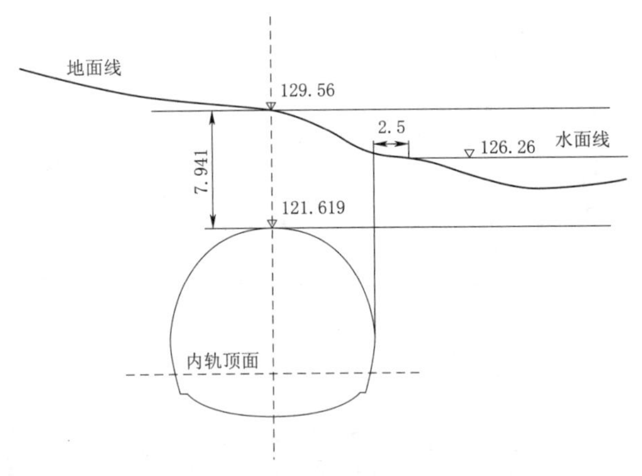

图4 冲沟 B DK96＋537 剖面图

到隧道右侧开挖边线以外。

(2) 隧道开挖至 DK96＋610～DK96＋609 洞段，停止隧道开挖，在隧道顶部 140°范围内施工超前中管棚，以保证隧道的整体稳定。管棚采用 ϕ89 无缝钢管，壁厚 5mm，单根长度 15.0m，环向间距 40cm。管棚施工应控制好外偏角度，外偏角 3°～5°，避免打穿至水塘内。管棚内采用水泥浆液注浆，浆液水灰比 1∶1，注浆压力 0.5～1.0MPa。

(3) 管棚施工完毕，按照Ⅴ类围岩开挖作业，同时在第二个循环开始，采用小导管超前支护，小导管采用 ϕ42 无缝钢管，间距 35cm，长度按设计要求施工，搭接长度应不小于 1.0m。

(4) 控制隧道开挖单循环进尺，严格按“早预报、前支护、短进尺、弱爆破、强支护、快封闭、勤量测、稳步前进”的原则组织施工。

3.2 DK96＋595～DK96＋542 洞段施工方法

该洞段水面边缘距隧道右侧边线水平距离 17.5～20.5m，不影响隧道正常开挖工作，该洞段按照Ⅴ类围岩正常开挖作业。

3.3 DK96＋542～DK96＋532 洞段施工方法

(1) 该洞段冲沟部位水面距隧道右侧边缘 2.5m，对隧道开挖影响不大，可按照Ⅴ类围岩正常开挖。

(2) 可根据现场实际情况，适当调整小导管间距，控制在 30～35cm，保证搭接长度不小于 1.0m，外露长度不小于 0.5m。

(3) 控制隧道开挖单循环进尺，采用短进尺、弱爆破方法施工。

4 施工安全保障措施

为了确保隧道内施工人员的安全，洞内施工要坚持“严格管理、严格工艺、严格纪律”，坚持动态管理、动态设计；根据地质水文情况及时调整支护参数，保障开挖和支护安全；同时加强施工作业人员安全教育培训，提高作业人员安全意识。

(1) 加强超前地质预报和监控量测管理，将隧道施工超前地质预报和监控量测纳入工序管理，根据开挖情况适当增加监控量测频率。

(2) 现场施工管理人员应注意观察洞内地下水变化情况，随时上报地下水情况。地下水情况包括掌子面和顶拱无水、潮湿、渗水、滴水、流水、涌水等。

(3) 如发生涌水情况，应及时撤离人员、设备，观察涌水变化情况，并请相关领导、专家到现场指导施工。

(4) 洞内现场配备专用木塞、铁锤，用来堵塞管棚钢管孔口，一旦出现沿管棚钢管大量涌水的现象，应及时用木塞、铁锤堵塞孔口。

(5) 配备 2 台大功率、大流量水泵，以备发生洞内大量涌水时，及时抽排洞内涌水。

(6) 逃生通道严格按照设计要求进行布置，靠近掌子面的逃生管道采用壁厚不小于 15mm、直径不小于 800mm 的钢管，逃生管道从衬砌工作面布置到距离开挖面 20m 以内的适当位置，管内预留工作绳，以利于险情后逃生。

5 实施效果

灵山隧道穿越水塘段，于 2021 年 12 月 18 日开始中管棚施工，12 月 22 日管棚施工结束；12 月 23 日自掌子面DK96+609.90开始爆破掘进施工，12月30日隧道掌子面开挖至DK96+594.70，宣告穿越水塘段成功，共历时8d，进尺15.2m，平均日进尺1.9m。整个开挖穿越水塘期间，该段隧道洞内地下水无明显变化，每10m渗水量小于10L/min；各监控点拱顶下沉速率和周边位移速率在0.03～0.11mm/d之间波动，隧道外部地表沉降位移监控点速率在0.03～0.1mm/d之间波动，根据《铁路隧道监控量测技术规程》（Q/CR 9218—2015）规定，当位移速率小于0.2mm/d时，认为围岩位移基本稳定。至该段隧道施工完成，各项监测指标正常，隧道处于安全状态。

6 结语

隧道开挖是隧道施工安全控制中最重要环节，针对不同地质情况，采取合理的开挖方案，严格控制循环进尺，确保满足安全步距要求，浅埋段、破碎带地段隧道开挖要采用机械开挖或浅孔控制爆破方法。采用综合物探手段进行超前地质预报并辅以加深炮孔探测，探明前方地质构造、地层岩性、地下水情况，针对不同的情况采用相应的技术措施；通过监控量测获取围岩和支护结构变形信息，及时组织分析，动态研究调整施工方法，确保隧道施工安全。

预应力箱梁外观水波纹控制施工技术研究

王安宁　孙雷雨　刘林航/中国电建市政建设集团有限公司

【摘　要】 预应力箱梁外观水波纹是常见的外观问题，本文基于新从高速公路项目北段工程建设项目五分部预期箱梁施工项目，从混凝土的原材料、施工振捣、模板及养护等方面分析了水波纹存在和形成的原因，并提出了相应的解决方案。

【关键词】 水波纹　箱梁外观　质量控制

1　引言

随着我国高速公路的快速发展，公路预制箱梁的施工技术愈加成熟，同时对混凝土质量的要求也越来越高，不仅要求预制箱梁混凝土具有合格的力学性能及耐久性能，还对箱梁混凝土的外观提出了更高要求。典型的箱梁外观问题有气泡、色差、水波纹问题等，每类外观问题引起的原因可能有多种。为了解决各类箱梁外观问题，首先需要分析各类外观问题引起的内在原因，然后对症下药。同时，各类预制混凝土的外观也是其内在质量的直观体现，因此研究预应力箱梁外观水波纹与混凝土质量、模板、施工、振捣及养护等因素的影响关系，对后期预制箱梁的施工质量管理也能够起到很好的指导作用。

2　梁腹板出现水波纹的原因分析

在箱梁预制过程中，由于天气、施工组织不利等因素。场站化生产箱梁预制也会出现诸多质量缺陷。在箱梁的腹板位置出现的10～20cm宽的水波纹，呈波浪形，不规则形状。远远望去像是一条波浪形的施工缝，极易被误认为施工冷缝。给人的直观感觉是混凝土振捣不密实，存在蜂窝、麻面、孔洞等缺陷，严重影响了预制箱梁的质量和外观。

(1) 由于混凝土的保水性较差，在底板混凝土浇筑完成后，表面出现了泌水现象；在模板拆除后相应位置有水波纹，腹板混凝土入模后，将表面泌水产生的泡沫夹在了两层混凝土中间，如果振捣时间不够，就有可能产生水波纹。

(2) 箱梁预应力管道上下层间距在渐变段位置为11～25cm，混凝土浇筑过程中，因波纹管密集，该位置极易堵塞跑浆，且该位置距离顶板达1.2m且有波纹管阻挡振捣棒不易下棒。在浇筑过程中，混凝土在该位置水泥浆和石子分离，而振捣棒不易下棒振捣，水泥浆在波纹管上方聚集即形成水波纹现象。

(3) 混凝土浇筑方法不合理。箱梁内模装好后，浇筑底板混凝土，从两侧腹板上方位置浇筑，由于腹板位置钢筋密集，再加上波纹管位于两侧，混凝土不能完全靠自重填满底板，并且好多混凝土被堵在半路上，这需要增加振捣，才能使混凝土完全填满底板，直至密实，致使波纹管处混凝土振捣过度，混凝土泌水而导致水波纹的产生。

(4) 混凝土中粗骨料的影响。在箱梁腹板表面水波纹处凿开检测，发现产生水波纹处上部的粗骨料粒径略大于下部的粗骨料，且混凝土保护层偏小。这是因为预应力箱梁主要靠预应力受力，波纹管相对来说就多一些，而腹板壁又薄，造成波纹管之间的间隙狭窄，混凝土通过波纹管位置时比较困难。因此，当浇筑混凝土通过两侧波纹管位置时，混凝土拌和料中较大粒径的颗粒通过时相对困难，使粒径较大骨料堆积在该处，并紧贴模板，造成混凝土离析现象，因此产生箱梁外露面水波纹。

(5) 混凝土坍落度的影响。混凝土坍落度的大小直接影响着箱梁的内在和外在的质量。坍落度偏小时，混凝土的流动性同时降低，和易性也较差，混凝土会更加难以通过两侧波纹管。此时，为了使混凝土通过两侧波纹管并且保证底板混凝土密实，就必须加强振捣。待两侧波纹管以下的混凝土密实时两侧波纹管处的混凝土已经振捣过度，导致混凝土中的水泥浆上浮，骨料较少，从而导致水波纹的产生。坍落度偏大时，水波纹更易产生。

（6）模板的影响。箱梁内模采用封闭式内模，底板混凝土的振捣全部通过侧模上的附着式振捣器来完成，振捣密实度不够而导致混凝土离析，产生水波纹。

水波纹是预制箱梁出现的一大典型外观问题，出现频率高，解决难度大，虽然目前尚未发现表观泌水波纹对箱梁实体的力学性能及耐久性有明显的危害，但是其对外观质量影响大，视觉冲击强且不易修补，因此施工方面对其重视程度也越来越高。

3 水波纹的防治措施

3.1 改进箱梁混凝土浇筑入仓方式和浇筑顺序

浇筑底板混凝土时，为防止混凝土洒到翼缘板表面，采用料斗辅助下料，料斗下端开口 18cm，上端开口 30cm。为了减少浇筑过程中人员走动对钢筋的扰动，在顶板钢筋上铺设竹胶板作为操作平台。混凝土浇筑采用水平分层、纵向分段连续浇筑，由梁体一端向另一端循序渐进的施工方法全断面对称分层连续浇筑，分层厚度不大于 30cm。当浇筑至距另一端 4～6m 时，反方向再由另一端开始浇筑，以此避免砂浆全部堆积在梁端预应力锚具位置而影响张拉。

3.2 内模优化

内模采用钢模，自重较大，拆模施工难度较大，费时费力；若采用木模（竹胶板），虽自重较轻，但容易损坏，尤其是内模底板，这样周转次数较少。为此，将内模拆除做了优化，即内模顶板与侧板采用竹胶板，底板采用钢板，施工周转次数增加，拆装更容易。内模可在混凝土强度达到 4～5MPa、能保证其表面不发生塌陷或棱角缺失时拆除。

内模的拆除采用人工配合卷扬机进行，拆除时采用鼓风机给箱室内送风，确保箱室内空气流通，保证拆模人员安全。

3.3 改进波纹管的固定方法

由于波纹管与固定的钢筋间空隙较大，在振捣棒或附着式振捣器的作用下容易发生较大振动，从而在波纹管上下出现大量的水波纹甚至鱼鳞纹。波纹管按设计规定的坐标位置进行安装，并采用定位钢筋固定，使其牢固地处于模板内的设计位置，且在混凝土浇筑期间不产生位移。定位钢筋每 0.5m 设置井字形钢筋固定预应力束，定位钢筋网与梁肋钢筋点焊固定，以保证定位钢筋网位置准确。施工时钢束定位网按 50cm 设置，定位后的管道应平顺，其端部的中心线与锚垫板相垂直。若预应力波纹管与普通钢筋发生干扰时，应保证预应力管道的位置不变而适当挪动普通钢筋位置，但不得随意截断钢筋。浇筑前应检查波纹管是否密封，防止浇筑混凝土时阻塞管道。

波纹管的连接采用大一号的波纹管作为接头，接头长度为被连接管道内径的 5～7 倍，接缝处用透明胶带缠裹牢固，防止进浆。波纹管的安装应做到曲线圆滑、直线顺直、圆直段过渡平顺，在安装过程中与波纹管冲突的钢筋适当调整位置。锚具安装与梁面必须在一个平面，垂直于孔道轴线，并固定于梁端模板和梁端主筋上，不得松动。用泡沫剂将喇叭口堵严，防止掉进杂物。安放锚垫板前先安放螺旋筋，焊接锚下钢筋网片。

3.4 改进振捣工艺

混凝土的振捣主要以模板外侧附着式高频振捣器为主，频率在 167Hz 以上。其布置间距为 0.8m，腹板处上下错位布置，30 型振捣棒和 50 型振捣棒辅助落料及振捣。高频振捣器振捣时间每次为 10s，振捣次数根据混凝土浇筑放料频率来确定。高频率振捣器采用分开开启振动方式，即 1、3、5 或 2、4、6 开启方式。混凝土振捣时，振捣棒不得碰到波纹管和模板，振捣上层混凝土时振捣棒需插入下层混凝土 5～10cm，防止出现冷缝。振捣棒插入点的间距不大于 1.5 倍有效工作半径，操作上要求快插慢拔，振捣标准为混凝土表面不再下沉、无气泡冒出、同时表面泛出浮浆为止。在浇筑过程中安排专人对模板、支撑、波纹管等进行检查，发现松动、变形等现象及时处理；并需经常抽动波纹管内撑管，防止一旦发生漏浆而将内撑管凝固住。浇筑完成后拔掉内撑管并用清孔器清孔，清孔完毕后用木塞堵住锚具空孔，防止异物进入，影响穿钢绞线束。

3.5 采用粗骨料粒径合适的混凝土配合比

施工区域不同，所用地材、外加剂、水泥、拌和用水均有所区别，所以混凝土的配合比以及混凝土的和易性、坍落度、砂率等也不尽相同。为了不使混凝土在两侧波纹管处产生粗骨料堆聚，改善配合比中碎石的粒径，提高骨料在此处的通过率，（同时必须进行混凝土配合比试验，保证强度达到设计强度）这样混凝土中的粗骨料通过侧方波纹管时就不会产生堆聚了。

4 水波纹控制施工技术的实施效果

对本项目预应力箱梁施工进行过程控制，改进施工工艺后共计生产了 386 片梁，腹板产生水波纹现象的有 8 片，仅占总数的 2%左右。整体箱梁外观光洁、平整，内在质量和外观质量得到保证，使佛清高速公路工程质量又上了一个新的台阶。

5 结语

基于佛清从高速公路北段工程建设项目五分部预制箱梁施工项目，通过研究箱梁预制过程中施工工艺、施工技术、施工质量及工效，提出了原材料和技术优化的转换及现场准备措施，并确立了关键工序的标准化施工技术，形成一套完整和成熟的预制梁生产线，针对预制梁水波纹外观质量问题提出了控制和优化措施。

定型支护在杂填土石地质的市政管网改造沟槽施工中的应用

杨　杰/中国水利水电第九工程局有限公司

【摘　要】 常规市政管网沟槽支护普遍存在造价高、适用范围有限、施工时间长等问题，结合沟槽开挖特点和施工适用性设计要求，本文提出了一种适用于类似的杂填土石地质的沟槽定型支护结构，结构方面实现了装配化安装，功能方面实现了可在沟槽水平方向移动和有较强的沟槽宽度与深度适用能力。项目实施中，在保证质量、安全的前提下，实现了快速、低成本施工。

【关键词】 安全防护　市政管网沟槽　定型支护

1　引言

近年来，随着我国城市建设的不断发展和提升，市政基础设施规模不断增大，城市管道（沟）工程即为市政基础设施的重要组成部分。市政管线工程主要包括电力、热力、给水、排水、燃气、通信等各类管线。根据国家有关规范的要求，新建、改建各类管线过程中，应合理利用城市用地，统筹安排工程管线在城市的地上和地下空间位置。管道（沟）工程一般多集中于城市中心区，沟槽的开挖对周边道路、管线等地面和地下设施影响较大。据统计，多地多次发生因管道（沟）沟槽施工引发的工程事故，造成沟槽边坡坍塌、管线破损、道路塌方失稳等破坏。各类管道（沟）工程平面距离长，开挖深度大。选择安全经济的沟槽边坡的支护体系，处理好开挖和支护过程中的工程问题，是降低施工风险的重要需求。

2　工程概况及意义

2.1　工程概况

贵阳市观山湖区城乡一体化供水改造工程施工 4 标段，主要是对朱昌集镇片区进行供水管网改造，主要包括朱昌集镇 A 区、F 区和朱昌镇服务用房，总改造户数为 4233 户。主要线路东起云潭北路和金朱西路交叉路口，经金朱西路沿线至百花大道，经由各分支路口分布至朱昌镇 A 区和 F 区。

本工程是在现有市政道路及村镇公路基础上进行供水管网改造，施工场地道路狭窄，地质条件复杂多变，地下现有管网错综复杂，因此，施工既需避免对现有管线的破坏，又要保证不影响居民的正常生活。在施工过程中需做到“快挖、快安、早填、保安全、降成本、减影响”。管径小于 1000mm 的沟槽开挖采用垂直开挖，部分原有市政管道与施工管线交叉部位挖深超过 2m，存在较大的安全隐患，设计图无明确的沟槽支护方案。

2.2　工程意义

通过研究城乡接合处供水管网改造点多、面广、体量小、工序繁杂、管理分散的特点，在施工过程中做到“快开挖、快安装、早回填、降成本、减影响”的前提下精心组织施工，合理地选择沟槽支护方式，在保证质量、安全的前提下，提高供水管道施工效率。

3　关键技术及验算

3.1　主要施工参数

沟槽尺寸见表 1，开挖后地质情况见表 2，开挖后沟槽现状见图 1。

3.2　沟槽边坡稳定性分析及支护施工与计算

根据现状调查及项目开展情况，由于是在现有城镇道路和乡村公路的基础上进行供水管网的铺设，无地勘资料，无法选用沟槽“先支护”类型，且实际设计方案中沟槽采用无支护垂直开挖，导致开挖后沟槽存在较大

表 1　　不同管径沟槽尺寸

序号	管径	宽度/mm	深度/mm	备　注
1	$DN1000$	3252	2200	管径不小于 1000mm 时采用放坡开挖，管径小于 1000mm 时采用垂直开挖
2	$DN800$	1600	2000	
3	$DN600$	1400	1800	
4	$DN500$	1300	1700	
5	$DN400$	1000	1600	
6	$DN300$	900	1500	

表 2　　开挖后地质情况

序号	道路名称	地质层（自上而下）	层厚/mm	地质特征描述
1	金朱西路	块石杂填层	1000～1200	块石直径 30～50cm，碎石或黏土嵌缝
		黏土层	200～400	密实性较好的原状土层
2	百花大道	杂填层	800～1000	碎石、黏土及腐殖土等回填
		黏土层	200～400	密实性较好的原状土层
3	下排街、蚂蟥街	路面回填料	300～400	级配碎石、水泥稳定碎石
		黏土层	1200～1300	密实性较好的原状土层
4	茶饭村小康路 2	杂填层	800～1000	块石、碎石或黏土嵌缝
		黏土层	300～500	密实性较好的原状土层

的安全隐患。本项目所用管道为球磨铸铁管，接口形式为承插接口，不能进行整体吊装，需人工配合机械进行管道安装，在吊运和安装过程中管道与沟槽壁发生碰撞不可避免，易造成槽壁路基回填料垮塌，因此作业人员在吊装过程中人身安全无法得到保障，为减小沟槽开挖完成后管道安装过程中的安全隐患，对沟槽稳定性及支护进行试验并计算。

因此本项目拟采用一种厂家定制、现场组装的沟槽支护结构（见图 2），结构长度 4m，深度和宽度根据不同管径及现场实际情况进行调节，材质选用 3cm 厚 Q235 钢材。

在现状调查和生产试验时，沟槽开挖后发现大部分地质为杂填土石，具有一定的自稳性，且沟槽距行车通道 1.5m，因此在支护计算中，暂不考虑行车荷载。考虑吊装过程中移动荷载对槽壁扰动，挖掘机采用 220 型，自重 22t，挖掘机臂伸开面积 $9m^2$（3m×3m），杂填土石的容重 γ 为 $25kN/m^3$，内摩擦角为 20°。以 K9 球磨铸铁管 $DN600$ 为例，沟槽开挖深度为 1.8m，每

图 1　开挖后沟槽现状

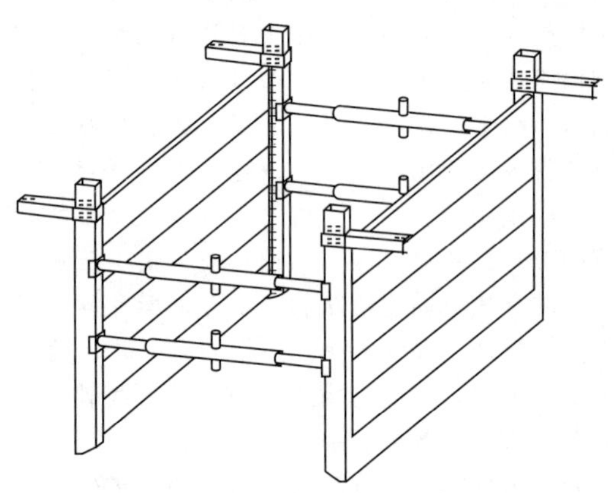

图 2　沟槽支护结构

4m 长度作为一个单元进行验算，管自重为 0.82t，即作用在地面的均布荷载 $q-(22 \mid 0.82)/9=25.4kN/m^2$。

3.2.1　土压力计算

（1）计算作用于支护结构的杂填土石压力强度。

计算并绘制压力分布图（见图 3），其中：被动土压力系数 $K_p=\tan^2\left(45°+\dfrac{20°}{2}\right)=2.04$，主动土压力系数 $K_a=\tan^2\left(45°-\dfrac{20°}{2}\right)=0.49$，土体自重产生的主动土压力 $e_{ah}=\gamma hK_a=25\times4\times0.49=49kN/m^2$，均布荷载产生的主动土压力 $e_{aq}=qK_a=25.4\times0.49=12.45kN/m^2$，因此主动土压力 $P_a=e_{ah}+e_{aq}=49+12.45=61.45kN/m^2$，

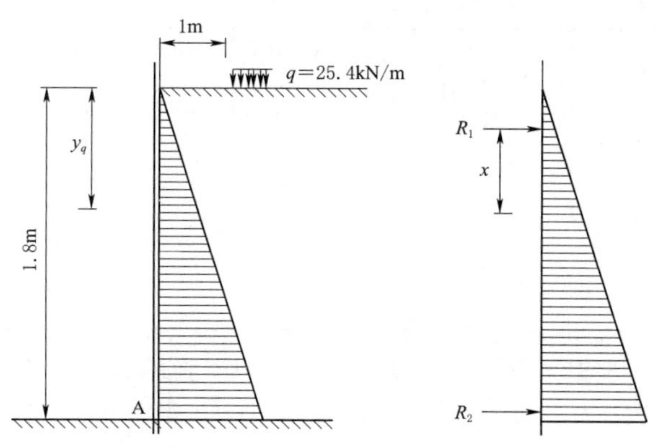

图3　压力分布图

$y_q=\tan\left(45°-\frac{20°}{2}\right)\times2=1.4\text{m}$。

被动土压力作用距离 $y=\frac{P_a}{\lambda(K_gK_p-K_a)}=\frac{61.45}{25\times(1.6\times2.04-0.49)}=0.886\text{m}$，其中 K_g 为被动土压力修正系数，内摩擦角取20°时，K_g 取1.6。

(2) 按简支梁计算等值的两支点反力（R_1 和 R_2）。

根据$\sum M=0$得出：$R_1=[1/2\times4\times49\times(2/3\times4-1)+(4-1.4)\times25.4\times(2.6/2+1.4-1)+61.45\times0.886\times(4-1+0.886/3)]\div(4-1+0.886)=117.09\text{kN/m}$；

根据$\sum Q=0$得出：$R_2=1/2\times4\times49+(4-1.4)\times25.4+1/2\times0.886\times61.45-117.09=74.17\text{kN/m}$。

3.2.2　支护结构的受力分析

1. 计算最大弯矩

最大弯矩处即为剪力等于零处，设剪力等于零处距支护结构顶部为 x，则 $R_1-0.5x^2\lambda K_a-(x-y_q)qK_a=74.17-0.5x^2\times25\times0.49-(x-1.4)\times25.4\times0.49$，得 $x^2+2.032x-14.954=0$，解得 $x=2.982\text{m}$。

根据最大弯矩计算公式可得

$$M_{\max}=R_1(x-1)-\left[\frac{1}{2}\gamma x^2K_a\cdot\frac{x}{3}+\frac{(x-y_q)^2}{2}\cdot qK_a\right]$$
$$=74.17\times(2.982-1)-[1/2\times25\times2.982^2\times0.49\times2.982/3+(2.982-1.4)^2/2\times25.4\times0.49]$$
$$=77.29\text{kN}\cdot\text{m}$$

支护结构支护深度1.8m，因此单面支护结构承受的最大弯矩 $M=77.29\times1.8=139.12\text{kN}\cdot\text{m}$。

2. 承载力校核

采用36b型Q235钢板，查表得抵抗矩 $W=919\text{cm}^3$，钢材屈服强度$[f]=225\text{N/mm}^2$，根据公式$\frac{M}{W}\leqslant[f]$得，$(139.12\times10^3)\div(919\times10^{-6})=151.38\text{N/mm}^2<[f]=225\text{N/mm}^2$，故支护结构受力稳定，满足要求。

3.2.3　横撑的受力分析

1. 支反力计算

支护结构受力 $R_a=74.17\times3=222.51\text{kN}$，支反力 $R_N=(222.51\times1.8)\div2=200.259\text{kN}$。

2. 材料特性计算

采用3m长 *DN*100 钢管，壁厚8mm，单位长度重量 $q=0.02466\times$壁厚$\times$(外径－壁厚)$=0.02466\times8\times(116-8)=21.3\text{kg/m}=0.209\text{kN/m}$。

截面面积 $A=\frac{\pi(D^2-d^2)}{4}=3.14\times(11.6^2-10^2)\div4=27.16\text{cm}^2$。

惯性矩 $I=\frac{\pi(D^4-d^4)}{64}=3.14\times(11.6^4-10^4)\div64=397.7199\text{cm}^4$。

抵抗矩 $W=2I/D=2\times397.7199\div11.6=68.572\text{cm}^3$。

回转半径 $i=\frac{\sqrt{D^4+d^4}}{4}=\frac{\sqrt{11.6^4+10^4}}{4}=3.829\text{cm}$。

长细比 $\lambda=300/3.829=78.349<[\lambda]=150$，其中$[\lambda]$为轴心受压构件允许长细比，此长细比满足要求。根据计算得到的长细比 $\lambda=78.349$，取轴心受压构件稳定系数 $\psi=0.732$，截面塑性发展系数 $\gamma=1.15$，钢材弹性模量 $E=206\times10^3\text{N/mm}^3$。

3. 按压弯构件平面内稳定验算横撑

欧拉力 $N_E=\frac{\pi^2E}{\lambda^2}A=3.14^2\times206\times10^3\times27.16\times10^2/78.349^2=898.647\text{kN}$，$M_{\max}\approx ql^2/8=0.209\times3^2/8=0.235\text{kN}\cdot\text{m}$。

根据公式 $\frac{2R_N}{\varphi A}+\frac{M_{\max}}{\gamma W[1-0.8(2R_N)/N_E]}=\frac{2\times200.259\times10^3}{0.732\times27.16\times10^2}+\frac{0.235\times10^6}{1.15\times68.572\times10^3\times[1-0.8\times2\times200.259/898.647]}=206.089\text{N/mm}^2<[f]=225\text{N/mm}^2$

故横撑受力能满足要求。

通过上述计算和验算分析，本文所采用的支护类型能满足施工要求，结构安全、合理，同时可以减小结构重量，人工配合机械完成吊运和安装，能达到快速施工，减少人员投入的效果。

3.2.4　定型支护施工参数及工作原理

1. 定型支护施工参数

根据不同沟槽开挖断面和验算设计不同的定型支护，以 *DN*600 管为例，沟槽断面尺寸为1400mm×1800mm（宽×深），相应的定型支护的高度为2000mm，净宽为1200mm，其中支撑采用ϕ100×8mm钢管，间距50cm。

2. 工作原理

定型支护适用于有一定自稳能力的沟槽边坡，在沟槽开挖成型后，通过挖掘机或起重机吊放入槽，调整支撑钢管，使其对壁板和沟槽加压受力，保障施工人员在管道吊装、安装及沟槽回填时的施工安全，减少对地基扰动次数，保证施工质量和进度（见图4）。

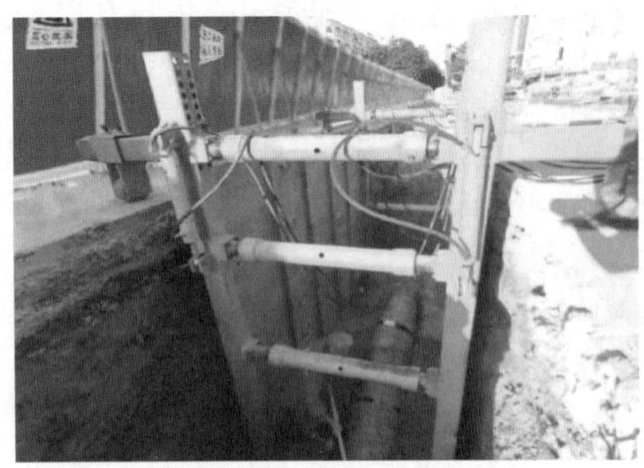

图4　定型支护结构现场应用

4　生产检验

4.1　生产效率最优化

1. 分析钢板桩支护的生产效率

根据前期沟槽开挖后地质情况（大部分道路为杂填石），加大了沟槽支护施打难度，针对金朱西路K3＋700～K4＋020段进行钢板桩支护施工，其施工工效分析见表3。

表3　　钢板桩支护施工工效分析

施工项目	工程量	工日/个	台班/h	材料耗费/kg	工期/d	备注
钢板桩施打	642根	20	160	1251	20	
围檩施工	640m	7			7	
横撑施工	321根	8		100	8	
护壁板施工	640m	7			7	
合　计		42	160	1351	42	不含沟槽开挖时间

根据工效分析可知，采用钢板桩沟槽支护的施工效率为640/42≈16m/d（不含沟槽开挖时间），受地质条件影响，施工周期长，投入成本较大，难以取得较大的收益。

2. 分析沟槽采用定型支护的生产效率

通过对相同地质条件下定型支护参数的设计和验算，采用厂内定制、现场组装的方式对沟槽进行"后支护"，确保沟槽开挖完成后作业人员的安全施工，根据生产试验，选取金朱西路K3＋000～K3＋600段进行沟槽定型支护施工，为保证施工进度和经济效益，定制30套支护模具（每套4m长），循环使用，施工工效分析见表4。

表4　　定型支护施工工效分析

施工项目	工程量	工日/个	台班/h	材料耗费/kg	工期/d	备注
定型支护组装	30套	3	24		3	考虑1天时间调试
吊运	600m	15	120		15	
合　计		18	144		18	含沟槽开挖、管道安装时间

根据工效分析可知，采用定型支护的施工效率为600/18≈34m/d（含沟槽开挖及管道安装时间），工期短，效率高，可以匹配沟槽开挖进度和管道安装进度。

3. 不同道路试验参数

常规支护与定型支护在不同道路的施工效率统计见表5和图5。

表5　　常规支护与定型支护在不同道路的施工效率统计表

道路名称	金朱西路	百花大道	金钟大道	小康路2	下排街	蚂蟥街
常规支护/(m/d)	16	18	20	25	15	14
定型支护/(m/d)	34	36	40	55	35	36

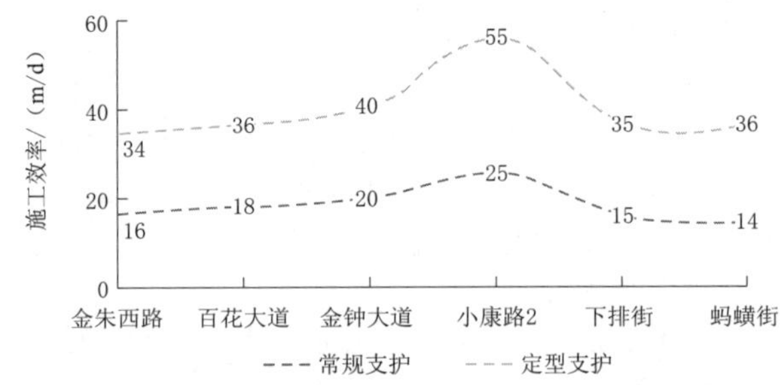

图5　不同道路常规支护与定型支护施工效率曲线

4.2　社会效益

（1）在城镇复杂道路条件下进行线性工程施工，需做好各道工序的协调，施工区域与社会车辆的协调，沟槽开挖后需及时进行管道安装，及时回填，尽快恢复交通。为了保障作业人员施工安全，及时完成施工作业，采用沟槽定型支护，既可以达到施工要求，又减小了工期损失及协调成本。

（2）沟槽采用定型支护，能及时保护槽壁不受外力影响而垮塌，降低沟槽安全风险。

4.3　经济效益

支护结构可行性技术经济指标分析见表6。采用定型支护比常规支护节省投资13.32％[(41.06－35.59)÷41.06×100％＝13.32％]。

表 6　　支护结构成本分析

序号	项目名称	综合单价/(元/m²)	DN300～DN1000 工程量/m	投入资金/万元	备　注
1	常规支护	1037.11	1200	41.06	1037.11×(300×1.8+300×1.7+300×1.6+300×1.5)×2=41.06
2	定型支护	898.65	1200	35.59	898.65×(300×1.8+300×1.7+300×1.6+300×1.5)×2=35.59

5　主要结论

随着经济发展和社会进步，城镇周边发展建设呈现集中化及多样化趋势，其中供水管网新建和改造涉及周边区域，包括居民区、城镇道路等。城镇规划建设在不影响周边建筑及设施的形式下，应尽量采用新技术和新工艺。通过采用科学的方法，根据工程特点、环境情况和工期要求，因地制宜，制定合理可行的施工方案。在供水管网改造工程中沟槽采用定型支护，具有安全、环保、经济、质量等常规支护所不具备的多重优势。在类似的杂填土石地质、相似类型的供水管网施工中采用定型支护，更易于施工目标的控制，推广应用前景较好。

审稿人：胡建伟

浅析一体化管理体系在施工企业中的应用

彭　琼　陈建国/中国水利水电第十二工程局有限公司

【摘　要】 建立和完善一体化管理体系是企业的一项战略决策。通过质量、环境和职业健康安全管理体系的有效运行，促进和证实企业能稳定提供满足顾客和适用法律法规要求的工程和服务，持续改进。本文通过介绍企业一体化管理体系的内容、运行方案及控制内容，确保管理体系持续适宜、充分和有效，可为企业建立实施管理体系提供参考。

【关键词】 管理体系　方案　应用

1　引言

施工企业一体化管理体系是将质量、环境及职业健康安全管理整合为一个管理体系，进而对企业内部活动的方方面面实现有序管理。公司以 GB/T 19001《质量管理体系　要求》、GB/T 50430《工程建设施工企业质量管理规范》为基础和主线，融合 GB/T 24001《环境管理体系　要求及使用指南》和 GB/T 45001《职业健康安全管理体系　要求及使用指南》，整合成三标一体化管理体系（简称“一体化管理体系”）。公司于 1999 年首次通过质量保证体系（94 版）认证并获得证书；2006 年，导入环境、职业健康安全管理体系（一体化），获得一体化（整合）管理体系认证证书；2011 年通过 GB/T 50430—2007 认证。公司通过第三方认证机构对一体化管理体系初认证、换版、监督和再认证审核，获得最新版管理体系认证证书。

2　一体化管理体系标准内容

2.1　概述

目前施工企业建立一体化管理体系依据的标准为 GB/T 19001—2016、GB/T 50430—2017、GB/T 24001—2016、GB/T 45001—2020。管理体系建立按照过程方法和 PDCA 循环模式，围绕施工企业管理方针和目标，保持质量、环境和职业健康安全一体化管理体系正常运行。一体化管理体系覆盖的范围包括企业承揽业务的设计、施工和服务过程。一体化管理体系融入业务管理过程，防止两张皮现象。施工企业管理体系文件，包括管理手册和各业务板块管理标准或制度。

2.2　一体化管理体系标准共性

三个管理体系的共性主要有采用过程方法、基于风险的思维、统一的 ISO 标准框架结构等。

过程方法使组织能够对其体系的过程之间相互关联和相互依赖的关系进行有效控制，以提高组织整体绩效。PDCA（PDCA：策划→实施→检查→处置）循环能够应用于所有过程以及整个管理体系。图 1 表明了一体化管理体系标准第 4 章至第 10 章是如何构成 PDCA 循环的。

基于风险的思维是实现一体化管理体系有效性的基础。

符合国际化标准组织（ISO）对管理体系标准的要求，一体化管理体系标准采用统一的高层结构框架与核心内容。标准的框架包括第 0～10 章，即 0 引言、1 范围、2 引用文件、3 术语和定义、4 组织环境、5 领导作用、6 策划、7 支持、8 运行、9 绩效评价、10 改进。

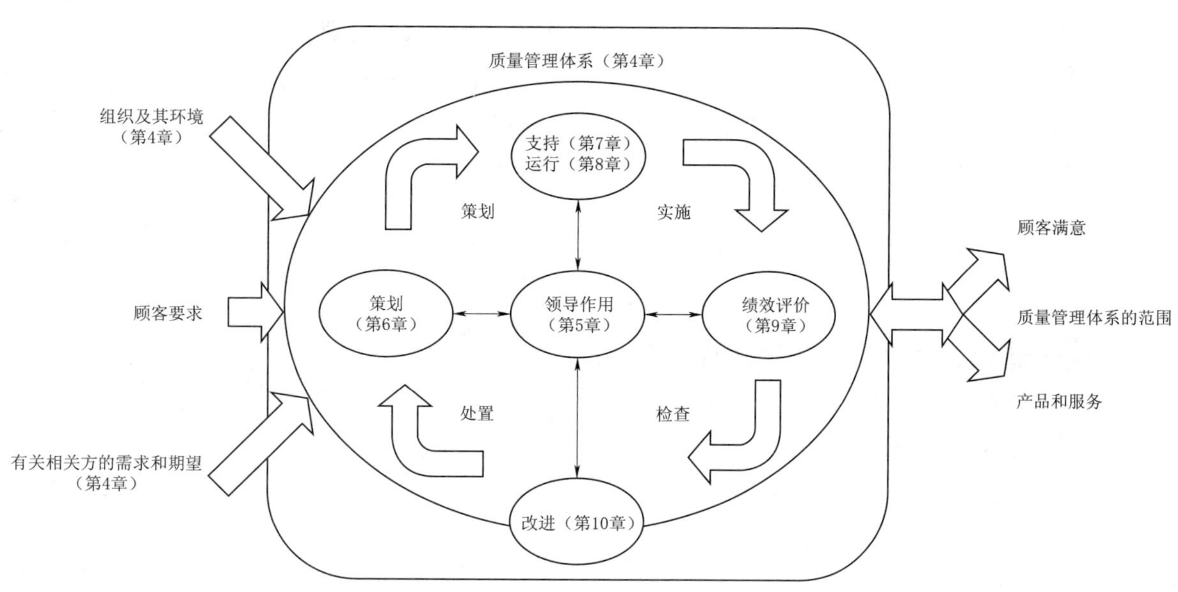

图1　一体化管理体系标准的基本结构适用PDCA循环示意图

2.3　不同专业特性（个性）

质量管理体系着重以顾客为关注焦点。

环境管理体系着重关注社会环境。

职业健康安全管理体系着重关注员工安全和健康。

工程建设施工企业质量管理规范主要适用建筑施工行业。

3　一体化管理体系持续改进

一体化管理体系持续改进主要包括内部审核、管理评审、外部审核三部分。

3.1　内部审核

内审也称为第一方审核，由单位自荐或以单位的名义进行，审核对象是内部的管理体系。目的是证实管理体系运行的符合性、适宜性和有效性，保证管理体系的自我完善和持续改进，同时为管理评审提供输入。

3.1.1　工作流程

内审工作流程：年度内审策划（建立审核方案）→内审准备（编制计划、熟悉受审核单位情况、内审组的工作分配和审核工作文件）→现场审核实施（首次会议、与领导层交谈、部门及项目现场审核、向领导层反馈、末次会议）→内审报告编制与分发→审核后续活动的实施（纠正、纠正措施和预防措施的确定、实施及有效性的验证）。

3.1.2　管理活动内容和方法

施工企业内审，一般每年一次集中审核，在管理评审之前进行。内审应覆盖与管理体系有关的企业总部职能部门，所属单位和项目部，以及产品的过程。施工企业所属单位、项目部参照内审程序开展体系自审。

内审准备：下达审核计划，与受审核方沟通确定时间、组建审核小组、审核准备。

实施审核：通过观察、询问、查看现场、实测有关数据、查阅资料等了解体系运行情况，并对审核证据做好记录，形成审核发现。

内审报告的编制和分发：内审组长负责编写内审报告，经批准，在内审结束后发放至受审核方。

整改封闭：受审核方在规定期限内对不符合项进行整改封闭，举一反三。审核组长验证“不符合项报告”纠正措施的有效性。

3.2　管理评审

施工企业每年组织一次管理评审，在内部审核后，第三方审核之前进行。

3.2.1　管理评审流程

管理评审流程：管理评审准备→管理评审输入→管理评审实施→管理评审输出→管理评审后的跟踪验证。

3.2.2　管理评审活动内容和方法

管理评审准备活动包括：收集管理评审输入资料，整理和归集提交会议评审内容，下达管理评审会议通知。

管理评审采用会议方式进行，由施工企业最高管理者主持。管理者代表报告一体化管理体系运行情况，并提出会议评审议题；与会人员对运行情况进行评审，提出管理体系持续改进的措施和建议；最高管理者宣布评审结果，提出要求。

管理评审输出形成报告。管理评审后按改进措施计划组织落实。

3.3 外部审核

外部审核为第三方认证审核，由认证机构实施。取得初次认证证书后，每年进行一次监督审核，每三年进行再认证审核。对外审发现的不符合项进行整改，并举一反三。整改报告提交认证机构，通过专家组论证，取得一体化管理体系认证证书。

4 施工企业一体化管理体系的作用和特点

4.1 施工企业一体化管理体系的作用

一体化管理体系有利于提高施工企业管理水平，有利于改善工程和产品质量，有利于推进与国际标准接轨，有利于增强企业市场竞争力，有利于构筑优秀企业文化，是实现企业现代化管理的重要途径。通过对企业进行规范化、系统化的管理，提高企业核心竞争力。一体化管理体系的应用解决了市场准入问题，保护竞争的公平性。一体化管理体系的认证，意味着获得了在世界范围内进行市场竞争的通行证。

4.2 施工企业一体化管理体系特点

施工企业一般设立总部、所属二级单位、工程项目部三级管理机构。施工企业承建的工程项目涉及不同专业领域和地域，点多面广，一体化管理体系运行要求实施全员全过程管理，管理难度大。一体化管理体系每次监督和再认证审核都必须审核总部各部门，所属二级单位及工程项目部外部审核则采用抽样方式，工程项目按业务范围完成合同工程量30%～70%范围的项目抽查。

5 施工企业一体化管理体系主要控制内容

5.1 建立领导机制

领导作用是质量管理的七项原则之一，要求施工企业各层领导建立统一的宗旨和方向，创造全员参加的条件，承担责任，总体改进。为保证体系建设和认证工作顺利完成，施工企业可成立一体化管理体系领导班子，制订工作要求和计划，进行体系整体策划，包括认证范围、组织构架、管理文件（管理手册和管理标准制度）模式。对企业人员岗位职责进行分配和调整，明确工作流程。按照施工企业组织机构、部门职责编制管理体系职能分配表。依照标准要求，结合施工企业规模和业务特点，确定一体化管理体系的方针、目标和指标，为实施管理体系提供总的指导方向和行为准则。

5.2 加强全员培训

一体化管理体系标准内容多、范围广，施工企业要实施全员贯标和培训，加强员工质量、职业健康安全、环境保护意识。进行专业技术培训和交流，提高员工责任心和专业技术水平。加强作业人员的教育培训，坚持先培训、后上岗，未经教育培训或者考核不合格的人员，不得上岗作业，特种作业人员必须持证上岗。

5.3 加强过程控制

一要加强项目前期策划，前期策划是项目前期进行的履约规划，是制定并实现项目进度、质量、职业健康安全、经营、环保等管理目标所作的总体规划。前期策划管理是对项目前期策划进行的全过程管理，包括项目前期调研、策划书编写、评审和备案等内容的管理。二要加强过程管理，做好重大方案论证、重要阶段性成果和最终成果输出前的评审，对重要隐蔽工程、特殊过程、关键部位和关键工序等施工，实行质量旁站，及时发现和处理施工过程中出现的质量问题。三要加强工程验收把关，施工过程中执行“三检制”（班组自检、施工队复检、专职质检员终检），上道工序不验收合格，不得进入下道工序施工；隐蔽工程在“三检”合格后，由监理工程师检查签证后才能隐蔽施工。

6 施工企业三标一体化管理体系应用中存在的问题及对策

6.1 存在的问题

一是没有充分认识到管理体系在企业管理中的重要作用，管理体系运行工作流于形式，仅关注管理体系认证结果，不利于施工企业持续发展。二是管理体系建设和运行，没有融入企业管理。管理体系作为一种较为通用的管理方式，从管理环节的角度设置架构，与施工企业的业务型管理存在着一定的差异，形成管理体系与企业管理“两张皮”现象。三是施工企业员工对标准和体系文件学习理解不透，员工参与度不够，日常工作与体系运行工作脱节等问题。

6.2 采取的对策和措施

6.2.1 高度重视体系运行工作

施工企业对管理体系的应用特点和作用要有正确的认识，充分发挥领导作用，注重主管部门的业务建设，加强企业与外界的交流，重视审核与管理评审工作。

6.2.2 将管理体系建设融入业务工作

施工企业应将管理体系融入业务管理工作，可将管理体系程序文件与日常管理制度进行融合，形成各业务板块管理标准。将体系运行要求运用于日常生产经营活动，持续提升管理水平，为全面开创建设现代化一流企业新局面提供支撑。

6.2.3 加强员工对标准的理解与执行

施工企业可定期举办管理体系培训班，与时俱进，实时更新、跟进标准，从而加深员工对标准和体系文件的理解，努力培养业务骨干，同时将把执行标准与现场实际相结合。组织相关人员宣贯一体化管理体系运行中各业务部门的工作内容、管理要求和公司管理标准。

7 海外工程应用一体化管理体系的经验

海外工程应用一体化管理体系依据国际标准和合同要求，在很多方面与国内工程存在着差异。

7.1 海外工程管理体系准则

海外工程管理体系应用依据的准则为：GB/T 19001—2016/ISO 9001：2015《质量管理体系　要求》、GB/T 45001—2020/OHSAS 45001：2018《职业健康安全管理体系　要求及使用指南》、GB/T 24001—2016/ISO 14001：2015《环境管理体系　要求及使用指南》，以及合同中规定的通用条款以及国际现行标准、技术条件和操作规程。

7.2 海外项目的质量控制要求

对于海外项目的质量控制要求，除非特别规定某一标准，一般要求首先符合所在国的相关标准，同时满足国际ISO标准的要求。海外项目采用美国标准或德国标准居多。

质量管理工作需要建立在质量控制标准的基础之上，必须满足当地建设标准和法律法规的要求，结合实际建设情况进行管控。

7.3 海外工程人力资源要求

海外工程需要外向型复合型人才，要求这类人才既有项目管理的理论基础，又有丰富的实践管理经验，精通一门外语，掌握与国际项目相关的法律和合同，能够满足海外项目管理的各种要求。在海外工程履约时，应从国内挑选对一体化管理体系清晰了解的优秀外派人员，保证整个团队的整体素质。海外管理人员要学会适应新规范、学会适应语言不通且处事方式不同的业主和监理，灵活应对各类情况。

7.4 海外工程能力和培训要求

海外项目管理者不仅要懂得国内的相关技术标准和管理经验，而且要精通外语，了解国际工程相关法律法规，从而满足海外管理要求。海外工人来自不同国家，工人综合素质参差不齐，语言沟通有一定障碍，施工前需要进行培训，才能了解施工要求。

7.5 海外工程管理体系的持续改进

国内现有的管理体系运行时间长、程序规范，海外工程可参照国内工程，结合所在国的标准，合同及业主的要求，在实际运行中，保证海外项目管理体系有效运行，持续改进。

8 结语

一体化管理体系的实施，尤其是通过日常运行检查、内部审核、管理评审和外部审核，成效显著，表现为：一体化管理体系在统一文件管理、人力资源管理、内部审核、管理评审、日常运行策划等公共要素归口管理职能的同时，简化了管理流程，减少了交叉、重复现象，综合性管理及运行效率得到提高，管理文件结构得到优化。管理体系的充分性、适宜性和有效性得到了保持和持续改进，全面提升企业内部管理水平，达到提高管理效率和经济效益的最终目的。施工企业应用一体化管理体系，为企业的高质量发展和创建一流企业奠定基础。

征稿启事

各网员单位、联络员：

广大热心作者、读者：

《水利水电施工》是全国水利水电施工技术信息网的网刊，是全国水利水电施工行业内刊载水利水电工程施工前沿技术、创新科技成果、科技情报资讯和工程建设管理经验的综合性技术刊物。本刊宗旨是：总结水利水电工程前沿施工技术，推广应用创新科技成果，促进科技情报交流，推动中国水电施工技术和品牌走向世界。《水利水电施工》编辑部于 2008 年 1 月从宜昌迁入北京后，由全国水利水电施工技术信息网和中国电力建设集团有限公司联合主办，并在北京以双月刊出版、发行。截至 2022 年年底，已累计发行 90 期（其中正刊 56 期，增刊和专辑 33 期）。

自 2009 年以来，本刊发行数量已增至 2000 册，发行和交流范围现已扩大到 120 多个单位，深受行业内广大工程技术人员特别是青年工程技术人员的欢迎和有关部门的认可。为进一步增强刊物的学术性、可读性、价值性，自 2017 年起，对刊物进行了版式调整，由杂志型调整为丛书型。调整后的刊物继承和保留了原刊物国际流行大 16 开本，每辑刊载精美彩页 6～12 页，内文黑白印刷的原貌。本刊真诚欢迎广大读者、作者踊跃投稿；真诚欢迎企业管理人员、行业内知名专家和高级工程技术人员撰写文章，深度解析企业经营与项目管理方略、介绍水利水电前沿施工技术和创新科技成果，同时也热烈欢迎各网员单位、联络员积极为本刊组织和选送优质稿件。

投稿要求和注意事项如下：

（1）文章标题力求简洁、题意确切，言简意赅，字数不超过 20 字。标题下列作者姓名与所在单位名称。

（2）文章篇幅一般以 3000～5000 字为宜（特殊情况除外）。论文需论点明确，逻辑严密，文字精练，数据准确；论文内容不得涉及国家秘密或泄露企业商业秘密，文责自负。

（3）文章应附 150 字以内的摘要，3～5 个关键词。

（4）文章体例要求如下：

1）技术类文章，正文采用西式体例，即例“1”“1.1”“1.1.1”，并一律左顶格。如文章层次较多，在“1.1.1”下，条目内容可依次用“（1）”“①”连续编号。

2）管理类文章，正文采用中式体例，文章层级一般不超过 4 级；即：例“一”“（一）”“1”“（1）”，其他要求不变。

（5）正文采用宋体、五号字、Word 文档录入，1.5 倍行距，单栏排版。

（6）文章须采用法定计量单位，并符合国家标准《量和单位》的相关规定。

（7）图、表设置应简明、清晰，每篇文章以不超过 8 幅插图为宜。插图用 CAD 绘制时，要求线条、文字清楚，图中单位、数字标注规范。

（8）来稿请注明作者姓名、职称、工作单位、邮政编码、联系电话、电子邮箱等信息。

（9）本刊发表的文章均被录入《中国知识资源总库》和《中文科技期刊数据库》。文章一经采用严禁他投或重复投稿。为此，《水利水电施工》编委会办公室慎重敬告作者：为强化对学术不端行为的抑制，中国学术期刊（光盘版）电子杂志社设立了“学术不端文献检测中心”。该中心将采用“学术不端文献检测系统”（简称 AMLC）对本刊发表的科技论文和有关文献资料进行全文比对检测。凡未能通过该系统检测的文章，录入《中国知识资源总库》的资格将被自动取消；作者除文责自负、承担与之相关联的民事责任外，还应在本刊载文向社会公众致歉。

（10）发表在企业内部刊物上的优秀文章，欢迎推荐本刊选用。

（11）来稿一经录用，即按 2008 年国家制定的标准支付稿酬（稿酬只发放到各单位联系人，原则上不直接面对作者，非网员单位作者不支付稿酬）。

来稿请按以下地址和方式联系。

联系地址：北京市海淀区车公庄西路 22 号 A 座

投稿单位：《水利水电施工》编委会办公室

邮编：100048

编委会办公室：吴鹤鹤

E-mail：kanwu201506@powerchina.cn 或电建通

全国水利水电施工技术信息网秘书处

《水利水电施工》编委会办公室

2023 年 8 月 30 日